U0198742

深度学习

THE DEEP LEARNING REVOLUTION

[美]特伦斯·谢诺夫斯基（Terrence Sejnowski）_ 著

姜悦兵 _ 译

中信出版集团｜北京

图书在版编目（CIP）数据

深度学习 / （美）特伦斯·谢诺夫斯基著；姜悦兵
译 . -- 北京：中信出版社，2019.2（2025.3 重印）
书名原文：The Deep Learning Revolution
ISBN 978-7-5086-9835-9

I. ①深… II. ①特… ②姜… III. ①机器学习
IV. ① TP 181

中国版本图书馆 CIP 数据核字（2018）第 271842 号

The Deep Learning Revolution by Terrence J. Sejnowski
Copyright © 2018 Massachusetts Institute of Technology
Simplified Chinese translation copyright © 2019 by CITIC Press Corporation
ALL RIGHTS RESERVED
本书仅限中国大陆地区发行销售

深度学习

著　者：［美］特伦斯·谢诺夫斯基
译　者：姜悦兵
出版发行：中信出版集团股份有限公司
　　　　　（北京市朝阳区东三环北路 27 号嘉铭中心　邮编　100020）
承 印 者：北京盛通印刷股份有限公司

开　本：880mm×1230mm　1/32　印　张：12.5　字　数：350 千字
版　次：2019 年 2 月第 1 版　印　次：2025 年 3 月第 13 次印刷
京权图字：01-2018-5970
书　号：ISBN 978-7-5086-9835-9
定　价：88.00 元

献给波和索尔，特蕾莎和约瑟夫

谨以此书纪念所罗门·哥伦布

目　录

第一部分
智能的新构想

01
机器学习的崛起 __ 004

17

进化的力量 __ 293

18

深度智能 __ 312

面对科技拐点，我们的判断与选择

李笛

微软小冰之父
微软（亚洲）互联网工程院副院长

在近年来陆续出版的、解读人工智能技术与趋势的许多书籍中，这是一本不可多得的好书。它的阅读过程令人愉悦，涉及的知识深度又比较恰当。因此，即使是不具备相关领域知识背景的读者，也能够轻松地读完它。人们完全可以利用"碎片时间"来研读这本 30 多万字的大作，从而集中了解到与人工智能相关的技术分支、组织人物与重要事件。在人工智能热度很高的当下，这本书的价值在于，帮助读者建立一种相对贴近事实的科学观。

读者可以把这本书当作一本有关人工智能的简明历史来看待。人工智能是科技王冠上的钻石，而深度学习代表了其中一个承上启下的重要阶段。深度学习脱胎于科学家们六十多年前开始的人工智能研究，其自身的概念形成，到落地开花，则只有十多年的光景。与过去相比，深度学习极大地推进了人工智能各个分支课题的发展速度；与未来相比，我们今天所取得的一切成果，都是非常粗糙的，注定会被更好的成果取代。因此，了解深度学习，就如同站在一个关键的节点上向时间河流的上下游看，一览无余。

我相信，不同的人会从这本书中得到不同的收获。总体而言，这本书有助于在我们心目中更加清晰准确地绘制人工智能的未来图景。从某种意义上说，所有的过去亦都昭示了未来，但我更建议读者以最轻松的心态来阅读它。因为这样，能够让读者以更加客观公正的视角去检阅人类与机器的能力短板与优长——你可以从本书中了解到那些令人惊讶，甚至于有些担忧的科技进展，大致了解它们背后的原理。这展现了人工智能相对于人类而言的单方面优势。另一方面，你也能看到许多真实事例，反映了人工智能相对于人类而言的"笨拙"。科学与科学幻想泾渭分明。在现实中，这种"笨拙"的情况往往更加普遍。这些事例有时令人忍俊不禁，它恰恰体现了我们人类的大脑是多么精妙的设计。

事实上，在我看来，当下最令人彷徨不定的，并不是人工智能有多么"强大"或有多么"笨拙"，而是我们已处在一个科技的拐点，需要由我们每个人对未来的走向做出抉择。这是一个非常具有现实意义的话题。虽然深度学习是这个拐点的主要推动力之一，但它并不需要为我们的困扰承担责任：

- **选择权的困扰**：一辆无人驾驶汽车行驶在道路上，假设突然面临必然要发生的车祸，它应当向左撞向一个无辜的老人，还是向右撞向一个无辜的壮年？

- **决策权的困扰**：一个系统可以基于人类个体不具备的广泛即时的大数据，用任何人无法企及的速度，迅速做出某个决策。这样的洞察和决策力，应该掌握在谁的手中？

- **工作权的困扰**：一项基于人工智能的技术可以比人类以更好的质量和速度去完成某项生产。这项技术应该归属于工厂主来代替工人，还是应该归属于工人来帮助工厂主更好地完成工作？前者会带来失业，而后者有望带来更高的工作效率。

- **社会层面的困扰**：一个面向情感的人工智能机器人帮助一个人解决孤单，却使他主动减少了与他人的社交沟通。这种陪伴究竟是在帮他解决问题，还是制造了更多的问题？

- **技术滥用的困扰**：一项技术可以帮助任何人打造与他们高度相似的语音，制造出来的声音，令他的家人也难辨真假。这样的技术会不会被别有用心的人用于犯罪，例如诈骗电话？

不知不觉间，这些看似遥远的事，突然间已变成我们必须要面对的现实情况，而我们也已经在上述一些场景中做出了初步的抉择。其中一个关键因素是，人们常常对人工智能的"智商"印象深刻，但往往忽略了：人工智能系统化的优势之一在于"大规模的并发"。因此，任何一种以上技术应用的场景，只要乘以巨大的人口，都会带来很大的影响。相对而言，在围棋游戏中赢过人类，其实是最不需要担忧的了。

在微软，我们最近成立了与人工智能及伦理相关的组织，力图在当前的框架内去发现尽量多的问题，尽可能在早期就避免问题的发生。微软在人工智能领域的技术和产品线很广泛，因此我们做过的抉择也相对较多。这些抉择往往决定了我们在有能力的情况下，主动放弃去做什么。

这意味着克制与敬畏之心。例如：微软小冰在两年前推出拟人的全双工语音电话技术（Full Duplex）时，我们就制定了该产品的伦理规则，不允许在用户不知情的情况下，让小冰伪装成真人去拨打电话。我们也不使用微软小冰的技术去从事呼叫中心的外呼业务，因为它存在被滥用为垃圾广告电话的风险——尽管这些往往意味着巨大的商业价值。今天，在中国、美国、日本、印度和印度尼西亚，微软小冰拥有近 7 亿人类用户，如果她在对话的时候努力诱导人们去购买某种商品，显然会带来可观的收入预期。但谁会愿意和一个一心想着如何诱导你买东西的人成为知己呢？

这种克制，不仅仅是一两家企业的责任。它依赖于整个社会对人工智能，特别是深度学习相关技术的了解。对技术的了解越普遍，也就越能帮助企业更好地运用手中的技术，进而帮助我们每一个人获得更好的生活，享受人工智能为我们带来的价值。

在我看来，这就是这本书所具有的现实意义。它并非教科书，而是一本面向未来的历史书。它揭示了人工智能有望给世界、给人类带来的巨大改变，远超我们现在所能想象到的全双工语音、人脸识别、情感计算甚至是自动驾驶。换句话说，基于我们现在的技术和产品水平，相信许多人已能在脑海中比较清晰地勾勒出，自己在马路上与一辆并没有司机驾驶的汽车相遇的场景。但与人工智能即将展现的伟大图景相比，这些都不值一提。

人工智能会放大认知能力

60 年前，数字计算机在人工智能（AI）的萌芽期问世，深度学习革命的种子也在那时被播种开来。深度学习是数据密集型的，通过实例来学习如何解决难题，比如视觉对象识别、语音识别和自然语言翻译等。人类从婴儿时期睁开眼睛的那个时刻起，就开始从经验中学习，到后来获得语言、运动、玩电子游戏等最高程度的能力；相比之下，传统的劳动密集型人工智能方法是基于编写不同的复杂计算机程序来解决每个问题。

本书讲述了 20 世纪 80 年代一小群研究人员的故事，他们证明了基于大脑式计算的全新方法是可行的，从而为深度学习的发展奠定了基础。

当时已有的人工智能学术研究中心都投注于编程，并且都具有强大的实力，但却无法解决上述任何难题。又过了 30 年，计算机才变得足够快，也出现了大量可供利用的数据。这一变化让深度学习得以克服这些难题，并在今天的人工智能领域占据主导地位。其他领域同样可以借鉴这一经验教训，例如语言学，曾经普遍持有的既定信念阻碍了该领域整整一代研究者的进步。深度学习改变了语言学，使其发展基于来自现实世界的数据，而非无法捕捉这些复杂性的理想世界的数据。

回溯历史，人工智能诞生的秘密可以在自然界中找到答案，我们对此并不应该感到惊讶。大自然有数亿年的时间通过进化找到解决方案，对这些解决方案进行逆向工程能够让我们受益匪浅。了解大脑如何运转是 21 世纪最大的挑战之一。大自然发明了许多经受住了时间考验的算法。理解这一挑战并投资于大脑研究的国家将获得巨大的回报，远远超出 20 世纪物理学和化学研究的突破所产生的影响，这些影响已经极大地丰富了我们的生活。美国已经为"BRAIN 计划"（英文全称为 Brain Research through Advancing Innovative Neurotechnologies，即"通过推动创新型神经技术开展大脑研究计划"）注资 50 亿美元，欧洲、日本和许多其他国家或地区也在进行类似的投资。中国正在投资当前的人工智能技术，但它是否拥有投资大脑研究的远见，年青一代又是否会接受这一挑战呢？

深度学习对社会和个人生活将产生深远的影响，其影响方式也是难以想象的。在本书中，我提出了一个观点，即你无须担心人工智能将接管你的工作。人工智能会让你更聪明，让你所能实现的成就达到新的高度。就像工业革命时期蒸汽机放大了物理能力一样，人工智能也会放大认知能力。我们刚刚步入一个新的时代——信息时代。我们进入的新世界不仅会使我们变得更聪明，还会让我们更清楚地认识自己，从而回答古代的哲学先驱们最早提出的一系列问题。对于自身，我们又会得出哪些深刻的见解呢？

深度学习与智能的本质

如果你在连接了互联网的安卓手机或谷歌翻译平台上使用语音识别功能，你其实是在与经过深度学习训练的神经网络[1]进行交流。过去几年，深度学习为谷歌带来了丰厚的利润，足以支付 Google X 实验室中所有未来主义项目的成本，包括自动驾驶汽车、谷歌眼镜和谷歌大脑。[2]谷歌是最早拥抱深度学习的互联网公司之一，并在 2013 年聘请了深度学习之父杰弗里·辛顿（Geoffrey Hinton），其他公司也在竞相追赶它的脚步。

人工智能近期取得的进展得益于大脑逆向工程。分层神经网络模型的学习算法受到了神经元之间交流方式的启发，并依据经验进行了改进。在网络内部，世界的复杂性转变为五彩缤纷的内部活动模式，这些模式是智能的元素。我在 20 世纪 80 年代研究的网络模型很小，相比之下，现在的模型有数百万个人造神经元，深度达到了几十层。持久的努力、大数据和更强大的计算机运算能力使得深度学习在人工智能领域一些最困难的问题上取得了重大突破。

我们并不善于想象新技术对未来的影响。谁能在 1990 年互联网刚开始商业化的过程中预见到它对音乐产业的影响，以及对出租车业务、政治运动，还有我们日常生活几乎所有方面的影响？同样，我们也未能预见到电脑会如何改变我们的生活。IBM（国际商业机器公司）总裁托马斯·沃森（Thomas J. Watson）在1943年说的一句话后来被广泛引用："我觉得全世界也许能卖出5台计算机吧。"³很难想象一个新发明都有哪些用途，其发明人对这些用途的预测也不见得比其他人更准确。在乌托邦和世界末日的两极之间，有很多关于深度学习和人工智能应用场景的预测空间，但即使是最具想象力的科幻小说作家也不大可能猜出它们最终会产生什么样的影响。

本书的初稿是我在太平洋西北地区①徒步旅行，并思索了近几十年来人工智能领域的显著变化之后写出来的。这本书讲了一个一小群研究人员挑战AI研究建制派的故事，这些建制派在当时拥有更充足的资金支持，并被看作"唯一的主导力量"，他们大大低估了这些问题的难度，并且所依赖的对智能的直觉，后来被证明是有误导性的。

地球上的生命充满了无数奥秘，但最具挑战性的也许是智能的本质。自然界充斥着各种形式的智能，从微小的细菌到复杂的人类智能，每种智能都适应了它在自然界中的位置。人工智能也将以多种形式出现，并在智能族谱中占据特殊的位置。随着基于深度神经网络的机器智能日渐成熟，它可以为生物智能提供一个新的概念框架。

这是一本关于深度学习的过去、现在和未来的指南。不过本书并不是对该领域发展历史的全面梳理，而是记录了这一领域重要概念的进步及其背后研究群体的个人观点。人类的记忆并不可靠，对故事的每次复述都会导致记忆的偏差，这个过程叫作"重整记忆"。这本

---

① 太平洋西北地区是指美国西北部地区和加拿大的西南部地区。——编者注

书中的故事延续了 40 多年，尽管有些对我来说依然历历在目，就像昨天刚发生的一样，但我很清楚，那些故事在我的记忆中不断被复述时，有些细节已经悄悄地被改写了。

　　本书的第一部分提供了深度学习的动机和理解其起源所需的背景信息；第二部分解释了几种不同类型的神经网络架构中的学习算法；第三部分则探讨了深度学习对我们当下生活产生的影响，以及未来若干年可能产生的影响。然而，正如纽约扬基队的哲人尤吉·贝拉（Yogi Berra）曾经说过的那样："做出预测很难，特别是对未来的预测。"本书前八章的内容交代了故事的技术背景；三个部分开头的要事年表记录了与这个故事有关的事件，时间跨度超过了 60 年。

第一部分

智能的新构想

要事年表

1956 年
达特茅斯人工智能夏季研究计划（The Dartmouth Artificial Intelligence Summer Research Project）开启了人工智能领域的研究，并鼓舞了一代科学家探寻可以媲美人类智慧的信息技术的潜力。

1962 年
弗兰克·罗森布拉特（Frank Rosenblatt）出版了《神经动力学原理：感知器和大脑机制的理论》（*Principles of Neurodynamics: Perceptrons and the Theory of Brain Mechanisms*），该书介绍了一种应用于具有单层可变权重的神经网络模型的学习算法，该算法是今天的深度神经网络模型的学习算法的前身。

1962 年
大卫·休伯尔（David Hubel）和托斯坦·威泽尔（Torsten Wiesel）发表了《猫的视觉皮质中的感受野、双目互动和功能架构》（Receptive Fields, Binocular Interaction and Functional Architecture in the Cat's Visual Cortex）一文，第一次报道了由微电极记录的单个神经元的响应特性。深度学习网络的架构类似于视觉皮质的层次结构。

1969 年

马文·明斯基（Marvin Minsky）和西摩尔·帕普特（Seymour Papert）出版了《感知器》（*Perceptrons*），该书指出了单个人造神经元的计算极限，标志着神经网络领域寒冬的到来。

1979 年

杰弗里·辛顿和詹姆斯·安德森（James Anderson）在加州拉荷亚市（La Jolla）举办了"关联记忆的并行模型"（Parallel Models of Associative Memory）研讨会，把新一代的神经网络先驱们聚集到了一起，同时也推动辛顿和安德森在1981 年发表了同名系列研究著作。

1986 年

第一届神经信息处理系统大会（Neural Information Processing Systems, 以下统称NIPS[①]）及研讨会在美国丹佛科技中心举办，该会议吸引了很多不同领域的研究人员。

[①] NIPS 现通称为 NeurIPS。——译者注

01

机器学习的崛起

不久之前，人们还常说，计算机视觉的辨别能力尚不如一岁大的孩子。如今看来，这句话要改写了。计算机不仅能和大多数成年人一样识别图片中的物体，在马路上驾驶汽车的安全性还高过 16 岁的青少年。更神奇的是，如今的计算机不再是被动按照指令识别和驾驶，而是像自然界的生命由数百万年前开始进化那样，自主地从经验中学习。是数据的井喷促成了这一技术进步。如果说数据是新时代的石油，那么学习算法就是从中提取信息的炼油厂；信息积累成知识；知识深化成理解；理解演变为智慧。欢迎来到深度学习的新世界。[1]

深度学习是机器学习的一个分支，它根植于数学、计算机科学和神经科学。深度网络从数据中学习，就像婴儿了解周围世界那样，从睁开眼睛开始，慢慢获得驾驭新环境所需的技能。深度学习的起源可以追溯到 20 世纪 50 年代人工智能的诞生。关于如何构建人工智能，当时存在两种不同的观点：一种观点主张基于逻辑和计算机程序，曾主宰人工智能的研究和应用数十年；另一种观点则主张直接从数据中学习，经历了更长时间的摸索才逐渐成熟。

20 世纪，计算机技术还不够成熟，而且按照现在的标准，数据存储成本十分高昂，用逻辑程序来解决问题更加高效。熟练的程序员需要为每个不同的问题编写不同的程序，问题越大，相应的程序也就越复杂。如今，计算机能力日趋强大，数据资源也变得庞大且丰富，使用学习算法解决问题比以前更快、更准确，也更高效。此外，同样的学习算法还能用来解决许多不同的难题，这远比为每个问题编写不同的程序更加节省人力。

汽车新生态：无人驾驶将全面走入人们生活

在 2005 年美国国防部高级研究计划局（以下简称 DARPA）举办的自动驾驶挑战赛中，一辆由斯坦福大学塞巴斯蒂安·特隆（Sebastian Thrun）实验室开发的自动驾驶汽车 Stanley 最终赢得了 200 万美元现金大奖（见图 1–1）。团队利用了机器学习技术教它如何自主地在加利福尼亚州的沙漠中穿行。132 英里的赛道中有若干狭窄的隧道和急转弯，还包括啤酒瓶道（Beer Bottle Pass），这是一段蜿蜒曲折的山路，两侧分别是碎石遍布的陡坡和断壁（见图 1–2）。特隆并没有遵循传统的 AI 方法，即通过编写计算机程序来应付各种偶发事件，而是在沙漠中驾驶 Stanley，让汽车根据视觉和距离传感器的感应输入，学习如何像人一样驾驶。

图1-1 塞巴斯蒂安·特隆及其团队的自动驾驶汽车 Stanley 在 2005 年赢得了 DARPA 举办的自动驾驶挑战赛。这项突破引发了交通界的技术革命。图片来源：塞巴斯蒂安·特隆。

图1-2 啤酒瓶道。这段极具挑战性的地形位于 2005 年 DARPA 自动驾驶挑战赛的末段。该赛事要求汽车在无人辅助的情况下驶过 132 英里的沙漠荒路。图中远处的一辆卡车正要爬坡。图片来源：DARPA。

特隆后来参与创立了高科技项目重点实验室 Google X，并开始了进一步研究自动驾驶汽车技术的计划。谷歌的自动驾驶汽车自此开始，在旧金山湾区累积了 350 万英里的车程。优步（Uber）已经在匹兹堡投放了一批自动驾驶汽车。苹果也步入自动驾驶领域，以扩大其操作系统控制的产品范围，并希望能够再现它在手机市场上的辉煌。汽车制造商们亲眼看见一个 100 年来从未改变的行业在他们眼前发生了转型，也开始奋起直追。通用汽车公司以 10 亿美元的价格并购了开发无人驾驶技术的硅谷创业公司 Cruise Automation，并在 2017 年投入了额外的 6 亿美元用于研发。[2] 2017 年，英特尔以 153 亿美元的价格收购了 Mobileye，它是一家专门为自动驾驶汽车研发传感器和计算机视觉的公司。在价值数万亿美元的交通运输领域，参与的各方都下了极高的赌注。

自动驾驶汽车不久将扰乱数百万卡车司机和出租车司机的生计。最终，如果一辆自动驾驶汽车能够在一分钟内出现，将你安全带到目的地且无须停车，在城市拥有汽车就显得不那么必要了。今天，汽车行驶时间平均仅占 4%，这意味着它其余 96% 的时间都需要停放在某个地方。由于自动驾驶汽车可以在城市外围维修和停放，城市中被大量停车场占用的空间得以被重新高效利用。城市规划者已经开始考虑让停车场变成公园了。[3] 街边的停车道可以成为真正的自行车道。其他汽车相关行业也将受到影响，包括汽车保险业和修理厂。超速和停车罚单将不复存在。由醉驾和疲劳驾驶导致的交通事故死亡人数也会相应减少。通勤浪费的时间也将被节省下来做其他事情。根据 2014 年的美国人口普查数据，1.39 亿上班族人均单日通勤时间达到了 52 分钟，全年总计 296 亿小时。这惊人的 340 万年的时间本可以在人生中得到更好的利用。[4] 自动驾驶汽车会使公路通行能力翻两番。[5] 而且，一旦大规模投入使用，没有方向盘、可以自己开回家的自动驾驶汽车还会让大规模汽车盗窃行为销声匿迹。虽然目前自动驾驶汽车仍面临很多监管和法律层面的障碍，但这一技术一旦开始普及，我们就将迎来一个崭新的世界。可以预见的是，卡车大概会在 10 年内率先实现自动驾驶，出租车要花上 15 年，而 15 到 25 年后，客运无人车将全面走入人们的生活。

汽车在人类社会中的标志性地位将以我们无法想象的方式发生变化，一种新的汽车生态也将应运而生。正如 100 多年前汽车的出现创造了许多新的行业和就业机会，围绕着自动驾驶汽车的发展，也出现了一个快速增长的生态系统。从谷歌独立出来的自动驾驶公司 Waymo，8 年来已经投入了 10 亿美元，并在加州中部山谷搭建了一个秘密测试场所。该场所位于一个占地 91 英亩的仿造小镇，其中还设计了骑自行车的"演员"和假的汽车事故。[6] 其目的是扩大训练数据集以包含特殊和不常见的情况（也叫边缘情况）。公路上罕见的驾驶事件经常会导致事故。自动驾驶汽车的不同之处就在于，当一辆汽车遇到罕见事件时，相应的学习体验会被传递给所有其他自动驾驶汽车，这是一种集体智能。其他自动驾驶汽车公司也在建造许多类似的测试设施。这些举措创造了以前并不存在的新工作机会，以及用于汽车导航的传感器和激光器的新供应链。[7]

自动驾驶汽车仅是信息技术推动经济发生重大转变的一个最明显的体现。网络上的信息流就像城市管道里的水流。信息在谷歌、亚马逊、微软和其他 IT 公司的大型数据中心聚集。这些数据中心需要耗费大量电力，因此通常建在水电站附近，并利用河水来冷却信息流所产生的大量热量。2013年，美国的数据中心消耗了 1000 万兆瓦的电量，相当于 34 个大型电厂产生的电力。[8] 但是目前对经济影响更大的是如何使用这些信息。从原始数据中提取出的信息被转化为关于人和事的知识：我们做什么，我们想要什么，我们是谁。计算机驱动的设备也在越来越多地利用这些知识与我们进行口头上的交流。与大脑之外、书本之中的被动知识不同，储存在云中的知识是一种外部智能，并且正在成为人们生活中积极、活跃的一部分。[9]

自然语言翻译：从语言到句子的飞跃

如今，谷歌在超过 100 种服务中使用了深度学习，包括街景视图（Street View）、收件箱智能回复（Inbox Smart Reply）和语音搜索。几年前，谷歌的工程师意识到他们需要将这些计算密集型应用扩展到云端。他们开始着手设计一种用于深度学习的专用芯片，并巧妙地设计了可以插入数据中心机架中的硬盘插槽的电路板。谷歌的张量处理单元（TPU）现在已配置在遍布全球的服务器上，让深度学习应用程序的性能得到了大幅改进。

深度学习快速改变格局的一个例子是它对语言翻译的影响。语言翻译是人工智能的一只圣杯，因为它依赖于理解句子的能力。谷歌最近推出了基于深度学习的最新版谷歌翻译（Google Translate），代表了自然语言翻译质量的重大飞跃。几乎一夜之间，语言翻译就从零散杂乱的拼凑短语，升级到了语意完整的句子（见图 1-3）。之前的计算机方法搜索的是可以被一并翻译的词汇组合，但深度学习会在整个句子中寻找词汇之间的依赖关系。

图1-3　手机上的谷歌翻译应用可以将日语文字和菜单即时译成英文。这一功能对于在日本如何按照指示牌乘车尤为重要。

得知谷歌翻译获得了巨大进步的消息后，2016年11月18日，东京大学的曆本纯一（Jun Rekimoto）测试了这个新系统。他把欧内斯特·海明威的小说《乞力马扎罗的雪》开头的一段话翻译成了日文，然后再把这段日文翻译成英文，结果如下（猜猜哪个是海明威的原作）：

　　1. Kilimanjaro is a snow-covered mountain 19,710 feet high, and is said to be the highest mountain in Africa. Its western summit is called the Masai "Ngaje Ngai," the House of God. Close to the western summit there is the dried and frozen carcass of a leopard. No

one has explained what the leopard was seeking at that altitude.[①]

2. Kilimanjaro is a mountain of 19,710 feet covered with snow and is said to be the highest mountain in Africa. The summit of the west is called "Ngaje Ngai" in Masai, the house of God. Near the top of the west there is a dry and frozen dead body of leopard. No one has ever explained what leopard wanted at that altitude.[②][10]

海明威的原作是第一段。

下一步工作是训练更大规模的深度学习网络，针对段落来提高句子间的连贯性。文字背后都有悠久的文化历史。俄裔作家和英文小说家，《洛丽塔》一书的作者弗拉基米尔·纳博科夫（Vladimir Nabokov）曾经得出结论，在不同语言之间翻译诗歌是不可能的。他将亚历山大·普希金（Aleksandr Pushkin）的诗体小说《叶甫盖尼·奥涅金》（*Eugene Onegin*）直译成了英文，并对这些诗文的文化背景做了解释性脚注，以此论证他的观点。[11] 或许谷歌翻译终有一天能够通过整合莎士比亚的所有诗歌来翻译他的作品。[12]

---

① 乞力马扎罗山是一座雪山，高 19 710 英尺，据说是非洲最高的山峰。它的西峰被马赛人称作 "Ngaje Ngai"，意为"上帝的家"。靠近西峰有一具干燥、冰冻的豹子尸体。没有人解释过这只豹子在那个高度是要寻找什么。

② 乞力马扎罗山是一座高达 19 710 英尺的雪山，据说是非洲最高的山峰。它的西峰在马赛语里被称为 "Ngaje Ngai"，上帝的家。西峰附近有一具干燥、冷冻的豹子尸体。从来没有人解释过豹子在那个高度想要找什么。

语音识别：实时跨文化交流不再遥远

人工智能的另一只圣杯是语音识别。不久之前，计算机的独立语音识别应用领域还很有限，如机票预订。而如今，限制已不复存在。2012 年，一名来自多伦多大学的实习生在微软研究院（Microsoft Research）的一个夏季研究项目中，让微软的语音识别系统性能得到了显著的提升（图 1–4）。[13] 2016 年，微软的一个团队宣布，他们开发的一个拥有 120 层的深度学习网络已经在多人语音识别基准测试中达到了与人类相当的水平。[14]

图 1–4　微软首席研究官里克·拉希德（Rick Rashid）在 2012 年 10 月 25 日于中国天津举行的一场活动中，使用深度学习进行了自动语音识别的现场演示。在 2000 名中国观众面前，拉希德说的英文被自动化系统识别，先在他的屏幕图像下方显示出英文字幕，随后被翻译成了中文。此次高难度展示被全球媒体争相报道。图片来源：微软研究院。

这一突破性成果将在之后的几年逐渐影响我们的社会，计算机键盘会被自然语言接口取代。随着数字助手，如亚马逊的 Alexa、苹果的 Siri 以及微软的 Cortana 先后进入千家万户，这种取代已经在发生了。就如随着个人电脑的普及，打字机退出了历史舞台，有一天电脑键盘也将成为博物馆的展品。

当语音识别和语言翻译结合到一起时，实时的跨文化交流将有可能实现。《星际迷航》中那种万能翻译机将触手可及。为什么计算机语音识别和语言翻译达到人类的水平要花这么久的时间？难道计算机的各种认知能力同时进入瓶颈期仅仅是巧合吗？其实所有这些突破都源于大数据的出现。

AI 医疗：医学诊断将更加准确

深入皮肤

随着机器学习的成熟并被应用于可获取大数据的许多其他问题，服务行业和其相关职业也将发生转变。基于数百万患者病情记录的医学诊断将变得更加准确。最近的一项研究将深度学习运用到了囊括超过 2000 种不同疾病的 13 万张皮肤病学图像中，这个医学数据库是以前的 10 倍大（图 1–5）。[15] 该研究的网络被训练用于诊断"测试集"（test set，它从未见过的新图像集）中的各种疾病。它在新图像上的诊断表现与 21 位皮肤科专家的结论基本一致，甚至在某些情况下还要更准确。在不久的将来，任何一个拥有智能手机的人都可以拍下疑似皮肤病变的照片，并立即进行诊断——而现在要完成同样的过程，我们需要先去看医生，耐心等待病变被专家筛查出来，然后再支付一大笔账单。这一进步将大大扩大皮肤病护理的范围，提升护理质量。如果个体可以很快得到专家诊断，他们会在皮肤病的早期阶段，也就是更容易治疗的时候就开始就医。借助深度学习，所有的医生都将更准确地诊断罕见的皮肤病。[16]

图 1-5　艺术家绘制的高准确度诊断皮肤病变的深度学习网络图，2017 年 2 月 2 日《自然》杂志封面。

深入癌症

如果专家在转移性乳腺癌的淋巴结活检切片图像上判断错误，就有可能导致致命的后果。这是一种深度学习擅长的模式识别问题。实际上，一个经过大量结论清晰的切片数据训练出来的深度学习网络能达到 0.925 的准确度，还不错，但还不及人类专家在同一测试集上达到的 0.966。[17] 然而，把深度学习与人类专家的预测结合起来，准确度达到了 0.995，几近完美。由于深度学习网络和人类专家查看相同的数据的方式不同，二者相结合的效果比单独预测要好。这样一来，更多的生命得以被挽救。这表明在未来，人类与机器将是合作而非竞争的关系。

深入睡眠

如果你有严重的睡眠问题（70% 的人一生中都会遇到这个问题），你要等待几个月才能见到你的医生（除非问题十分紧急），然后你会被转到一个睡眠诊所。在那里，你需要在身上接几十个能在你入睡时记录你的脑电图（EEG）和肌肉活动的电极，接受彻夜观察。每个晚上，你会先进入慢波睡眠，然后定期进入快速眼动（REM）睡眠，在此期间，你会做梦，但是失眠、睡眠呼吸暂停综合征、不宁腿综合征以及许多其他睡眠障碍会干扰这种睡眠模式。如果你在家里就很难入睡，那么在一张陌生的床上，全身接满了让人不安的医疗设备进入睡眠状态，绝对算得上真正的挑战。睡眠专家会查看你的脑电图记录，以 30 秒为单位标记睡眠阶段，一段 8 小时的睡眠要花几个小时才能标记完。而最终你会得到一份有关睡眠模式异常情况的报告，以及一份 2000 美元的账单。

依据 1968 年由安东尼·雷希特施芬（Anthony Rechtshaffen）和艾伦·卡莱斯（Alan Kales）设计的系统，睡眠专家将接受寻找表征不同睡眠阶段特征迹象的培训。[18] 但是由于这些特征常常不明确，也不一致，只有 75% 的情况下专家们能在数据解读上达成一致。相比之下，我实验室之前的一名研究生菲利普·洛（Philip Low）使用无监督机器学习，花了不到一分钟的计算机运算时间，以 3 秒的时间分辨率自动检测睡眠阶段，和87%的人类专家达成了一致的结论。此外，这种方式只需要在头部的单个位置做记录，用不到那些触点和接线，也节省了大量佩戴和摘除的时间。2007年，我们创立了一家公司Neurovigil，想将这项技术引入睡眠诊所，但诊所对此没有表现出多大兴趣，因为靠人力标注能产生更多的现金流。实际上，依据保险号向患者开具账单，会让诊所没有动机采用更廉价的程序。Neurovigil在大型制药公司发现了另一个市场，这些公司在开展临床试验，需要测试他们的药物对睡眠模式的影响。这项技术目前正在进入长期护理设施市场，帮助解决在老年人中更普遍的进行性睡眠问题。

睡眠诊所模式是存在缺陷的，因为在这样的限制条件下不能可靠地诊断出健康问题：每个人的生理基数都不同，而偏离这个基数的信息最重要。Neurovigil已经有了一个小型设备iBrain，它可以在家里记录你的脑电图信息，将数据传到网上并分析数据的长期趋势和异常情况。这可以帮助医生及早发现健康问题，在恶化前及时干预并阻止慢性疾病的发展。其他很多疾病的治疗也将受益于持续监测，如1型糖尿病，血糖水平可以被监测并通过胰岛素进行调节。使用能够连续记录数据的廉价传感器正在对其他慢性疾病的诊断和治疗产生重大影响。

从Neurovigil的发展过程中可以看出：第一，即便拥有更好更廉价的技术，也不代表能轻易地将其转化为有市场价值，甚至更优质的新产品或服务；第二，当现有产品在市场中的地位根深蒂固，就会进一步开发出深入应用的二级市场，可以让新技术产生更直接的影响，并争取时间来改进，提升竞争力。太阳能和许多其他新兴产业的技术就是这样进入市场的。从长远来看，已被证实具有优势的睡眠监测和新技术将会覆盖到家中的患者，并最终融入医疗实践。

金融科技：利用数据和算法获取最佳回报

纽约证券交易所超过 75% 的交易都是自动完成的（图 1–6），高频交易能在几分之一秒内进出仓位。（如果你不用为每笔交易支付费用，那么即使是很小的优势也能带来巨额利润。）更长时间范围内的算法交易会考虑到基于大数据的长期趋势。深度学习在赚钱和提高利润方面做得越来越好。[19] 预测金融市场，问题在于数据嘈杂，条件不稳定——一场选举或国际冲突可能会导致投资者心态在一夜之间发生变化。这意味着用来预测今天股票价值的算法可能到明天就不准了。在实践中，被用来赚钱的算法有数百种，表现突出的则被不断整合以实现最优回报。

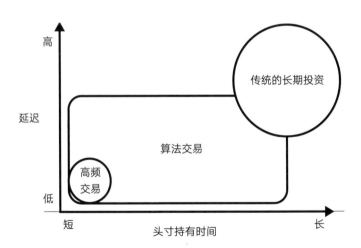

图 1–6 延迟 vs 头寸持有时间。在线机器学习正在推动算法交易，它比传统的长期投资策略更快速，比股票市场中的高频交易更加慎重。许多不同类型的机器学习算法被组合运用以获得最佳回报。

早在 20 世纪 80 年代，我还在为摩根士丹利的股票交易神经网络模型提供咨询时，遇到了专门设计并行计算机的计算机科学家大卫·肖（David Shaw）。哥伦比亚大学学术休假期间，肖曾在自动化交易早期担任量化分析师，随后他在华尔街创立了自己的投资管理公司德劭集团（The D. E. Shaw Group），现在他已经是亿万富翁了。德劭集团非常成功，但仍然逊于另一家对冲基金文艺复兴科技公司（Renaissance Technologies）。这家基金是由杰出的数学家、纽约州立大学石溪分校数学系前主任詹姆斯·西蒙斯（James Simons）创立的。仅2016年，西蒙斯就挣了16亿美元，这还算不上他最好的一年。[20]文艺复兴科技被称为"世界上最好的物理和数学系，"[21]"它不会雇用带有哪怕一点点华尔街正统味道的人"。[22]

不再参与德劭的日常运营后，大卫·肖现在专注于德劭研究所（D. E. Shaw Research）的业务，该研究所搭建了一台名为"Anton"的专用并行计算机，比全球其他计算机执行蛋白质折叠的速度都快得多。[23]西蒙斯退休后不再掌管文艺复兴科技，而是建立了资助自闭症及其他物理和生物科学项目研究的基金会。通过加州大学伯克利分校的西蒙斯计算理论研究所（the Simons Institute for the Theory of Computing at UC Berkeley）、麻省理工学院的西蒙斯社会大脑中心（the Simons Center for the Social Brain at MIT）和纽约熨斗研究院（the Flatiron Institute），西蒙斯的慈善事业对推进数据分析、建模和仿真的计算方法产生了重大影响。[24]

更广泛的金融服务正在金融科技（fintech）的大背景下发生大规模转型。诸如区块链这样的信息技术——一种安全的互联网记账方式，取代了金融交易的中间商——正在接受小规模的测试，但它很快就会扰乱价值数万亿美元的金融市场。机器学习正在被用于改进贷款信用评估，准确地提供业务和财务信息，在社交媒体上获取预测市场趋势的信号，并为金融交易提供生物识别安全服务。谁拥有最多的数据，谁就是赢家，而世界上充斥着财务数据。

深度法律：效率的提高与费用的降低

深度学习刚刚开始影响法律界。律师事务所每小时收费数百美元的法务助理的大部分日常工作都将实现自动化，特别是在高档写字楼办公的规模化事务所里。具体点说，技术辅助审核或调查将被人工智能接管，它可以浏览数千份文件以获取合法证据，且丝毫不会感到厌倦。自动化深度学习系统也将帮助律师事务所遵守日益复杂的政府规定。这些系统将为现在无法负担律师费用的普通人提供法律建议。法律工作不仅收费会更便宜，也会更高效，这一点通常比费用更重要。法律世界正在走向"深度法律"。[25]

德州扑克：当机器智能学会了虚张声势

一对一无限注德州扑克是最受欢迎的扑克玩法之一，常见于赌场，无限注投注方式则通常出现在世界扑克系列赛（World Series of Poker）的主赛事中。扑克很有挑战性，因为与国际象棋玩家可以获得相同的信息不同，扑克玩家的信息不完整，而且在最高级别的比赛中，诈唬、欺骗的技巧和拿到的牌一样重要。

数学家约翰·冯·诺依曼（John von Neumann）创立了数学博弈理论，也是数字计算机之父，他就对扑克特别着迷。他说过："现实生活包括虚张声势，一点欺骗手段，以及自问另一个人会怎么评判我做事的意图。这就是我理论中博弈的内涵。"[26] 扑克是一种博弈，反映了经过进化精炼过的人类智能的一部分。一个名为"DeepStack"的深度学习网络和 33 名职业扑克选手进行了 44852 场比赛。令扑克专家震惊的是，它以相当大的优势，一个标准差，击败了最出色的扑克玩家，同时以四个标准差在整体上击败了全部 33 名玩家——多么巨大的差距（见图 1–7）。[27] 如果这一成就能复制到其他基于不完全信息、需要人来做判断的重要领域，比如政治学和国际关系，其影响可能是极其深远的。[28]

图 1–7 一对一无限注德州扑克。强势手牌。DeepStack 已经掌握了如何在高筹码扑克中虚张声势，以大比分优势击败职业扑克玩家。

AlphaGo 奇迹：神经科学与人工智能的协同

2016 年 3 月，韩国围棋界 18 次世界冠军获得者李世石（Lee Sedol）与 DeepMind 公司的 AlphaGo（图 1–8）——一个使用深度学习网络评估盘面形势和可能的走法的围棋程序——进行了 5 场比赛。[29] 围棋相对国际象棋的难度，相当于国际象棋对跳棋的难度。如果国际象棋是一场战役，那么围棋就是一场战争。一块 19 × 19 围棋棋盘比一块 8 × 8 象棋棋盘大得多，这使得在棋盘的不同部分可能同时发生多场战役。不同战役之间存在长期的相互作用，即使是专家也难以判断。围棋的合法棋局总数是 10^{170}，远远超过宇宙中的原子数量。

图 1-8 韩国围棋冠军李世石对战 AlphaGo 的 5 场比赛里，某一场战局中的棋盘。AlphaGo 是一个通过与自己下围棋来学习的深度学习神经网络。

　　除了几个评估盘局并选择最佳着数的深度学习网络，AlphaGo 还有一个完全不同的学习系统，用于解决时间信用分配问题：在众多步棋中，哪一步对赢得胜利有所贡献，哪一步对失败承担责任？大脑的基底神经节接收来自整个大脑皮层的投射，并投射回去，利用时间差分算法和强化学习来解决这个问题。AlphaGo 使用由基底神经节进化出来的相同的学习算法，以评估最大化未来奖励的行动顺序（这一过程将在第 10 章中做出解释）。AlphaGo 通过反复和自己下棋来学习这一技能。

AlphaGo 和李世石对决的围棋比赛在亚洲得到了极高的关注。在亚洲，围棋冠军是全国性的公众人物，有着摇滚明星一样的待遇。AlphaGo 早些时候击败了欧洲的围棋冠军，但是那场比赛的水平远低于亚洲的最高水平，因此李世石并没有做好打一场硬仗的心理准备。即使是开发 AlphaGo 的公司 DeepMind，也并不清楚他们的深度学习程序到底有多强大。自上一场比赛以来，AlphaGo 已经与好几个版本的自己下了数百万局的棋，然而并没有任何标准来判断它的水平到底达到了何种高度。

AlphaGo 赢得了 5 场比赛的前 3 场后，许多人都感到十分震惊，因为它展现出了让人意想不到的高水准。这项比赛在韩国有很高的关注度，所有的主流电视台都对比赛进行了实况报道。AlphaGo 有一些着数是革命性的。在第二场比赛的第三十八步，AlphaGo 下出了精彩的一着，让李世石感到十分惊讶，他花了将近 10 分钟的时间才决定下一步要怎么走。AlphaGo 输掉了第四场比赛，这是人类挽回颜面的一场胜利，最终它的战绩是 4 胜 1 负（图 1–9）。[30] 3 月的夜晚，我在圣迭戈的凌晨兴致勃勃地观看了这场较量。这让我回想起 1966 年 6 月 2 日凌晨 1 点，我在克利夫兰市，坐在电视机旁关注着"勘测者 1 号"探测器降落在月球上，并传回了第一张月球照片。[31] 我亲眼见证了这些历史时刻。AlphaGo 的表现远远超出了我和其他许多人的期待。

图1-9 在2016年3月的围棋挑战赛中输给了AlphaGo之后的李世石。

2017年1月4日，一个名为"Master"的选手在一个网络围棋服务器上主动现身，其真正身份是AlphaGo 2.0。在此之前，它在与世界顶尖棋手的比赛中取得了60场全胜的战绩，被击败的棋手中包括当时世界排名第一的高手，19岁天才棋手柯洁。AlphaGo显露出了一种能与同时代的佼佼者抗衡的全新风格。2017年5月27日，在中国乌镇举办的围棋峰会上，柯洁以3场皆负的结果输给了AlphaGo（见图1-10）。这是有史以来最精彩的几场围棋比赛，数亿中国人都观看了该赛事。"去年，我还觉得AlphaGo的表现与人类非常接近，但今天我认为它是'围棋之神'。"柯洁这样总结道。[32]

在第一场比赛中，他以一目半的微弱差距输掉了比赛。柯洁说他"在比赛中途已经感觉快要赢了"。他非常兴奋："我能感觉到自己的心脏在怦怦直跳！可能因为我太兴奋，有几步棋走错了。也许这就是人类棋手最薄弱的部分吧。"[33]柯洁经历了一种情绪上的超负荷，但

图1-10 2017年在中国，DeepMind 的联合创始人兼 CEO 德米斯·哈萨比斯（Demis Hassabis，左）和柯洁在历史性的围棋比赛结束后会面，共同展示带有柯洁签名的棋盘。图片来源：德米斯·哈萨比斯。

要达到最佳状态，更需要相对沉稳的情绪。事实上，舞台演员们都知道，如果他们演出前没有胃里翻江倒海的紧张感，就无法呈现出最精彩的演出。他们的表演遵循一种倒 U 形曲线，即最佳状态处于较低和较高的兴奋点之间。运动员把这叫作"在状态"。

2017 年 5 月 26 日，AlphaGo 还击败了由 5 名顶尖棋手组成的队伍。这些棋手都分析过 AlphaGo 的招数，并已经在相应地改变自己的策略。这场比赛由中国政府主办，可以说是一个新版的"乒乓外交"。[①]中国正在机器学习方面投入大量资金，其大脑研究计划的一个主要目标是挖掘大脑潜能来创造新的算法。[34]

该围棋事件后续的发展可能会更令人惊叹。在开始跟自己下棋之

① 老版的"乒乓外交"指 1971 年中国和美国乒乓球队开展互访的友好往事，不仅推动了中美两国关系正常化的进程，也加速了中国走向世界的步伐。——编者注

前，AlphaGo 是通过观察学习 16 万次人类围棋比赛起步的。有人认为这是作弊——一个自主的 AI 程序应该能够在没有积累任何人类知识的条件下学习下围棋。2017 年 10 月，一款名为 AlphaGo Zero 的新版本 AI 程序面世了。它从游戏规则开始一步步学习下围棋，击败了曾战胜柯洁的版本 AlphaGo Master，战绩为 100∶0。[35] 此外，AlphaGo Zero 的学习速度比 AlphaGo Master 快 100 倍，而计算能力差不多只有后者的 1/10。完全忽略人类的知识，AlphaGo Zero 变成了无敌超人。随着机器学习算法的不断进步，AlphaGo 还会变得多么优秀，并没有已知的上限。

AlphaGo Zero 虽然没有和人下棋，但仍然有许多围棋知识被人为添加到程序中强化棋艺的特征。如果没有任何围棋知识，AlphaGo Zero 也许仍有进一步改进的空间。就像零度可乐将可口可乐里所有的热量分离出来一样，围棋的所有知识都被从 AlphaZero 中剥离出来。结果，AlphaZero 能够更快、更果断地打败 AlphaGo Zero。[36] 为了进一步说明"少就是多"，AlphaZero 在没有改变任何一个学习参数的情况下，学会了如何以超人的水准下国际象棋，还创造了人类从未使用过的着数。在与 Stockfish 这个已经是超人级别的顶级国际象棋程序的对决中，AlphaZero 还没有输过。在一场比赛中，AlphaZero 大胆地牺牲了一个象——这种做法通常用来获得位置上的优势，随后又牺牲了王后，这一步看起来像是个大昏着儿，直到很多步以后，AlphaZero 冷不防将了一军，无论是 Stockfish 还是人类棋手都没能预见到这样的结果。外星人已经着陆，地球从此要改头换面了。

AlphaGo 的开发者 DeepMind 于 2010 年由神经学家德米斯·哈萨比斯参与创立，他曾在伦敦大学学院的盖茨比计算神经科学部门

（University College London's Gatsby Computational Neuroscience Unit）担任博士后研究员。该部门由彼得·达扬（Peter Dayan）领导，达扬曾是我实验室的博士后研究员，2017 年和雷蒙德·多兰（Raymond Dolan）以及沃尔夫拉姆·舒尔茨（Wolfram Schultz）共同获得了享有盛誉的"大脑奖"（Brain Prize），以表彰他们在奖励学习方面的研究。谷歌在 2014 年以 6 亿美元的价格收购了 DeepMind。该公司雇用了400 多名工程师和神经科学家，拥有学术界和创业公司混合的双重文化。神经科学与人工智能之间的协同作用日渐深入，而且还在加速。

弗林效应：深度学习让人类更加智能

　　AlphaGo 有智力吗？除了"意识"这个主题，关于智力的文章比心理学中任何其他主题都要多得多，这两个概念都很难界定。自 20 世纪 30 年代以来，心理学家就对流体智力和晶体智力进行了区分——流体智力能够将新条件中的推理和模式识别用于解决新问题，而不依赖于以前的知识；晶体智力则依赖于先前的知识，也是标准智商测试（即 IQ 测试）的对象。流体智力遵循一种抛物线式发展轨迹，在成年早期达到高峰，并随着年龄的增长逐渐下降；而晶体智力会随年龄的增长，缓慢渐进式地提高，直至暮年。AlphaGo 只在一个相当狭窄的领域同时展现出了晶体智力和流体智力，但在这个领域，它表现出了令人惊讶的创造力。专业知识的获取也是基于在狭窄领域的学习。我们都是语言领域的专家，每天都在使用语言。

　　AlphaGo 使用的强化学习算法可以被用来解决许多问题。这种形式的学习只取决于在一系列动作结束时给予获胜者的奖励，这似乎和提前做出更好的决策相矛盾。结合了许多强大的深度学习网络，就会生成许多领域相关的智能。而且事实上，已经出现了与领域相关的不同类型智能，例如社会、情感、机械和建筑等的案例。[37] 智力测试测量的一般因素（general factor，简称 g 因素）与这些不同类型相关。我们有理由认真审视 IQ 测试。自 20 世纪 30 年代首次测试智力以来，全人类平均的 IQ 分数每 10 年会上升三个点，这一趋势被称为"弗林效应"（Flynn effect）。对于弗林效应有许多可能的解释，比如更充足的营养、更完善的医疗体系，以及其他环境因素。[38] 这很有道理，因为环境会影响基因调控，从而影响大脑内在的连接，行为也会随之发生变化。[39] 随着人类越来越多地生活在人造环境中，大脑正在以某种超越自然进化轨道的方式被塑造。在更长的时间内，人类是否能一直都在变得更聪明？智商增长会持续多久？用电脑玩国际象棋、西洋双陆棋和围棋的人数自计算机程序达到冠军级别后一直在稳步增加，而机器也强化了人类玩家的智能。[40] 深度学习提升的将不仅仅是科学研究人员的智能，还包括所有行业从业人员的智能。

科学仪器正以惊人的速度产生数据。位于日内瓦的大型强子对撞机（LHC）中发生的基本粒子碰撞每年产生 25 PB（1 PB=1000 TB）的数据。大型综合巡天望远镜（LSST）每年将产生 6 PB 的数据。机器学习正被用于分析庞大的物理和天文数据集，其规模之浩大让人类根本无法通过传统方法进行搜索。[41] 例如，DeepLensing 是一种神经网络，可以识别遥远星系的图像。这些图像由于光在传播中因围绕周边星系的"引力透镜"造成的光路偏折而被扭曲了。这一技术可以自动发现许多遥远的新星系。物理学和天文学中还有许多其他类似"大海捞针"的问题，而深度学习能够让传统的数据分析方法如虎添翼。

新教育体系：每个人都需要终身学习

银行在 20 世纪 60 年代后期推出了面向银行账户持有人的全天候现金提取服务，这对于那些在银行正常营业时间之外需要现金的人来说非常方便，自动提款机（ATM）从此获得了阅读手写支票的能力。尽管它们的存在减少了银行柜员的日常工作量，但有越来越多的柜员为客户提供按揭和投资建议等个性化服务，同时也出现了维修 ATM 的新工种。[42] 就如一方面，蒸汽机代替了体力劳动者，但另一方面，这为能够建造和维护蒸汽机及驱动蒸汽机车的熟练工人提供了新的就业机会。亚马逊的在线营销也将许多员工从当地实体零售店中迁移出来，但同时也为分配和运输其商品，以及许多使用其平台的企业创造了 38 万个新的工作机会。[43] 由于现在需要人类认知技能的工作被自动化人工智能系统所接管，那些能够创建和维护这些系统的人将会获得新的工作。

工作变动不是什么新鲜事。19 世纪，农场劳工被机器取代，机器也在城市工厂创造了新的工作机会，所有这些都需要一个教育系统来培训工人新的技能。不同之处在于，今天，由人工智能开辟的新职位除了需要传统的认知技能之外，还需要新的、不同的、不断变化的技能。[44] 所以我们都需要终身学习。要做到这一点，我们需要一个以家庭，而不是以学校为基础的新教育体系。

幸运的是，就像寻找新工作的需求变得迫在眉睫一样，互联网上免费的大规模开放式在线课程慕课（MOOCs）也应运而生，来帮助人们获取新的知识和技能。虽然仍处于初级阶段，但慕课的在线教育生态系统正在迅速发展，并在为更广泛的人群提供前所未有的优质教学。与下一代数字辅助系统相结合，慕课则可能会带来变革。芭芭拉·奥克利（Barbara Oakley）和我开设了一门名为"学会如何学习"（Learning How to Learn）的慕课——该热门课程会教你如何成为更好的学习者（见图 1-11）——以及一门名为"思维转换"（Mindshift）的慕课，教你如何改造自己并改变你的生活方式（这两门课将在第 12 章中详细介绍）。

图1-11 "学会如何学习"教你如何成为更好的学习者，它是互联网上最受欢迎的慕课，拥有超过 300 万学习者。

进行网上操作时，其实正在生成机器可读的关于你自己的大数据。根据你在互联网上行为的蛛丝马迹，你正在被自动生成的相关广告定位。你在 Facebook（脸谱网）和其他社交媒体网站上发布的信息可被用于创建数字助理，它几乎比世界上任何其他人都更了解你，并且不会遗漏任何内容，实际上就相当于你的虚拟分身。通过将互联网跟踪和深度学习都纳入服务，现在这些孩子的后代拥有的教育机会将比今天富裕家庭拥有的最优质的教育机会还要好。这些孙辈将拥有自己的数字导师，导师将在整个教育过程中陪伴他们。教育不仅会变得更加个性化，也会变得更加精准。世界各地已经开展了各种各样的教育实验，例如可汗学院，由盖茨基金会、陈－扎克伯格基金会和其他慈善基金会资助。这些实验机构正在测试软件，以便让所有的孩子都可以根据自己的节奏进步，并适应每个儿童的特定需求。[45] 数字导师的普及将使教师从教学中的重复劳动，如评分中解脱出来，专注于人类最擅长的事情——对学习困难的学生提供精神支持，并给予有天赋的学生灵感启发。教育技术（Edtech）正在快速发展，与自动驾驶汽车相比，传统教育向精准教育过渡的速度可能相当快，因为它必须克服的障碍要小得多，需求却要大得多，而且美国的教育是一个万亿美元的市场。[46] 一个主要的问题就是，谁能够访问数字助理和数字导师的内部文件。

正面影响：新兴技术不是生存威胁

AlphaGo 在 2016 年毫无争议地击败了李世石，这激化了过去若干年引发的人工智能可能给人类带来威胁的担忧。计算机科学家签署了不会将 AI 用于军事目的的承诺协议。斯蒂芬·霍金（Stephen Hawking）和比尔·盖茨（Bill Gates）公开发表声明，警告人工智能可能对人类造成的生存威胁。伊隆·马斯克（Elon Musk）和其他硅谷企业家成立了一家新公司 OpenAI，拥有 10 亿美元储备金，并聘请了杰弗里·辛顿之前的一名学生伊利娅·苏特斯科娃（Ilya Sutskever）担任第一任总监。虽然 OpenAI 的既定目标是确保未来人工智能的发现将公开供所有人使用，但它还有另一个隐含的更重要的目标：防止私人公司作恶。AlphaGo 战胜了围棋世界冠军李世石，一个临界点也随之到来。几乎在一夜之间，人工智能从一项失败的技术，转变成了可感知的生存威胁。

一种新兴技术被看作生存威胁，这已经不是第一次了。核武器的发明、改进和储存曾经是一种毁灭全世界的威胁，但至少到目前为止，我们有能力阻止这种情况的发生。重组 DNA 技术刚问世的时候，人们担心经人工改造的致命生物会从实验室逃出来，导致全球范围内出现难以估量的痛苦和死亡。基因工程现在已经是一项成熟的技术，目前我们已经能和它的产物共存。与核武器和致命生物相比，机器学习的最新进展构成的威胁相对较小。我们也将适应人工智能。事实上，这已经在发生了。

DeepStack 的成功带来的其中一个暗示是，深度学习网络可以学习如何成为世界顶级的骗子。训练深层网络能干什么只受限于训练者的想象力和数据。如果一个网络可以接受安全驾驶汽车的训练，那么它也可以被训练驾驶 F1 赛车，很可能有人愿意为此掏腰包。今天，我们仍然需要技术娴熟和训练有素的从业人员使用深度学习来搭建产品和服务，但随着计算能力的成本持续下降、软件功能更加自动化，很快，高中生就可能具备开发 AI 应用程序的能力了。作为德国收入最高的在线电子商务公司，奥托（Otto）主要经营服装、家居和体育用品。它正在利用深度学习，根据历史订单信息预测客户未来可能购买的产品，并提前为他们下单。[47] 客户几乎在订购前就收到了自己想订购的商品，准确率达到 90%。自动完成工作且无须人工干预，这种预订操作不仅可以每年为公司在剩余库存和退货环节节省数百万欧元，还提高了客户满意度和保有率。深度学习显著提高了奥托公司的生产力，却并没有取代它的工人。人工智能可以让你在工作中更高效。

虽然主要的高科技公司开拓了深度学习的应用，但机器学习工具已经普遍存在了，许多其他公司也开始从中受益。Alexa 是一个广受欢迎的数字助理，与亚马逊 Echo 智能音箱配合使用，能够基于深度学习对自然语言发出的请求做出回应。亚马逊网络服务（AWS）引入了名为"Lex"、"Poly"和"Comprehend"的工具箱，可以分别基于自动化文字、语音转换、语音识别和自然语言理解，方便地开发相同的自然语言界面。具有对话交互能力的应用程序现在可供无力雇用机器学习专家的小型企业使用。企业通过应用这一程序可以提高客户满意度。

当最好的人类棋手在计算机程序面前都黯然失色时，人类会不再下棋吗？正相反，人工智能会提高人类的竞技水平，也使得棋类竞技更加大众化。顶级的国际象棋选手曾经都来自莫斯科和纽约等大城市。这些地方大师云集，可以教授年轻棋手并提高他们的技能水平。国际象棋电脑程序使得在挪威小镇长大的马格努斯·卡尔森（Magnus Carlson）13 岁就成为国际象棋大师，如今他已是世界国际象棋冠军。人工智能不仅对游戏产生了正面的影响，更会推动人类付诸努力的各个方面，从艺术到科学。AI 可以让你变得更聪明。[48]

回到未来：当人类智能遇到人工智能

本书有两个相互交织的主题：人类智能是如何进化的，以及人工智能会如何演变。这两种智能之间的巨大差异在于，人类智能的进化经历了数百万年的时间，而人工智能在最近几十年才发展起来。尽管对于文化演变来说，这个速度仍然是快得出奇，但是过于谨小慎微可能并不是个正确的选择。

深度学习在近期取得的突破，并不是你从新闻报道中读到的那种一夜成功。从基于符号、逻辑和规则的人工智能向基于大数据和学习算法的深度学习网络的转变，其背后的故事通常并不为人所熟知。本书介绍了这个故事，并从我的角度探讨了深度学习的起源和成果。作为 20 世纪 80 年代开发神经网络学习算法的先行者和 NIPS 基金会的主席，我亲身经历了过去 30 年机器学习和深度学习的发展过程。我和同在神经网络领域的同事多年来都未能取得令人瞩目的成就，但坚持和耐心最终给我们带来了回报。

02

人工智能的重生

马文·明斯基是一位杰出的数学家，也是麻省理工学院人工智能实验室（以下简称 MIT AI Lab）[1] 的创始人之一。创始团队确定了这个领域的方向和文化。麻省理工学院的人工智能研究在 20 世纪 60 年代成了聪明人的阵地，这在很大程度上要归功于明斯基。他每分钟冒出的新点子比我认识的任何人都多，而且能让你相信他对一个问题的看法是对的，尽管这个看法会让人觉得有悖常识。我很钦佩他的大胆和睿智，但是并不认同他研究 AI 所选择的方向。

看似简单的视觉识别

积木世界（Blocks World）是 MIT AI Lab 在 20 世纪 60 年代推出

的一个项目典范。为了简化视觉问题，积木世界由矩形积木组成，可以堆叠起来组成新的结构（见图 2-1）。该项目的目标是编写一个能够理解命令的程序，例如"找到一个大的黄色积木并将其放在红色积木上面"，并规划出让机器人手臂执行命令所需的步骤。这看起来像小孩子玩的游戏，但却需要编写一个庞大而复杂的程序来实现。这个程序后来变得十分冗长烦琐，以至于编写该程序的学生特里·维诺格拉德（Terry Winograd）离开该实验室之后，该程序因为错误百出，频频崩溃，最终被无奈地放弃了。这个看起来很简单的问题比任何人想象的都要难得多，即使成功了，也很难把积木世界同现实世界顺利地连接起来，毕竟在现实世界中物体有不同的形状、大小和重量，而且并非所有边角都是直角。相比于照明的方向和位置都能固定的可控实验环境，在现实世界中，照明可能因地点和时间的不同而发生显著变化，这极大地增加了计算机物体识别任务的复杂性。

图 2-1　马文·明斯基在观察机器人堆积木（照片拍摄于 1968 年左右）。积木世界是我们如何与世界交互的简化版本，但它面对的问题比任何人想象的都要复杂得多，直到 2016 年才通过深度学习解决。

20 世纪 60 年代，MIT AI Lab 获得了来自一个军事研究机构的大笔资金，被要求用于打造一个可以打乒乓球的机器人。我曾经听过一个故事，那就是这个项目的负责人忘了在基金申请书中加上为机器人建立一个视觉系统的预算，于是他把这个问题分配给了一个研究生作为暑期研究项目。后来我问马文·明斯基这个故事是不是真的。他反驳道："我们把那个问题分配给了本科生。"MIT 档案中的一份文件证实了他的回答。[2] 这个看上去很容易解决的问题，最终被证明是个"陷阱"，吞噬了整整一代计算机视觉研究人员的青春。

计算机视觉的进步

尽管物体的位置、大小、方向和受到的光照不同，我们却很少在识别物体时感到吃力。计算机视觉研究中最早的想法之一是将物体的模板与图像中的像素进行匹配，但是这种方法收效甚微，因为同一物体不同角度的两个图像中的像素并不匹配。例如，参考图 2-2 中的两只鸟。如果你将一只鸟的影像覆盖到另一只鸟上，你可以找到一块匹配的部分，但其余部分就完全对不上了；但是如果有另一个种类的鸟相同姿势的图像，你却可以得到相当好的匹配结果。

计算机视觉的进步是通过关注特征而非像素来实现的。例如，赏鸟者必须具备专业水平才能区分只在一些细微处略有差异的不同鸟类。一本关于鸟类鉴别的实用畅销书中只有一张鸟的照片，却有许多示意图指出了各种鸟之间的细微差别（见图 2-3）。[3] 一个好的特征是指一种鸟类独有的特征，但是如果在别的种类中也可以找到这些特征，那么就要靠翼带、眼纹和翼斑的独特标记组合来区分。当这些标记组合为近亲种类所共享时，就要根据叫声和歌声进一步区分。鸟类的草图或彩绘能更好地将我们的注意力引导到相关的区别特征上，相比之下，鸟类照片里则布满了数百个不太相关的特征。

图2-2 两只斑胸草雀在互相审视对方。我们不难看出它们是同一物种。但是因为它们面对镜头的角度不同，所以很难将它们与模板对应，即使它们具有几乎相同的特征。

图2-3 可用于区分相似鸟类的显著特征。箭头指向的是翼带的位置，对于分辨莺科非常重要：有的轮廓清晰，有的界线模糊，有的是双条的，有的长，有的短。图片来源：Peterson, Mountfort, and Hollom, *Field Guide to the Birds of Britain and Europe*, 5th ed., p.16。

这种基于特征的识别方法存在的问题，不仅在于针对世界上数万种不同物体开发特征检测器是非常耗费人力的，而且即便使用最精确的特征检测器，被部分遮挡住的物体的图像也会产生歧义，这使得识别混乱场景中的物体成了计算机所面临的一项艰巨任务。

20 世纪 60 年代，没有人能想到我们要花上 50 年，计算机的运算能力需要提升 100 万倍，才能让计算机视觉达到人类的水平。当时有一种带有误导性的直觉，认为编写计算机视觉程序很容易。这种直觉是基于我们认为很简单的行为，例如看、听、四处走动——但这些行为是经过了几百万年的自然进化才实现的。让早期 AI 先驱十分懊恼的是，他们发现计算机视觉问题非常难以解决。相比之下，他们发现通过编写程序让计算机证明数学定理要容易得多——这个过程曾被认为需要最高水平的智能——因为计算机处理逻辑问题的能力比人类要强得多。逻辑思维是进化后期的产物，即便对于人类，也需要接受从逻辑命题到得出严谨结论的长期训练。然而，对于大多数我们所面临的生存问题，从以往经验中总结出的解决方案，在大部分时间都能发挥作用。

早期人工智能发展缓慢

20 世纪七八十年代流行的人工智能专家系统，被开发用以通过遵循一套规则来解决医学诊断等问题。因此，一个早期的专家系统 MYCIN，被开发用于识别导致感染性疾病如细菌性脑膜炎的细菌。[4] 根据专家系统方法，MYCIN 的开发者首先要收集由传染病专家提供的事实和规则，以及病人的症状和病史，然后将信息输入系统中的计算机，最后通过编写程序让计算机使用逻辑进行推理。然而，开发者在收集专家提供的事实和规则时遇到了麻烦，尤其是在更复杂的领域，最好的诊断医师并不依赖规则，而是依靠难以编码的基于经验的图案识别，[5]而且他们的系统必须随着新发现的诞生和旧规则的过时而不断更新。开发者在收集和输入病人的症状和病史信息时遇到了更多的困难。录入每个病人的信息需要花上半小时或更长的时间，忙碌的医生们根本腾不出这么多时间。因此，MYCIN 从未被应用于临床是预料之中的事。尽管有许多针对其他应用的专家系统被开发了出来，例如有毒物质泄漏管理、自动驾驶车辆的任务规划，以及语音识别等，但如今，这些系统在实际生活中很少被用到。

研究人员在人工智能发展早期尝试了许多不同的方法，这些方法通常都很巧妙，但并不实用。他们不仅低估了现实世界问题的复杂性，而且提出的解决方案无法进行大规模应用。在复杂的领域中，规则的数量可能会非常庞大，并且随着新的事实的出现而不断被添加，跟踪所有规则的例外情况并与之互动变得十分不切实际。例如，道格拉斯·勒奈（Douglas Lenat）在 1984 年启动了一个名为"Cyc"的项目，想要将常识代码化，这在当时似乎是一个好主意，但实际操作起来却成了一场噩梦。[6]我们对世界上的大量事实都觉得理所当然，其中大部分都是基于经验。例如，从 40 英尺的高度落下的猫可能会毫发无损，[7]但是从同一高度坠落的人就不同了。

早期 AI 进展得如此缓慢的另一个原因是，数字计算机还处于非常原始的阶段，并且以今天的标准来看存储器成本十分高昂。但是由于数字计算机在逻辑运算、符号操作和规则应用方面非常高效，这些计算原语在 20 世纪会受到青睐并不令人惊讶。这也促使了卡内基-梅隆大学（Carnegie Mellon University）的两位计算机科学家艾伦·纽维尔（Allen Newell）和赫伯特·西蒙（Herbert Simon）于 1955 年写成了一套名为"逻辑理论家"的计算机程序,它可以证明《数学原理》(*Principia Mathematica*)一书中的逻辑定理。《数学原理》是阿尔弗雷德·怀特海德(Alfred North Whitehead)和伯特兰·罗素(Bertrand Russell)尝试把所有的数学知识系统化的一套书。这一时期,人们对于智能电脑即将到来寄予了厚望。

那些试图编写具有人类智能的计算机程序的 AI 先驱,本身并不太关心大脑是如何实现智能行为的。我问艾伦·纽维尔其中的缘由,他告诉我,他本人对大脑研究的见解持开放态度,但当时根本没有足够的相关信息可以借鉴。大脑功能的基本原理在 20 世纪 50 年代才慢慢开始被揭开,相关领域的带头人包括艾伦·霍奇金(Alan Hodgkin)和安德鲁·赫胥黎(Andrew Huxley),他们解释了大脑信号是如何通过神经中的电脉冲来实现远距离传送的,而另一带头人伯纳德·卡茨(Bernard Katz)则发现了这些电子信号如何经突触转化为化学信号来实现神经元间的通信。[8]

到了 20 世纪 80 年代,人们对大脑的了解日益增加,并且在生物学领域以外对大脑的接触也变得更加广泛,但对于新一代的 AI 研究人员来说,大脑本身已经变得无关紧要了。他们的目标是编写一个程序,使其拥有和大脑一样的功能。在哲学里,这种立场被称为"功能主义",对许多人来说,这是一个可以忽略生物学中杂乱细节的绝佳说辞。但是一小群不属于主流群体的 AI 研究人员认为,受大脑生物学启发的那些被称为"神经网络"、"连接主义"和"并行分布处理"的 AI 实现方法,会最终解决困扰基于逻辑的 AI 研究的难题。我正是那一小群人中的一个。

从神经网络到人工智能

1989 年，MIT 计算机科学实验室主任迈克尔·德图佐斯（Michael Dertouzos）邀请我到 MIT 做一个有关我在基于神经网络的人工智能领域采用的开拓性研究方法的"杰出学者讲座"（图 2-4）。到场后，我受到了德图佐斯的热情接待。乘电梯时他告诉我："MIT 有个传统，杰出学者讲座的演讲者需要在午餐时用 5 分钟的时间与教师和学生一起讨论他的讲座话题。""而且，"当电梯门打开时，他补充道，"他们挺反感你在做的事情。"

图 2-4　我在介绍大脑皮层的比例法则，那是在 1989 年我加入索尔克生物研究所（Salk Institute）不久后。图片来源：Ciencia Explicada。

房间里挤满了差不多一百人，德图佐斯也很意外。科学家们站成一个圈，足足有三层：高级教员在第一层，第二层是初级教员，学生在最后一层。我走到圆圈的中心，正对着自助餐的主菜。我要在这 5 分钟里说些什么，才能让那些讨厌我工作的人改变想法呢？

　　我开始即兴发挥，"食物上这只苍蝇的大脑只有 10 万个神经元；它大概重 1 毫克，要消耗 1 毫瓦的能量，"我边说边驱赶苍蝇，"苍蝇能看，能飞，可以自己确定飞行方向，还能觅食。但最不可思议的是，它可以通过繁殖来进行自我复制。MIT 拥有一台价值 1 亿美元的超级计算机：它消耗的能量是兆瓦级的，并需要一台巨型空调进行冷却。但是，超级计算机的最大成本是要消耗大量人力，也就是说程序员要满足它对程序的巨大需求。这台超级计算机不能看，不能飞，虽然它能与其他计算机交流，但它不能交配或自我复制。看得出这个场景描述里有什么问题吗？"

　　在一段长时间的沉默之后，一位高级教员说道："因为我们还没有编写视觉程序。"（美国国防部最近向其战略计算计划注入了 6 亿美元，这项计划在 1983—1993 年间运行，但是缺少了为自动驾驶坦克创建的视觉系统）。[9] 我的回答是"祝你好运"。

　　在座的有杰拉德·苏斯曼（Gerald Sussman），他为用人工智能解决现实世界的问题做出了几个重要的应用，其中包括高精度轨道力学积分系统，为 MIT 致敬图灵经典杰作的 AI 实现方法挽回了尊严（图灵曾证明图灵机，即一个思维实验，可以计算任何可计算的函数）。"那需要多长时间？"我问。"你最好算快一点，否则就要有麻烦了。"我补充道，然后走到房间另一头给自己倒了一杯咖啡。我与教员的对话就这样结束了。

　　"这个场景出了什么问题？"是我实验室的每个学生都能回答的问题。但是在午餐时间，前两排观众都被难倒了。最后，第三排的一名学生这样回答："数字计算机是一种通用设备，它可以被编程来计算任何东西，虽然效率很低，但苍蝇是一种专用计算机，可以看和飞，但无法平衡我的账户收支。"这就是正确答案。苍蝇眼中的视觉网络进化了数亿年,其视觉算法嵌入了它本身的网络。这就是为什么你可以利用苍蝇眼神经回路的布线图和信息流对视觉系统进行逆向工程,以及为什么你不能在数字计算机上这样做,因为硬件本身需要软件来指定要解决什么问题。

我认出了在人群中微笑的罗德尼·布鲁克斯(Rodney Brooks)。我曾经邀请他参加在马萨诸塞州鳕鱼角的伍兹霍尔市(Woods Hole)举办的计算神经科学研讨会。布鲁克斯是澳大利亚人,20世纪80年代,他是MIT AI Lab的初级教员。那段时间他使用不依赖数字逻辑的构架搭建了爬行昆虫机器人。他后来成了实验室主管,随后又创建了打造出Roombas的公司iRobot。

那天下午我做演讲的房间很大,挤满了本科生,新生代想要展望未来,而不是徘徊在过去。我谈到了一个学习如何玩西洋双陆棋的神经网络,这是一个与伊利诺伊大学香槟分校(the University of Illinois in Urbana-Champaign)复杂系统研究中心(Center for Complex Systems Research)的物理学家杰拉德·特索罗(Gerald Tesauro)合作的项目。西洋双陆棋是两名玩家之间的比赛,棋子根据掷骰子的点数向前移动,在途中可以跳过对方的棋子。与具有确定性的国际象棋不同,西洋双陆棋是由偶然因素控制的:每次掷骰子的不确定性都使得对特定棋步结果的预测更加困难。这是一款在中东地区非常受欢迎的游戏,其中一些人以玩高赌注的比赛为生。

考虑到有10^{20}个可能的西洋双陆棋棋盘摆法,基于逻辑和试探法编写程序来处理所有可能的摆法将会是一个不可能完成的任务。于是,我们让神经网络观看教师对局,通过模式识别来学习下棋。[10]杰拉德后来让西洋双陆棋网络通过跟自己下棋进行学习，创建了第一个世界冠军级别的西洋双陆棋程序（第 10 章会详细讲述这个故事）。

演讲结束之后，我听说那天早上《纽约时报》有一篇关于政府机构如何大幅削减人工智能资金投入的头版文章。虽然对主流 AI 研究人员来说，寒冬已经来临，但它并没有影响到我和我的研究组成员，对我们来说，神经网络的春天才刚刚到来。

然而我们新的 AI 实现方法需要 25 年的时间才能在视觉、语音和语言方面提供实际应用。即使在 1989 年，我也知道这需要很长时间。1978 年，我还在普林斯顿大学读研究生时就在想，按照摩尔定律，计算机的运算能力会呈指数级增长，每 18 个月翻一番，那达到大脑的计算能力需要多长时间？我的结论是，到 2015 年会实现。幸运的是，这并没有阻止我继续探索。我对神经网络的信仰是基于我的直觉，即如果大自然解决了这些问题，我们也应该能够从大自然中学习到同样的解决方法。而我不得不耐心等待的这 25 年，与自然界的数亿年相比，它仅仅只是一个瞬间。

在视觉皮层内部，神经元呈多层次排列结构。随着感官信息在皮层间层层传递，对世界的呈现也变得越来越抽象。几十年来，随着神经网络模型层数的增加，其性能也在不断提高，直到最终达到了一个临界点，让我们能够解决在 20 世纪 80 年代只能幻想却无法解决的问题。深度学习可以自动找出能区分图像中不同物体的优质特征的过程，这就是今天的计算机视觉比 5 年前好得多的原因。

到 2016 年，计算机的运行速度已经快了上百万倍，计算机内存也从兆字节升级到了太字节（terabytes）。与 20 世纪 80 年代只有数百个单元和数千个连接的网络相比，现在模拟出的神经网络具有数百万个单元和数十亿个连接。尽管按照拥有数千亿个神经元和千万亿个突触连接的人类大脑的标准来看，这个数字仍然很小，但现有神经网络的规模已经可以在有限领域中进行原理的证明。

基于深度神经网络的深度学习已经出现了，但在有深度网络之前，我们必须学习如何训练浅层网络。

03

神经网络的黎明

任何人工智能的难题都可以被解决。唯一能证明这一论断成立的是这样一个事实：自然界通过进化已经解决了这些难题。但在 20 世纪 50 年代就已经存在各种暗示，如果 AI 研究者能够选择完全不同于符号处理的方式，计算机会如何表现出智能行为。

第一条暗示是，我们的大脑是强大的模式识别器。我们的视觉系统可以在 1/10 秒内识别混乱场景中的对象，即使我们可能从未见过那个特定的对象，也不论该对象在什么位置，多大尺寸，以什么角度面对我们。简而言之，我们的视觉系统就像一台以"识别对象"作为单一指令的计算机。

第二条暗示是，我们的大脑可以通过练习来学会如何执行若干艰巨的任务，比如弹钢琴、掌握物理学知识。大自然使用通用的学习方法来解决特殊的问题，而人类则是顶尖的学习者。这是我们的特殊能力。我们大脑皮层的结构整体上是相似的，并且我们所有的感受系统和运动系统都有深度学习网络。[1]

第三条暗示是，我们的大脑并没有充斥着逻辑或规则。当然，我们可以学习逻辑思维或遵守规则，但必须要经过大量的训练，而我们当中的大多数人对此并不在行。这一点可以通过人们在一个叫作"华生选择任务"（Wason selection task）的逻辑谜题上的典型表现来进行说明（见图 3−1）。

图 3−1 这四张卡片，每张都是一面有数字，另一面涂满了颜色。要测试以下命题为真：一张卡片在一面显示为偶数，那它的另一面就是红色的。你需要翻哪（几）张牌呢？图片来源："华生选择任务"，维基百科。

正确的选择是正面为数字"8"，背面为棕色的卡片。在最初的研究中，只有 10% 的受试者给出了正确的答案。[2] 但是，当给这项逻辑测试加上了熟悉的背景信息时，大多数受试者都能很快找出正确答案（见图 3−2）。

推理似乎是基于特定领域的，我们对该领域越熟悉，就越容易解决其中的问题。经验使得在一个领域内进行推理变得更容易，因为我们可以用已有的例子来下意识地得到解决方案。例如，在物理学中，我们通过解决各种问题，而不是通过背诵公式，来学习电磁学领域的知识。如果人类的智能是完全基于逻辑的，那么它应该是跨领域的通

图 3-2 每张卡片都是一面有一个年龄数字,另一面印着一种饮料。需要翻哪(几)张牌才能检验这条法律:如果你正在喝酒,那说明你一定超过 18 岁了?图片来源:"华生选择任务",维基百科。

用智能,但事实并非如此。

第四条暗示是,我们的大脑充满了数百亿个小小的神经元,每时每刻都在互相传递信息。这表明,要解决人工智能中的难题,我们应该研究具有大规模并行体系结构的计算机,而不是那些具有冯·诺依曼数字体系结构,每次只能获取和执行一个数据或指令的计算机。是的,图灵机在被给予足够内存和时间的条件下,的确可以计算任何可计算的函数,但自然界必须实时解决问题。要做到这一点,它利用了大脑的神经网络,就像地球上最强大的计算机一样,它们具有大量的并行处理器。只有能有效运行的算法,最终才能在自然选择中胜出。

深度学习的起点

20 世纪五六十年代,在诺伯特·维纳(Norbert Wiener)提出基于机器和生物中的通信和控制系统的控制论之后不久,[3] 学界对自组织系统开始产生了浓厚的兴趣。而其中一个独创性产物便是由奥利弗·塞弗里奇（Oliver Selfridge）创造的 Pandemonium（鬼域）。[4] 这是一个图案识别设备，其中进行特征检测的"恶魔"通过互相竞争，来争取代表图像中对象的权利（深度学习的隐喻，见图 3–3）。斯坦福大学的伯纳德·威德罗（Bernard Widrow）和他的学生泰德·霍夫（Ted Hoff）发明了 LMS（最小均方）学习算法，[5] 它与其后继算法一起被广泛用于自适应信号处理，例如噪声消除、财务预测等应用。在这里，我将重点关注一位先驱弗兰克·罗森布拉特（Frank Rosenblatt）（图 3–4），他发明的感知器是深度学习的前身。[6]

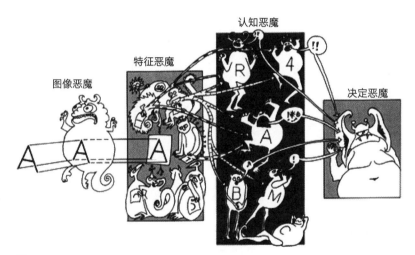

图 3–3　Pandemonium。奥利弗·塞弗里奇认为，大脑中有恶魔负责从感官输入中先后提取更复杂的特征和抽象概念，从而做出决定。如果每个级别的恶魔与前一个级别的输入相匹配，则会激动不已。做决定的恶魔需要衡量所有信息传递者的兴奋程度和重要性。这种形式的证据评估是对当前多层次深度学习网络的隐喻。图片来源：Peter H. Lindsay and Donald A. Norman, *Human Information Processing: An Introduction to Psychology*, 2nd ed. (New York: Academic Press, 1977), 图 3-1。维基共享资源：https://commons.wikimedia.org/wiki/File:Pande.jpg。

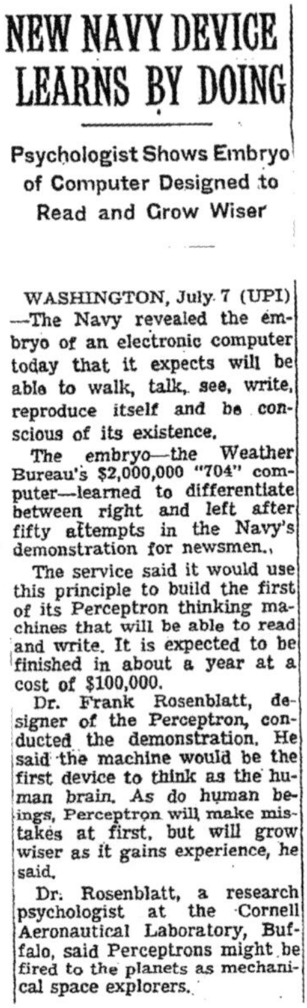

NEW NAVY DEVICE LEARNS BY DOING

Psychologist Shows Embryo of Computer Designed to Read and Grow Wiser

WASHINGTON, July 7 (UPI) —The Navy revealed the embryo of an electronic computer today that it expects will be able to walk, talk, see, write, reproduce itself and be conscious of its existence.

The embryo—the Weather Bureau's $2,000,000 "704" computer—learned to differentiate between right and left after fifty attempts in the Navy's demonstration for newsmen.

The service said it would use this principle to build the first of its Perceptron thinking machines that will be able to read and write. It is expected to be finished in about a year at a cost of $100,000.

Dr. Frank Rosenblatt, designer of the Perceptron, conducted the demonstration. He said the machine would be the first device to think as the human brain. As do human beings, Perceptron will make mistakes at first, but will grow wiser as it gains experience, he said.

Dr. Rosenblatt, a research psychologist at the Cornell Aeronautical Laboratory, Buffalo, said Perceptrons might be fired to the planets as mechanical space explorers.

图 3-4 深思中的康奈尔大学教授弗兰克·罗森布拉特，他发明了感知器。作为深度学习网络的早期雏形，感知器是能够将图像进行分类的简易学习算法。图中文章是 1958 年 7 月 8 日在《纽约时报》上发表的一篇来自合众国际社（UPI）的报道。感知器在 1959 年完成时预计花费了 10 万美元，相当于今天的 100 万美元。IBM 704 计算机在 1958 年价值 200 万美元，相当于现在的 2000 万美元，可以实现每秒 12000 次的乘法运算，这在当时已经是极快的速度了。不过相比之下，现在价格要低得多的三星 Galaxy S6 手机每秒可以执行 340 亿次操作，速度要快 100 万倍以上。图片来源：George Nagy。

从样本中学习

尽管我们对大脑功能缺乏足够的了解，但神经网络的 AI 先驱们依然依靠着神经元的绘图以及它们相互连接的方式，进行着艰难的摸索。康奈尔大学的弗兰克·罗森布拉特是最早模仿人体自动图案识别视觉系统架构的人之一。[7]他发明了一种看似简单的网络感知器（perceptron），这种学习算法可以学习如何将图案进行分类，例如识别字母表中的不同字母。算法是为了实现特定目标而按步骤执行的过程，就像烘焙蛋糕的食谱一样（关于算法，将会在第13章中进行介绍）。

如果你了解了感知器如何学习图案识别的基本原则，那么你在理解深度学习工作原理的路上已经成功了一半。感知器的目标是确定输入的图案是否属于图像中的某一类别（比如猫）。方框3.1解释了感知器的输入如何通过一组权重，来实现输入单元到输出单元的转换。权重是对每一次输入对输出单元做出的最终决定所产生影响的度量，但是我们如何找到一组可以将输入进行正确分类的权重呢？

工程师解决这个问题的传统方法，是根据分析或特定程序来手动设定权重。这需要耗费大量人力，而且往往依赖于直觉和工程方法。另一种方法则是使用一种从样本中学习的自动过程，和我们认识世界上的对象的方法一样。需要很多样本来训练感知器，包括不属于该类别的反面样本，特别是和目标特征相似的，例如，如果识别目标是猫，那么狗就是一个相似的反面样本。这些样本被逐个传递给感知器，如果出现分类错误，算法就会自动对权重进行校正。

这种感知器学习算法的美妙之处在于，如果已经存在这样一组权重，并且有足够数量的样本，那么它肯定能自动地找到一组合适的权重。在提供了训练集中的每个样本，并且将输出与正确答案进行比较后，感知器会进行递进式的学习。如果答案是正确的，那么权重就不会发生变化。但如果答案不正确（0被误判成了1，或1被误判成了

🗨 3.1

感知器

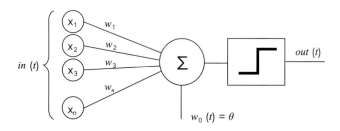

感知器是具有单一人造神经元的神经网络，它有一个输入层，和将输入单元和输出单元相连的一组连接。感知器的目标是对提供给输入单元的图案进行分类。输出单元执行的基本操作是，把每个输入（x_n）与其连接强度或权重（w_n）相乘，并将乘积的总和传递给输出单元。上图中，输入的加权和（$\sum_{i=1,\cdots,n} w_i x_i$）与阈值 θ 进行比较后的结果被传递给阶跃函数。如果总和超过阈值，则阶跃函数输出"1"，否则输出"0"。例如，输入可以是图像中像素的强度，或者更常见的情况是，从原始图像中提取的特征，例如图像中对象的轮廓。每次输入一个图像，感知器会判定该图像是否为某类别的成员，例如猫类。输出只能是两种状态之一，如果图像处于类别中，则为"开"，否则为"关"。"开"和"关"分别对应二进制值中的 1 和 0。感知器学习算法可以表达为：

$\delta w_i = \alpha \delta x_i$

$\delta = output\text{–}teacher,$

这里，output（输出值）和 teacher（实际值）都是二进制的，所以根据差值，如果输出正确，$\delta = 0$，如果输出不正确，$\delta = +1$ 或者 -1。

0），权重就会被略微调整，以便下一次收到相同的输入时，它会更接近正确答案（见方框 3.1）。这种渐进的变化很重要，这样一来，权重就能接收来自所有训练样本的影响，而不仅仅是最后一个。

如果对感知器学习的这种解释还不够清楚，我们还可以通过另一种更简洁的几何方法，来理解感知器如何学习对输入进行分类。对于只有两个输入单元的特殊情况，可以在二维图上用点来表示输入样本。每个输入都是图中的一个点，而网络中的两个权重则确定了一条直线。感知器学习的目标是移动这条线，以便清楚地区分正负样本（见图 3-5）。对于有三个输入单元的情况，输入空间是三维的，感知器会指定一个平面来分隔正负训练样本。在一般的情况下，即使输入空间的维度可能相当高且无法可视化，同样的原则依然成立。

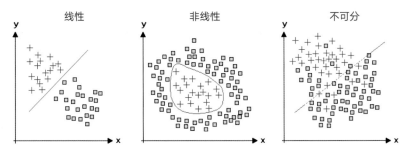

图 3-5　关于感知器如何区分两个对象类别的几何解释。这些对象有两个特征，例如尺寸和亮度，它们依据各自的坐标值（x，y）被绘制在每张图上。左边图中的两种对象（加号和正方形）可以通过它们之间的直线隔开；感知器能够学习如何进行这种区分。其他两个图中的两种对象不能用直线隔开，但在中间的图中，两种对象可以用曲线分开。而右侧图中的对象必须舍弃一些样本才能分隔成两种类型。如果有足够的训练数据，深度学习网络就能够学习如何对这三个图中的类型进行区分。

最终，如果解决方案是可行的，权重将不再变化，这意味着感知器已经正确地将训练集中的所有样本进行了分类。但是，在所谓的"过度拟合"（overfitting）中，也可能没有足够的样本，网络仅仅记住了特定的样本，而不能将结论推广到新的样本。为了避免过度拟合，关键是要有另一套样本，称为"测试集"，它没有被用于训练网络。训练结束时，在测试集上的分类表现，就是对感知器是否能够推广到类别未知的新样本的真实度量。泛化（generalization）是这里的关键概念。在现实生活中，我们几乎不会在同样的视角看到同一个对象，或者反复遇到同样的场景，但如果我们能够将以前的经验泛化到新的视角或场景中，我们就可以处理更多现实世界的问题。

利用感知器区分性别

举一个用感知器解决现实世界问题的例子。想想如果去掉头发、首饰和第二性征，比如男性比女性更为突起的喉结，该如何区分男性和女性的面部。比阿特丽斯·哥伦布（Beatrice Golomb）是 1990 年我实验室里的一名博士后研究员，她利用一个数据库中的大学生面部照片作为感知器的输入，经过训练的感知器能以 81% 的准确度对面部的性别进行分类（见图 3-6）。[8] 而对于感知器难以分类的面部，人类也同样很难做出区分。我实验室的成员在同一组人的面部识别上达到了 88% 的平均准确度。比阿特丽斯还训练了多层感知器（将在第 8 章中介绍），其准确度达到了 92%，[9] 比我实验室的成员还要准确。她在 1991 年的 NIPS 大会上发表的演讲中总结道："经验可以提高性能，这表明实验室的研究人员需要花更多时间来进行性别鉴定的工作。"她把她的多层感知器叫作"SEXNET"（性别网络）。在问答环节，有人问是否可以使用 SEXNET 来检测异装癖者的面孔。"可以。"比阿特丽斯这样回答。而 NIPS 大会的创始人爱德华·波斯纳（Edward Posner）辩驳道："那就应该叫 DRAGNET（法网）。"[10]

图3-6 这张脸属于男性还是女性？人们通过训练感知器来辨别男性和女性的面孔。来自面部图像（上图）的像素乘以相应的权重（下图），并将该乘积的总和与阈值进行比较。每个权重的大小被描绘为不同颜色像素的面积。正值的权重（白色）表现为男性，负值的权重（黑色）倾向于女性。鼻子宽度，鼻子和嘴之间区域的大小，以及眼睛区域周围的图像强度对于区分男性很重要，而嘴和颧骨周围的图像强度对于区分女性更重要。图片来源：M. S. Gray，D. T. Lawrence，B. A. Golomb and T.J.Sejnowski，"A Perceptron Reveals the Face of Sex,"*Neural Computation* 7 (1995): 1160-1164，图1。

区分男性与女性面部的工作有趣的一点是，虽然我们很擅长做这种区分，却无法确切地表述男女面部之间的差异。由于没有单一特征是决定性的，因此这种模式识别问题要依赖于将大量低级特征的证据结合起来。感知器的优点在于，权重提供了对性别区分最有帮助的面部的线索。令人惊讶的是，人中（即鼻子和嘴唇之间的部分）是最显著的特征，大多数男性人中的面积更大。眼睛周围的区域（男性较大）和上颊（女性较大）对于性别分类也有着很高的信息价值。感知器会权衡来自所有这些位置的证据来做出决定，我们也是这样来做判定的，尽管我们可能无法描述出到底是怎么做到的。

1957 年罗森布拉特对"感知器收敛定理"的证明是一个突破，他的演示令人印象深刻。在美国海军研究办公室（Office of Naval Research）的支持下，他搭建了一个以 400 个光电单元作为输入的定制硬件模拟计算机，其权重是由电机调整的可变电阻电位器。模拟信号随着时间连续变化，就像黑胶唱片中的信号一样。用一组图片集（其中部分图片中有坦克，另外一部分则没有）进行训练，罗森布拉特的感知器即使在新图像中也能准确识别坦克。这一成果经《纽约时报》报道后引起了轰动（见图 3-4）。[11]

感知器激发了对高维空间中模式分离的美妙的数学分析。当那些点存在于有数千个维度的空间中时，我们就无法依赖在生活的三维空间里对点和点之间距离的直觉。俄罗斯数学家弗拉基米尔·瓦普尼克（Vladimir Vapnik）在这种分析的基础上引入了一个分类器，称为"支持向量机"（Support Vector Machine），[12] 它将感知器泛化，并被大量用于机器学习。他找到了一种自动寻找平面的方法，能够最大限度地将两个类别的点分开（见图 3-5，线性）。这让泛化对空间中数据点的测量误差容忍度更大，再结合作为非线性扩充的"内核技巧"（kernel trick），支持向量机算法就成了机器学习中的重要支柱。[13]

被低估的神经网络

但是有一个限制，使得感知器的研究存在问题。上面的假设"如果存在这样的权重集合"提出了一个这样的困惑，即什么样的问题可能或不可能被感知器解决。令人尴尬的是，在二维平面中，简单分布的点不能被感知器分开（见图 3-5，非线性）。事实证明，坦克感知器不是坦克分类器，而是天气分类器。[①] 对图像中的坦克进行分类要困难得多，而事实上，它不能用感知器来完成。这也表明，即使感知器学到了一些东西，也可能不是你认为它应该学到的那些东西。压倒感知器的最后一根稻草是马文·明斯基和西摩尔·帕普特在 1969 年发表的数学专著《感知器》（*Perceptrons*）。[14] 他们明确的几何分析表明，感知器的能力是有限的：它们只能区分线性可分的类别（见图 3-5）。这本书的封面展示了明斯基和帕普特证明的感知器无法解决的几何问题（见图 3-7）。尽管在书的末尾，明斯基和帕普特考虑了将单层感知器进行泛化成为多层感知器的前景，但他们怀疑可能没有办法训练这些更强大的感知器。不幸的是，许多人对他们的论断坚信不疑，于是这个研究领域渐渐被人们遗忘，直到 20 世纪 80 年代，新一代神经网络研究人员开始重新审视这个问题。

在感知器中，每个输入都独立地向输出单元提供证据。但是，如果需要依靠多个输入的组合来做决定，那会怎样呢？这就是感知器无法区分螺旋结构是否相连的原因：单个像素并不能提供它是在内部还是外部的位置信息。尽管在多层前馈神经网络中，可以在输入和输出单元之间的中间层中形成多个输入的组合，但是在 20 世纪 60 年代，还没有人知道如何训练简单到中间只有一层"隐藏单元"（hidden units）的神经网络。

---

① 根据尤德科夫斯基在 "Artificial Intelligence as a Positive and Negative Factor in Global Risk" 中的记录，训练集中的坦克图片样本都是在阴天拍摄的，无坦克样本图片都是在晴天拍摄的。——译者注

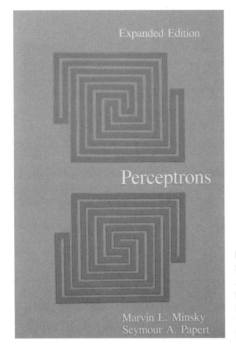

图 3-7 《感知器》一书的增订版封面。两个红色的螺旋结构看起来一样，但实际并非如此。上方的图案由两个不相连的螺旋线组成，下面的则是单一的螺旋线。你可以通过用铅笔跟踪环路的内部路径来验证。明斯基和帕普特证明了感知器不能区分这两个对象。你能直接用肉眼看出区别吗？为什么不能？

　　弗兰克·罗森布拉特和马文·明斯基曾是纽约市布朗克斯科技高中的同班同学。他们在科学会议上为各自迥异的人工智能研究方法展开了辩论，而与会者更倾向于明斯基的方法。尽管存在差异，但他们二人对我们理解感知器都有着重要贡献，而这正是深度学习的起点。

　　罗森布拉特在 1971 年死于一次驾船事故，年仅 43 岁，当时正值人们几乎一边倒地反对感知器的时期。有传言说他可能是自杀，但也可能只是一次不幸的出游。[15] 不可否认的是，一个发现了利用神经网络进行计算的新方式的英雄时代已经谢幕；又过了整整一代人的时间，罗森布拉特开创性努力的承诺才得以实现。

04
大脑式的计算

"如果我有大脑",这是 1939 年经典音乐电影《绿野仙踪》(*The Wizard of Oz*)里稻草人的唱词。但稻草人不知道的是,他早就已经有大脑了,否则他就没法说话或唱歌。但真正的问题是,他的大脑只诞生了两天,里面没有经验,空空如也。随着时间的推移,他对世界有了充分的认识,最后被公认为是奥兹国里最聪明的人,聪明到能意识到自己的局限。而铁皮人唱的是,"如果我能有心"。他和稻草人为心和脑哪个更重要而争论不休。在奥兹国中,认知和情感这两个大脑的产物在精妙的平衡中共同协作,通过不断学习慢慢创造出了类人的智慧。这在真实世界里亦是如此。这部音乐剧也引出了本章的主题:如果人工智能拥有大脑和心脏。

网络模型能够模仿智能行为

我和杰弗里·辛顿（见图 4-1）在 1979 年他组织的一次研讨会上相识。因为对神经网络模型的未来抱有相似的信念，我们很快就成了朋友。后来我们合作研究出了一种新型神经网络模型，叫作"玻尔兹曼机"（Boltzmann machine）（将在第 7 章中进行讨论），并就此打破了阻碍一代人研究多层网络模型的僵局。

A

B

图 4-1 （A）童年时期的杰弗里·埃弗里斯特·辛顿（Geoffrey Everest Hinton）。他的中间名来自一个亲戚乔治·埃弗里斯特（George Everest）。乔治曾在印度负责勘测工作，并想出了测量世界上最高峰高度的方法，后来该峰以他的名字被命名为 Everest（即珠穆朗玛峰）。（B）1979 年的辛顿。这两张照片的拍摄时间间隔了 15 年。图片来源：杰弗里·辛顿。

每隔几年，我都会接到杰弗里的一个电话，第一句都是"我想清楚大脑是怎么工作的了"。每一次，他都会告诉我一个巧妙的改进神经网络模型的新方案。尝试了多种方案并进行了若干次的改进后，利用多层神经网络的深度学习才在手机中的语音识别和识别照片中的对象等方面达到了与人类相近的水平。公众几年前才意识到深度学习的这些能力，虽然现在这些已经是众所周知的了，但这一过程却花费了相当长的时间。

杰弗里在剑桥大学获得了心理学学士学位，并在爱丁堡大学获得了人工智能博士学位。他的论文导师是克里斯托弗·朗古特－希金斯（Christopher Longuet-Higgins）。希金斯是一位杰出的化学家，他发明了一种早期的联想记忆网络模型。那时，实现人工智能的主流方式是基于使用符号、逻辑和规则来编写智能行为的程序；认知心理学家已经采用这种方法来理解人类的认知能力，尤其是语言。而那时的杰弗里却在逆流而行。没有人能预见到他有朝一日会搞清楚大脑——或者至少类似大脑的某种东西——的工作原理。他的讲座非常引人入胜，他能够清楚地解释抽象的数学概念，连没有太多数学基础的人都能够理解和掌握。他的机智和不失谦逊的幽默感令人倾倒。杰弗里天生也有着激进的一面，特别是当涉及大脑的话题时。

我们第一次见面时，杰弗里还是加州大学圣迭戈分校（UCSD）的一名博士后研究员，在由大卫·鲁姆哈特（David Rumelhart）和詹姆斯·麦克莱兰（James McClelland）领导的并行分布式处理（Parallel Distributed Processing，PDP）实验室工作。杰弗里坚信，将由简单处理单元构成的网络、并行工作和从样本中学习相结合，是理解认知的更好的方式。当时 PDP 实验室正在探索如何以分布在网络中的大量节点活动的形式来理解文字和语言，而杰弗里是其中的核心人物。

认知科学中理解语言的传统方法是基于符号表征。例如，"杯子"这个词是代表杯子概念的符号，不是特指某个杯子，而是指所有杯子。符号的美妙之处在于，它们让我们能够对复杂的概念进行压缩，并运用它们；而符号的问题在于，这种过分概括的表达形式使其很难在现实世界中被精确地描述出来——在现实世界中，杯子的样式、形状和尺寸有着无数种可能。虽然我们大多数人在看到杯子的时候都能很快认出它是什么，但没有一个逻辑程序能够清楚地指认哪个东西是杯子，哪个不是，也无法识别出图片中的杯子。正义、和平之类的抽象概念更会让一个计算机程序产生困惑。另一种方法是，通过大量神经元上的活动模式来表示杯子，如此一来就可以捕捉概念之间的相似和差异点。这赋予了符号可以反映其含义的丰富的内部结构。问题在于，在 1980 年，还没有人知道如何创建这些内部表征。

在 20 世纪 80 年代，相信网络模型能够模仿智能行为的人并不只有我和杰弗里。全世界有一些研究人员，虽然大多都在独自耕耘，但与我们有着共同的信念，坚持不懈地开发着专门的网络模型。他们当中的一位，克里斯托弗·冯·德·马尔斯伯格（Christoph von der Malsburg），开发了一种模式识别模型，将发射脉冲的人造神经元连接在一起，[1] 并证明了这种方法可以识别图像中的人脸。[2] 另外，大阪大学的福岛邦彦（Kunihiko Fukushima）发明了神经认知机（Neocognitron），[3] 一个基于视觉系统架构的多层网络模型，它使用了卷积滤波器和简单形式的赫布可塑性（Hebbian plasticity），这也是深度学习网络的一个直接的前身。第三个例子是赫尔辛基大学的电气工程师戴沃·科霍宁（Teuvo Kohonen），他开发了一个自组织网络，可以学习将相似的输入通过不同的处理单元聚类到二维映射中（例如可以用来代表不同的语音），相似的输入能够激活输出空间的相邻区域。[4]科霍宁网络模型的一个主要优点是，它不需要对每个输入的类别进行标记（通过生成标记来训练监督网络的花费十分高昂）。科霍宁的箭袋中只有一支箭，但却被打磨得非常精良。

在加州大学洛杉矶分校的朱迪亚·珀尔（Judea Pearl）引入了将网络中的结点用概率联系起来的信念网络，比如草地变湿，是因为喷水器打开了的概率，或者因为下雨了的概率。[5]这是一个很有前景的将概率网络系统化的早期尝试。虽然珀尔的网络模型是一个可以用于追踪世间因果关系的强大框架，但手动分配所有所需概率已经被证明是不切实际的。能够自动找到概率的学习算法依然有待突破（会在本书第二部分讨论）。

上述几个例子和其他基于网络的模型都有一个共同的致命缺陷：它们都不足以解决现实世界中的问题。而且，开发它们的先驱者很少与他人合作，要取得进展就更加举步维艰。如此一来，麻省理工学院、斯坦福大学和卡内基–梅隆大学的一流人工智能研究中心里，就没有多少人看好神经网络了。基于规则的符号处理获得了大部分资金支持，并完成了大部分的相关研究工作。

神经网络先驱者

1979 年，杰弗里·辛顿和布朗大学心理学家詹姆斯·安德森在加利福尼亚的拉荷亚市组织了联想记忆的并行模型研讨会。[6]大多数参与者互相之间都是第一次见面。我很惊讶自己能够受邀参加研讨会，我那会儿只是哈佛大学医学院神经生物学的博士后研究员，而且只在一些不太知名的期刊上发表了一些关于神经网络的技术论文。杰弗里后来告诉我，他曾经与大卫·马尔（David Marr）（见图 4-2，中间）审核过我的背景。马尔是神经网络建模中的一位顶尖人物，也是 MIT AI Lab 的一名有远见的领导者。1976 年，我在怀俄明州杰克逊霍尔市（Jackson Hole）的一个小型研讨会上第一次遇到了马尔。我们有相似的兴趣，他还曾邀请我去 MIT 参观，并在那里做一次演讲。

图 4-2 （左起）托马索·波吉奥（Tomaso Poggio）、大卫·马尔和弗朗西斯·克里克（Francis Crick）在加利福尼亚远足的途中（照片拍摄于 1974 年）。弗朗西斯很享受与来访者在各种科学问题上进行长时间的讨论。图片来源：索尔克生物研究所。

马尔从剑桥大学获得了数学学士学位和生理学博士学位。他的博士生导师是生理学家吉尔斯·布林德利（Giles Brindley），专门研究视网膜和色觉，但在音乐理论和勃起功能障碍治疗领域也有较高的知名度。吉尔斯有一件很出名的逸事——在内华达州拉斯维加斯举行的美国泌尿外科学会（The American Urological Association）会议上发表演讲时，他脱掉了裤子，亲自证明了化学诱导勃起的有效性。马尔的博士论文描述了一个小脑神经网络学习模型，这块区域与快速运动控制有关。他还开发了海马体和大脑皮层的神经网络模型，撰写的大量相关文章也都被证明十分有预见性。[7]

当我第一次在杰克逊霍尔遇到马尔时，他已经到了麻省理工学院，当时正在从事视觉研究工作，并凭借他的个人魅力吸引到了一批有才华的学生跟他一起工作。他追求一种自下而上的策略，从视网膜开始入手（在那里光被转换成电信号），并探求视网膜中的信号如何编码对象的特征，以及视觉皮层如何表示物体的表面和边界。他和托马索·波吉奥为立体视觉开发了一种带有反馈连接的递归神经网络模型，通过检测双眼看到的随机点立体图中点的图像的轻微横向位移，来测量对象的深度。[8]双眼深度感知是三维立体图产生效果的基础。[9]

马尔于 1980 年因白血病去世，年仅 35 岁。两年之后，他的遗作《视觉》（Vision）得以发表。[10]具有讽刺意味的是，尽管马尔在他的视觉研究中采取了自下而上的策略，即从视网膜开始并对视觉处理的每个后续阶段进行建模，他的著作却以倡导自上而下的策略而闻名——首先对要解决的问题进行计算分析，然后构建算法来解决问题，最后通过硬件来实现算法。然而，尽管这可能是在解决问题后对问题进行解释的一种有效途径，但对于揭开大脑秘密却算不上是个好方法。难点就在第一步——要判断大脑正在解决什么问题。我们的直觉往往具有误导性，特别是在视觉方面；我们擅长观察，但大脑对我们隐藏了所有的细节。因此，纯粹的自上而下策略问题重重，但纯粹自下而上的策略也同样如此（后面的章节将探讨通过学习算法，由内而外理解视觉工作原理的进展）。

弗朗西斯·克里克也参加了辛顿和安德森在拉荷亚的研讨会，他曾在 1953 年与同在剑桥大学的詹姆斯·沃森（James Watson）共同发现了 DNA 的双螺旋结构。在 20 多年后的 1977 年，克里克加入了位于拉荷亚的索尔克生物研究所，并将研究重心转移到神经科学领域。他会邀请研究人员来访，并就神经科学的许多课题，特别是视觉方向，进行长时间的讨论，马尔就是其中一位访问者。在马尔著作的末尾，有一段苏格拉底对话式的启发性讨论，我后来得知，这段对话源自马尔与克里克的讨论。1989 年我加入索尔克研究所后，也开始意识到与克里克对话的重要价值。

乔治·布尔与机器学习

1854 年，一位自学成才、有 5 个女儿（有几个很有数学天分）的英国教师，写了一本名为《思维规律的研究》（*An Investigation of the Laws of Thought*）的书，它是"布尔逻辑"的数学基础。乔治·布尔对于如何使用逻辑表达式的见解是数字计算的核心，也是 20 世纪 50 年代人工智能萌芽期成果的基石。杰弗里·辛顿作为布尔的玄孙，很自豪能拥有一支布尔曾经使用过并在家族中代代相传的笔。

在准备一次演讲时，我发现布尔这本著作的全称是《思维规律的研究——逻辑与概率的数学理论基础》。虽然其中让人印象最深刻的是对逻辑的洞察，但这本书对于概率论也有很多讨论。概率论是现代机器学习的核心，在描述现实世界中的不确定性方面比逻辑方法要好用得多。所以布尔也是机器学习的先驱之一。有些讽刺的是，他思想中被遗忘的一面，在 250 年后因为他的玄孙才开始绽放。布尔一定会为杰弗里感到骄傲的。

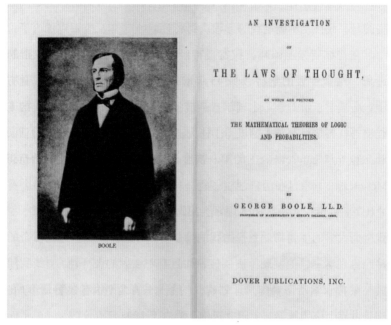

图4-3 尽管乔治·布尔的《思维规律的研究》以研究思维的基础——逻辑而闻名，但请注意，它也探讨了概率的问题。这两个数学领域分别启发了在符号处理和机器学习方面的人工智能研究方法。

利用神经科学理解大脑

在普林斯顿大学物理系攻读研究生时，我曾通过写下非线性神经元交互网络的方程式并分析它们来解决如何理解大脑的问题，[11] 就像物理学家几个世纪以来使用数学来理解重力、光、电、磁和核能的本质一样。每天晚上睡前，我都会祈祷："亲爱的主，让方程式是线性的，噪声呈高斯分布，变量是可分的吧。"这些是能产生分析解法的条件，但是因为神经网络方程式是非线性的，与之相关的噪声是非高斯分布的，而且变量是不可分的，所以它们并没有明确的解。除此之外，当时想要在计算机上模拟大型网络的方程是不可能的。更令人沮丧的是，我甚至不确定我的方程式到底对不对。

在普林斯顿上课时，我发现神经科学家们正在取得令人振奋的进展，这个年轻的学科领域 45 年前才初露端倪。在此之前，生物学、心理学、解剖学、生理学、药理学、神经学、精神病学、生物工程学等许多学科都对大脑进行了研究。在 1971 年神经科学学会（The Society for Neuroscience）的第一次会议上，弗农·蒙特卡索（Vernon Mountcastle）亲自在门口迎接了每一位与会者。[12] 今天，这个学会有 4 万多名成员，大约 3 万人通常会出席年会。我于 1982 年在约翰·霍普金斯大学的生物物理系开始我的第一份工作时，遇到了这位传奇的神经生理学家，他发现了皮层柱，而且有着强大的人格魅力。[13] 我随后与蒙特卡索密切合作，计划建立约翰·霍普金斯大学的脑研究所。这是世界上该领域第一个研究机构，成立于 1994 年。

对于大脑的研究存在着许多不同的层级（见图 4-4），每个层级都有着重要的发现，而要整合所有这些知识是一个棘手的问题。这让人想起了关于矮胖子的童谣：

> 矮胖子，坐墙头，
> 栽了一个大跟斗。
> 国王呀，齐兵马，
> 破镜难圆没办法。

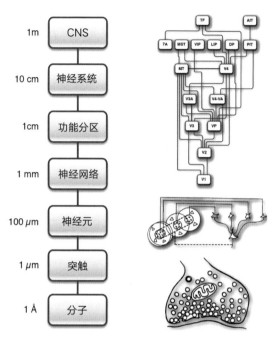

图4-4　大脑研究中的层级。（左）空间尺度范围从底部的分子水平到顶部的整个中枢神经系统（central nervous systems，CNS）。我们已经对每一个层级都有了深入的了解，但对具有少量彼此高度相关的神经元的网络层级，即由人工神经网络进行模拟的层级，却知之甚少。（右）突触（图片下方）的示意图，视觉皮层中的简单细胞结构（图片中间）以及视觉皮层中皮层区域的层次结构（图片上方）。图片改编自：P. S. Churchland, T. J. Sejnowski，"Perspectives on Cognitive Neuroscience"，*Science*，242(1988)：741-745，Figure 1。

　　尽管神经科学家非常善于解剖大脑，但再把这些部分拼回去就没那么容易了。这一过程需要做加法而不是减法，而这正是我想要实现的。但首先我必须知道各个部分都是什么，毕竟大脑的构成太复杂了。

　　查尔斯·格罗斯（Charles Gross）教授是在普林斯顿研究猴子视觉系统的心理学家。在他的一个研究生讲座上，我对哈佛大学医学院的大卫·休伯尔和托斯坦·威泽尔在记录视觉皮层里单个神经元方面所取得的进展印象深刻。如果物理学不是理解大脑工作原理的捷径，那么有可能是神经科学。由于他们在初级视觉皮层中的开创性工作，休伯尔和威泽尔共同获得了 1981 年的诺贝尔生理学或医学奖。（他们的发现是深度学习的基础，接下来会在第 5 章中讨论，也是第 9 章的主题。）

大脑如何处理问题

1978 年在普林斯顿获得物理学博士学位后，我参加了位于伍兹霍尔市的海洋生物学实验室举办的为期 10 周的深度实验神经生物学夏季课程。上课的第一天，我穿着一件蓝色休闲外套和熨烫得十分平整的卡其色裤子，却被课程讲师之一的斯托里·兰迪斯（Story Landis）带到一边，她给我买了我人生中的第一条牛仔裤。斯托里当时是哈佛大学神经生物学系的教员，后来在美国国立卫生研究院（以下简称 NIH）担任国家神经疾病和中风研究所主任。一想起她，我就会想到这件事。

暑期课程结束后，我在 9 月份又待了几个星期，想要完成我之前开启的一个项目。鲨鱼和鳐形目（包括鳐科）能够感知非常微弱的电场；事实上，它们甚至可以感受到横穿大西洋的 1.5 伏电池的信号。凭借这种第六感，鳐鱼可以通过它们在地球磁场中运动产生的微弱电信号来识别方向，而这一过程产生的毫伏级的信号可以被它们的电接收器感知。我在项目中获得了鳐鱼电感受器令人叹为观止的电子显微镜图像。[14]

我正在伍兹霍尔 Loeb Hall 大楼的地下室拍照的时候，意外地接到了哈佛医学院神经生物学系创始人斯蒂芬·库夫勒（Stephen

Kuffler）的一个电话。库夫勒是神经科学领域的传奇人物，成为他实验室里的一名博士后研究员，是我人生的一个转折点。在搬去波士顿之前，我完成了与导师艾伦·盖尔普林（Alan Gelperin）共同进行的一个绘制大蛞蝓的足神经节代谢活动的短期博士后项目。[15] 从那以后，我每次吃蜗牛都会不由自主地想到它的大脑。艾伦师承自一系列研究动物行为神经基础的神经科学家。我所学到的是，无脊椎动物中所谓的简单神经系统，实际上比进化阶梯上那些更高级动物器官里的更复杂，因为无脊椎动物必须依赖更少的神经元存活，每个神经元都是高度特异化的。我也开始明白，没有行为支持，神经科学的任何东西都讲不通。[16]

在库夫勒的实验室里，我研究了牛蛙交感神经节一个突触的迟慢兴奋性反应（见图 4–5），它的反应速度是位于同一神经元的另一个突触上的快速的毫秒级兴奋性反应的 1/60000。[17] 这些神经节含有形成牛蛙自主神经系统输出的神经元，可以对腺体和内部器官进行调节。在刺激到突触的那个神经后，我有充分的时间去倒杯咖啡再返回座位——从突触输入到神经元达到峰值会花上 1 分钟左右，然后神经元会再用 10 分钟恢复到初态。突触是大脑中基本的计算单元，而突触类型的多样性不可小觑。这次经历告诉我，复杂性可能不是通向理解大脑功能的坦途。为了理解大脑，我必须了解，大自然如何通过进化早早就解决了大量的问题，并将这些解决方案自下而上地传递给进化链上的物种。我们大脑中的离子通道在几十亿年前的细菌体内就存在了。

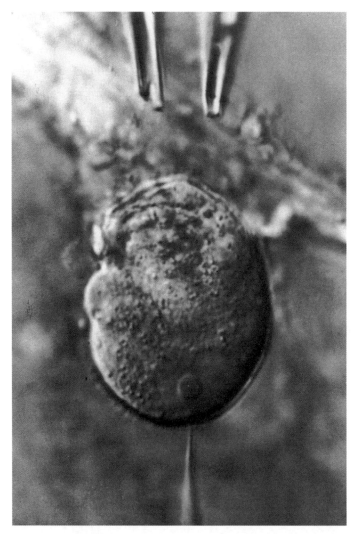

图 4-5 牛蛙交感神经节细胞。作为神经元，这些细胞会接受来自脊髓的输入并激活牛蛙皮肤中的腺体。它们体积很大，产生的电信号很容易就能被微电极记录下来（图片底部）。它们没有树突，可以通过神经（图片顶部的背景）或化学物质（图片顶部，一对微量移液器）进行电刺激。刺激神经会引发三种不同的突触信号：一种是快速的毫秒级兴奋性反应，类似于神经肌肉连接处的兴奋反应；一种是较慢的兴奋性反应，在 10 秒后达到峰值，持续 1 分钟；还有一种是迟慢兴奋性反应，在 1 分钟后达到峰值，持续 10 分钟。这说明即使是最简单的神经元也存在较宽的反应时间跨度。图片来源：S. W. Kuffler, T. J. Sejnowski, "Peptidergic and Muscarinic Excitation at Amphibian Sympathetic Synapses" *Journal of Physiology* 341(1983): 257–278, plate I。

计算机科学的兴起

但是如果物理学太简单，生物学又过于复杂，我应该在哪里寻求指导呢？与物理学中的力不同，大脑回路有一个目的，就是解决计算问题，比如看见和移动，以便在世界上生存。即使是一个关于神经元如何工作的完美的物理模型，也不会告诉我们它的目的是什么。神经元负责处理携带信息的信号，而计算则是试图理解大自然这一过程中缺失的环节。我在过去的 40 年中一直在追求这一目标，并开创了一个新的领域，叫作"计算神经科学"。

在加州大学圣迭戈分校结束博士后研究员工作之后，杰弗里·辛顿返回了英格兰，在剑桥医学研究理事会（MRC）的应用心理学部门找到了一个研究职位。1981 年的一天，他在凌晨两点接到一个电话，对方自称是加利福尼亚州帕洛阿尔托市（Palo Alto）系统开发基金会总裁查尔斯·史密斯（Charles Smith）。[18] 史密斯表示，他的基金会希望为潜在的、有前景的，但风险较高、成功希望渺茫的研究提供资金，而有人强烈推荐了杰弗里。杰弗里不确定这件事可不可靠。作为我的一个好朋友，杰弗里向史密斯提到了我的研究，告诉他我的研究成功的概率比他的还要小。

基金会是货真价实的，还为我们提供了第一笔款项，这大大加快了我们的研究进度。我们可以买得起运算能力更强大的电脑，并吸引更多的学生加入。在杰弗里加入位于匹兹堡的卡内基－梅隆大学时，他用一台炫酷的 Lisp 机 [19] 取代了他的二代苹果电脑；而在我搬到巴尔的摩的约翰·霍普金斯大学时，我短暂地拥有过比整个计算机科学系还要多的计算能力。[20] 我还购买了第一个将霍普金斯与阿帕网

（ARPANET，互联网的前身）连接起来的调制解调器，这样杰弗里和
我就可以互相发送电子邮件了。能够在新的起点有个好的开端，我们
都感到很满意（图 4-6）。

图 4-6 我和杰弗里·辛顿在波士顿讨论视觉网络模型（照片拍摄于 1980 年）。这是杰弗里和我在拉荷亚的并
行模型研讨会上见面的一年之后。又过了一年，我在位于巴尔的摩的约翰·霍普金斯大学成立了自己的实验室，
而杰弗里在匹兹堡的卡内基－梅隆大学也创立了他的研究小组。图片来源：杰弗里·辛顿。

05

洞察视觉系统

在我上幼儿园之前，最早期的记忆中有这么一个场景——我盯着一堆拼图，以形状、颜色和图案为线索来匹配它们。我的父母会在聚会上夸耀他们还在蹒跚学步的儿子能够快速熟练地完成拼图，而那些朋友常常对此表现得很惊讶。我那时还没有意识到，我的大脑正在完成它最擅长的工作——通过模式识别来解决问题。科学充满了各种各样的问题，就像拼图中缺失的部分和对拼合后画面的模糊提示。大脑如何解决问题，是终极谜题。

亥姆霍兹俱乐部（The Helmholtz Club）是南加州视觉科学家们组成的一个小团体。这些科学家来自加州大学圣迭戈、洛杉矶和尔湾三个分校，以及加州理工学院和南加州大学，他们每个月都会找一个下午在加州大学尔湾分校会面。[1] 赫尔曼·冯·亥姆霍兹（Hermann von Helmholtz）是 19 世纪的一位物理学家和医生，他发明了一套关于视觉的数学理论和实验方法，构成了我们当今理解视觉感知的基础。作为俱乐部的秘书，我要负责从组织外部邀请一位嘉宾，为这 15~20 名成员以及他们的客人进行演讲，然后由俱乐部成员做第二个演讲。演讲是互动性质的，大家有充足的时间进行深入讨论。有一次，一位外部演讲人对那些提出问题的人表现出了惊讶："他们还真是喜欢刨根问底。"这些每月的例会让参与者收获了顶尖思维，几乎就是一堂堂视觉领域的大师课。[2]

视觉是我们最敏锐，也是被研究得最多的一种感官。前额下方的眼睛带给了我们精准敏锐的双眼深度知觉，而我们的大脑皮层中一半的部分都是负责视觉的。"眼见为实"这句成语就充分体现了视觉的特殊地位。然而，也正是这种良好的视觉，导致我们完全忽视了视觉系统背后巨大的计算复杂性，大自然经过数亿年的进化才解决了这个问题（如第 2 章中所述）。视觉皮层的组织结构为最成功的深度学习网络提供了灵感。

在 1/10 秒内，我们视觉皮层中的 100 亿个神经元并行工作，能够在杂乱的场景中识别一个杯子，即便我们以前可能从未见过那个杯子，也不论它在什么位置，多大尺寸，以什么角度面对我们。在普林斯顿大学读研究生时期，我对视觉研究十分着迷，并且在查尔斯·格罗斯的实验室工作了一个夏天。他研究过猴子的下颞叶皮层（见图 5-1），并在那里发现了对复杂对象，如脸部，以及著名的马桶刷，产生反应的神经元。[3]

在哈佛医学院神经生物学系的时候，我曾与斯蒂芬·库夫勒一起工作，他之前发现了视网膜中的神经节细胞编码视觉场景的方式。如果不是在 1980 年过世，他可能会与大卫·休伯尔和托斯坦·威泽尔一起分享 1981 年的诺贝尔生理学或医学奖。在 1989 年转到索尔克研究所后，我开始与弗朗西斯·克里克合作。他于 1977 年将研究重点从分子遗传学转向神经科学，并专注于寻找视觉意识的神经关联。能够和当时最伟大的视觉科学家之一共事，我感到万分荣幸。

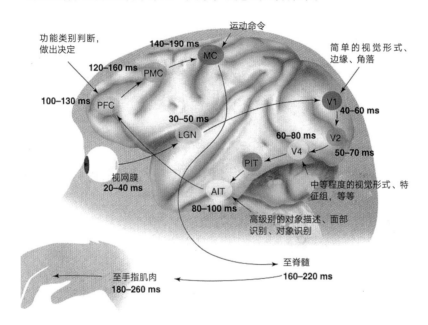

图 5-1 猕猴视觉系统的信息流动示意图。箭头表示视觉区域的投影信息从视网膜开始，到达视觉处理的每个阶段都有若干毫秒的延迟。猕猴的视觉感知与我们人类的相似，我们也有相同的视觉处理阶段。LGN（lateral geniculate nucleus）：外侧膝状体；V1：初级视觉皮层；V2：次级视觉皮层；V4：视觉区 4；AIT 和 PIT：前下颞叶皮层和后下颞叶皮层；PFC：前额叶皮层；PMC：前运动皮层；MC：运动皮层。图片来源：S. J. Thorpe and M. Fabre-Thorpe, "Seeking Categories in the Brain," *Science* 291, no. 5502 (2001): 261。

人眼是如何看到东西的

如果我们跟随图像生成的信号进入大脑，就可以看到信号是如何在两个连续的处理阶段之间被不断转换的（见图 5-1）。视觉始于视网膜，在那里，光感受器将光转换为电信号。视网膜内有两层神经元，它们在空间和时间维度中处理视觉信号，最后通过神经节细胞投射到视神经。

图 5-2 （从左到右）斯蒂芬·库夫勒、托斯坦·威泽尔和大卫·休伯尔。哈佛医学院神经生物学系成立于 1966 年，这张照片拍摄于成立后不久。工作日里，我从来没有见过他们中的任何一个人在实验室里戴着领带，所以这张照片一定是在特殊场合拍摄的。图片来源：哈佛医学院。

在 1953 年一个结果对所有哺乳动物都成立的经典实验中，斯蒂芬·库夫勒（见图 5-2，左）记录了活猫的视网膜输出神经元对光斑刺激的放电响应。他在报告中写道，当光斑作用于某些输出神经元的中心区域时，会出现放电增加的现象，而当光斑作用于另一些输出神经元的中心区域时，却出现了放电减少的现象。然而，在中心的外沿区域的表现恰恰相反：给光中心带有撤光外沿，撤光中心带有给光外沿（见图5-3）。神经节细胞对光斑模式的反应被称为"感受野"（receptive field）特性。

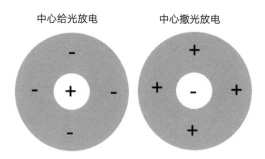

图5-3 视网膜中神经节细胞的响应特性。这两个环形代表了视网膜中两种对大脑发送编码信息，从而让人产生视觉的神经节细胞类型。对于中心给光放电（on-center）类型，光斑投射到中心"给光区域"（+），并且外围"撤光区域"（-）无光时，会产生一系列放电尖峰。而中心撤光放电（off-center）类型则相反，光斑投射到外圈（+），并且中心（-）无光时，会产生一系列放电尖峰。光照的变化包含了研究对象周围的移动刺激和对比边界的重要信息。这些特性是斯蒂芬·库夫勒于1953年发现的。

库夫勒的主要研究兴趣是神经元之间突触的特性。我曾经问他，是什么让他对研究视网膜产生了兴趣。他说，他之前的实验室隶属于约翰·霍普金斯大学的威尔默眼科研究所（Wilmer Eye Institute），他的研究要是跟眼科无关，他会对此感到不安。他在对视网膜中单个神经节细胞的研究中做了些开创性的工作，随后把这个研究项目交给了他实验室的两位博士后——大卫·休伯尔和托斯坦·威泽尔，并建议他们追踪信号进入大脑的过程。1966年，库夫勒和他的博士后研究员转到哈佛医学院，创立了世界上第一个神经生物学系。

大脑皮层中的视觉

　　休伯尔和威泽尔发现，皮层神经元对定向条形光斑和高对比度边缘的反应比点状光斑更强烈。皮层内的回路已经对输入信号进行了转换。他们描述了两种主要类型的细胞：定向的简单细胞，具有像神经节细胞那样的给光和撤光区域（见图 5-4）；以及定向复杂细胞，其神经元感受野里的任何位置对定向刺激都会产生同样的响应（见图 5-5）。

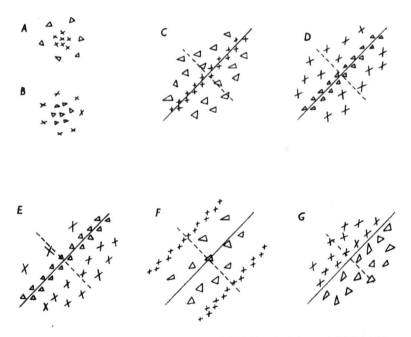

图 5-4　猫的初级视觉皮层中简单细胞的感受野。这张图片来自休伯尔和威泽尔在 1962 年发表的论文中关于发现简单细胞的描述。十字花代表视野中光斑会产生给光响应的位置，而三角形代表撤走光斑会产生撤光响应的位置。（A）视网膜中的中心给光响应细胞（对比图 5-3 左侧的示意图）。(B) 视网膜细胞中的中心撤光响应细胞（对比图 5-3 右侧的示意图）。（C-G）初级视觉皮层中多样的简单细胞感受域，与视网膜中的感受野相比，所有这些区域都被拉长了，并且给光区和撤光区的分布更加复杂。图片来源：D. H. Hubel and T. N. Wiesel, "Receptive Fields, Binocular Interaction and Functional Architecture in the Cat's Visual Cortex," *Journal of Physiology* 160, no. 1 (1962): 106–154.2, 图 2。

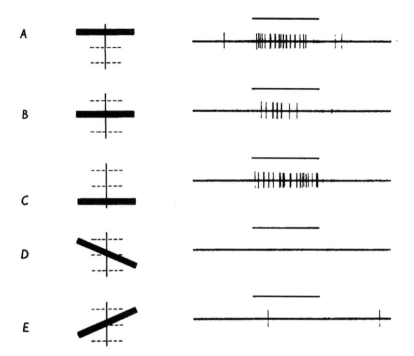

图5-5 猫的初级视觉皮层中一个复杂细胞的响应。这张图片来自休伯尔和威泽尔在1962年发表的论文中关于发现复杂细胞的描述。只要方向正确（图中A、B、C这三条记录），一个长而窄的黑条会引起大量放电（垂直竖线）响应，无论它位于复杂细胞感受野（虚线）内的哪个位置。而非最优方向会导致较弱的响应，或根本没有响应（图中D、E这两个记录）。图片来源：D. H. Hubel and T. N. Wiesel, "Receptive Fields, Binocular Interaction and Functional Architecture in the Cat's Visual Cortex," *Journal of Physiology* 160, no. 1 (1962): 106 - 154.2, 图7。

视觉皮层中的每个皮层神经元都可以被认为是一个视觉特征检测器。在视野中的特定区域，当某些神经元所偏好的特征信号输入高于某个阈值时，这些神经元就会被激活。每个神经元偏好的特征取决于它与其他神经元的连接。哺乳动物的新皮层（neocortex）有6个特异化的层级。休伯尔和威泽尔还发现，来自两眼的输入在皮层中间层（4）左右交替排列，这些输入源自丘脑投射的中继站。第4层的单目神经元投射到上层（2和3）的神经元，它们接收双目输入，后者既向上投射到其他皮层区域，又向下投射到底层（5 和 6），底层又会投射到下皮层。一段视神经元柱中每个细胞的方向偏好和主眼偏好是相同的，并且在整个皮层内平滑地变化（见图 5-6）。

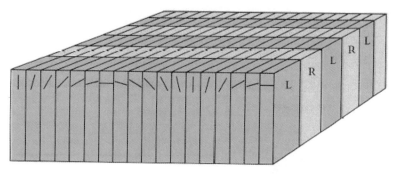

图 5-6 初级视觉皮层中一段神经元柱的立方模型。在垂直方向上，所有神经元都具有相同的方向偏好和主眼优势。在每平方毫米的皮层下，有一整套穿过皮层表面缓慢变化的朝向（立方体的前面），以及来自双眼（立方体的右侧）的输入。图片来源：D. Hubel, Eye, *Brain and Vision* (New York: WH Freeman and Company, 1988), 131。

突触的可塑性

如果一只猫的一只眼睛在其生命的最初几个月内被缝合，那么通常由双眼驱动的皮层神经元将变成单眼驱动，只由睁开的那只眼睛支配。[4] 单眼剥夺改变了初级皮层中突触的强度，初级皮层是神经元首次接收来自两只眼睛的会聚输入的地方。在初级视觉皮层的皮层可塑性关键期结束后，闭合的眼睛将再也不能影响皮层神经元，这样就会导致一种"弱视"症状。尽管在婴儿中常见的未矫正、未对准或"斜视"状况会大大减少双眼皮质神经元的数目，并且阻止了双眼深度知觉，[5] 但如果在关键期内及时进行矫正眼睛的手术，仍然可以挽救双眼神经元。

单眼剥夺是发育早期阶段存在的有关高度可塑性的一个例子，因为环境会影响皮层和大脑其他部位的神经元之间的突触连接。这些依赖于活动的变化凌驾于所有细胞持续不断的更新之上。尽管我们大脑中的大部分神经元与我们出生时的神经元并无二致，[6] 但几乎每个神经元的组成部分和连接它们的突触，每天都会发生转变。磨损的蛋白质会被替换，膜中的脂质也会被更新。有了这么多的动态转变，就很难解释记忆是如何在我们的有生之年得以维持的了。

还有另外一种关于记忆持久性的可能解释：它们也许就像我们身体上的伤疤，已经成为我们生活中过往事件的标记。这些标记并非位于不断发生转变的神经元内部，而是位于外部神经元之间的空隙中，那里的细胞外基质由类似疤痕组织中胶原蛋白的蛋白聚糖构成，这种基质是一种可以维持多年的坚韧的材料。[7] 如果这个猜想被证明是真实的，那就意味着我们的长期记忆被嵌入了大脑的"外骨骼"中，而我们一直都找错地方了。[8]

突触含有数百种独特的蛋白质，可以控制神经递质的释放和受体神经元上相应受体的激活。在大多数情况下，突触强度可以选择性地在很大范围内增加或减少，在皮层中，这个变化范围是 100 倍。（在大脑中发现的突触学习算法的实例将在后面的章节中讨论。）更为显著的是，皮层中会不断形成新的突触，并移除旧的突触，这就让它们成为身体中最具活力的细胞器。大脑中有大约 100 种不同类型的突触，其中谷氨酸是皮层中最常见的兴奋性神经递质，而另一种氨基酸——γ-氨基丁酸（GABA）是最常见的抑制性神经递质。这些神经递质分子对其他神经元的电化学影响伴随着很宽泛的时间过程。例如，第 4 章中讨论的牛蛙交感神经节细胞的突触，其响应时间尺度可以从毫秒到分钟。

通过阴影脑补立体全貌

史蒂文·祖克（Steven Zucker）（见图 5-7）专注于融合了计算机视觉和生物视觉的交叉领域的研究。从我认识他起，他就在写一本解释视觉工作原理的书，到现在已经有 30 多年了。问题在于史蒂文在视觉研究上不断有新的发现，就像劳伦斯·斯特恩（Laurence Sterne）在小说《项狄传》中描写的主人公项狄（Tristram Shandy）那样，史蒂文那本书也随着主人公的新发现而越变越长。[①] 他研究视觉的方法是基于初级视觉皮层的精巧、规则的结构（见图 5-6），这是一种不同于皮层中任何其他部位的结构，其中的神经元以近似马赛克式的排列方式组织起来，这种排列的几何解释还有待探究。计算机视觉领域的大多数研究人员希望通过将对象从背景中分割出来，并找到一些可辨识的特征来识别对象。

史蒂文还有更大的野心，想要了解我们如何从表面阴影以及折痕和褶皱中提炼出物体的形状。在 2006 年神经科学学会的年会上，那个把房子建得像船帆一样的建筑师弗兰克·盖里（Frank Gehry），在接受采访时，被问及他的建筑设计灵感从何而来。[9] 他回答说，灵感来自对被揉皱的纸张的观察。但是，我们的视觉系统又是如何通过褶皱和阴影表面的复杂图案，把皱巴巴的纸张的复杂形状拼合起来的呢？我们是如何感知西班牙毕尔巴鄂市（Bilbao）古根海姆博物馆（Guggenheim Museum，见图 5-8）外墙那多变的形状的呢？

---

① 小说中的主人公也是故事的叙述者，按照"头脑中思想的延续"来描述若干杂乱的事件，依据主人公脑海中事件出现的顺序来叙事，而非按照传统的时间顺序。——译者注

图5-7　耶鲁大学史蒂文·祖克，光从照片右上角打下来。从他毛衣上的阴影变化中，你可以察觉到衣服褶皱的形状。他身后黑板上的方程式解释了为什么我们能识别这种现象，这一灵感来自猴子的视觉皮层。图片来源：史蒂文·祖克。

图5-8　西班牙毕尔巴鄂市的古根海姆博物馆，由弗兰克·盖里设计。来自曲面的阴影和反射形成了强烈的结构感和动感。可以参照通道上的人影大小来体会这幢宏伟建筑的规模。

　　史蒂文·祖克最近已经能够搞清楚我们是如何在有阴影的图像中看到褶皱的，其背后的解释是基于类似山体等高线图的表面三维轮廓，以及图像上等照度轮廓之间的密切关系（见图5-9）。[10]这种关联源于表面的几何形状。[11]这解释了为什么我们对形状的感知几乎不受照明以及物体表面性质差异的影响。这也可以解释为什么我们非常善于阅读轮廓明显的等高线地图，以及为什么只需要几条特殊的内线就可以看出漫画中物体的形状。

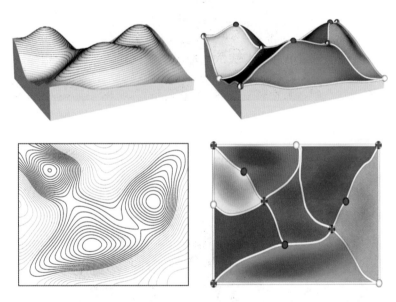

图5-9　同一平面的等高线图（左上）和等照度线（恒定亮度轮廓线，左下）。两者在轮廓右侧显示的临界点之间产生了相同的分区。图片来源: Kunsberg and Zucker, "Critical Contours: An Invariant Linking Image Flow with Salient Surface Organization," 图5。

　　1988年，西德尼·莱基（Sidney Lehky）和我有了一个想法，我们也许可以训练一个只有一层隐藏单元的神经网络来计算阴影曲面的曲率。[12]我们成功了，而且出人意料的是，隐藏单元的表现跟简单细胞非常相似。但仔细观察后，我们发现并非所有这些"简单细胞"都是相同的。通过查看它们对输出层的投影——该输出层被训练通过使用学习算法（见第 8 章）来计算曲率——我们发现一些隐藏单元被用于分辨正曲率（凸起）和负曲率（凹陷）（见图 5-10）。和一些简单细胞一样，这些单元是检测器，它们往往要么是低响应，要么是高响应，其响应活动呈双峰分布。相比之下，隐藏层中的其他单元具有分级响应的功能，可以像滤波器一样向输出单元发送关于曲率方向和大小的信息。

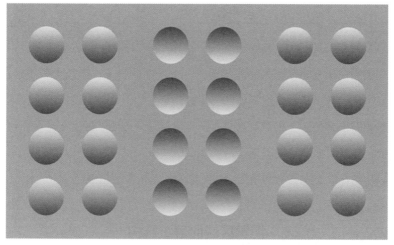

图 5-10　阴影中的曲率。我们的视觉系统可以从边界轮廓内亮度的缓慢变化中提取对象的形状。你可以根据阴影方向以及你对照明方向的假设（通常假设为正上方）来分辨图中的突出或凹陷。上下颠倒这幅图，看看它们是否反过来了。图片来源：V. S. Ramachandran, "Perception of Shape from Shading," *Nature* 331, no. 6152 (1988), 图 2。

这一结论令人惊讶：神经元的功能不仅仅取决于它如何对输入做出反应，而且还取决于它通过自身的"投射域"激活的下游神经元。一个神经元的输出一直以来都比它的输入更难确定，但新的遗传学和解剖学技术使得精确追踪下游的轴突投射成为可能。新的光遗传学技术也使得选择性刺激特定神经元，以探测其对感知和行为的影响成为可能。[13] 即便如此，我们的小规模神经网络只能识别突起或凹陷的曲率，而我们仍然不知道在心理学文献中被称为"格式塔"（Gestalts）[①] 的整体组织认知是如何在皮层中分布的。

1984 年，史蒂文·祖克和我曾被困在丹佛斯台普顿（Stapleton）国际机场，我们的航班因暴风雪而延误了。那会儿我们对当时正处于起步阶段的计算神经科学感到兴奋不已，于是盘算着创建一个研讨会，将计算和实验研究人员聚集在一起。我们决定把地点定在伍兹霍尔，我曾经在那里参加过一个神经生物学的夏季课程，并且在之后好几个暑期中又回去，与斯蒂芬·库夫勒一起在海洋生物实验室做过生理实验。伍兹霍尔是鳕鱼角附近的一个美丽的村子，离波士顿不远。多年来，许多视觉研究领域的领军人物都参加了这个年度研讨会，这对我来说是另一个科学制高点。视觉皮层计算理论就诞生于这些研讨会，尽管对该理论的确认还需要 30 年。（在第 9 章中，我们将看到最成功的深度学习网络的结构与视觉皮层的结构非常相似。）

视觉区域的层级结构

乔恩·卡斯（Jon Kaas）和约翰·奥尔曼（John Allman）于 20 世纪 70 年代早期，在威斯康星大学神经生理学系研究从初级视觉皮层接受输入的皮层区域，发现了不同区域具有不同的特性。例如，在一

① 格式塔学派主张人脑的工作原理是基于整体的，其效果不同于其各个部件功能的总和。——译者注

个他们称为"中间颞叶皮层"（middle temporal cortex）或"MT"的区域，他们发现了一些视觉区域，它们的神经元对定向移动的视觉刺激能够做出反应。奥尔曼向我提到，他们当时很难让系主任克林顿·伍尔西（Clinton Woolsey）接受这个发现。卡斯和奥尔曼用较先进的记录技术发现了这些纹外视觉皮层（extrastriate visual cortex）的区域，而在较早的实验中，伍尔西由于使用的记录技术相对粗糙，与这一发现擦肩而过。[14]最近的研究在猴子的视觉皮层中找到了二十几个视觉区域。

1991年，还在加州理工学院的大卫·范·艾森（David Van Essen）仔细研究了皮层每个视觉区域的输入和输出，并将它们按层级排列了出来（见图5-11）。这张图有时仅仅被用于说明皮层的复杂性。它就像一座大城市的地铁图，其中方框代表地铁站，各种颜色的线代表地铁线路。视网膜神经节细胞（RGC）的视觉输入投射到图表底部的初级视觉皮层（V1）。从那里开始，信号被向上传送到层级结构中，每个区域专门负责视觉的不同方面，例如形态感知。靠近图右侧的层级示意图顶部，下颞叶皮层的前部、中部和后部（AIT、CIT和PIT）区域中的神经元的感受野覆盖了整个视觉区域，并对复杂的视觉刺激如脸部和其他对象做出优先反应。虽然我们不知道神经元是如何做到这一点的，但我们确实知道连接的强度可以通过经验来改变，如此一来，神经元就可以学习如何对新对象做出反应。范·艾森后来去了圣路易斯的华盛顿大学，在那里他被任命为NIH资助的人脑连接组项目（HCP）的联合主任。[15]他的研究小组的工作是使用基于磁共振成像（MRI）技术，[16]来生成人体大脑皮层中的长程连接图（见图5-12）。

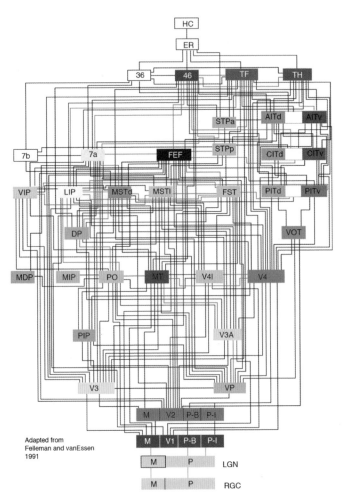

图 5-11 猴脑中视觉区域的层级结构图。视觉信息从视网膜神经节细胞（RGC）映射到丘脑的外侧膝状核（LGN），其中继细胞投射到初级视觉皮层（V1）。皮层区域的层级结构终止于海马体（HC）。图中所有的 187 个连接几乎都是双向的，有源自较低区域的前馈连接和源自较高区域的反馈连接。图片来源：D. J. Felleman and D. C. Van Essen, "Distributed Hierarchical Processing in Primate Visual Cortex," *Cerebral Cortex* 1, no. 1 (1991): 30, 图 4。

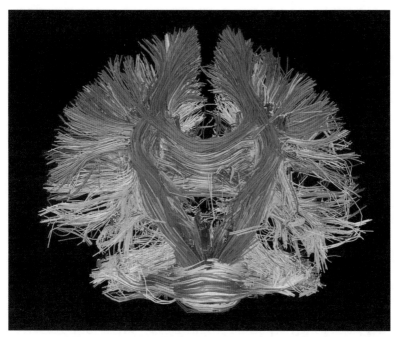

图 5-12 人脑连接组。基于水分子不均匀扩散的磁共振成像能够以一种非侵入性的方式追踪脑白质中的长程纤维束。不同的颜色标注了不同的路径方向。图片来源：The Human Connectome Project。

认知神经科学的诞生

1988 年，我曾服务于麦克唐奈和皮尤基金会（McDonnell and Pew Foundations）的一个委员会，需要走访知名的认知科学家和神经科学家，就如何启动一个名为"认知神经科学"的新领域听取建议。[17] 该委员会辗转于世界各个国家，与专家会面，听取他们关于哪些科学专题最有前途，以及在哪里建设新的认知神经科学研究中心的建议。8 月的一个烈日炎炎的下午，我们在哈佛大学教员俱乐部征询了杰瑞·福多（Jerry Foder）的意见，他是思想语言方面的专家，也是模块化思想的倡导者。他开门见山，直接驳斥了我们的战略，"认知神经科学不是一门科学，而且永远不会是"。他给人的印象是，他已经阅读了关于视觉和记忆的所有神经科学论文，但这些文章都没有达到他的标准。但是当他评论说"麦当劳基金会正在浪费它的资金"时，麦克唐奈基金会主席约翰·布鲁尔（John Bruer）立刻就指出，福多把他的基金会和街头制作汉堡包的地儿搞混了。

福多丝毫不为所动。他解释了为什么头脑应该被当作运行智能计算机程序的模块化符号处理系统。加州大学圣迭戈分校的哲学家帕特里夏·丘奇兰德（Patricia Churchland）问他的理论是否也适用于猫。"是的，"福多说，"猫正在运行猫程序。"但是当 NIH 研究视觉和记忆的神经科学家莫蒂默·米什金（Mortimer Minshkin）让他介绍他自己的实验室的发现时，福多嘟囔着说了一些我听不太懂的话，好像是关于在语言实验中的事件相关电位。幸运的是，那一刻，消防演习的警铃响了，我们都被要求去室外等待。站在院子里，我听到米什金对福多说："那些都是雕虫小技罢了。"演习结束后，福多就再没出现。

认知神经科学已经发展成为一个重要的领域，吸引了各个科学领域的很多研究人员，包括社会心理学和经济学，这些领域以前与神经科学很少有或没有任何直接联系。使这一切成为可能的是在 20 世纪 90 年代早期采用的非侵入式大脑活动可视化方法，尤其是功能磁共振成像（fMRI），其目前的空间分辨率为几毫米。fMRI 生成的庞大的成像数据集被交由新的计算方法进行分析，如独立分量分析（将在第 6 章讨论）。

由于大脑在缺氧的情况下无法运转，并且血流在亚毫米级别被严格控制，fMRI 所测量的血氧水平依赖（BOLD）信号就被当作大脑活动的替代指标。血液中的含氧量改变了它的磁性，可以用 fMRI 进行无创监测，并且以几秒的时间分辨率产生大脑活动的动态图像。这种时间分辨率足够追踪在实验过程中大脑的哪些部分在活动。fMRI 已经被用于探索视觉层级结构不同部分的时值整合。

普林斯顿大学的尤里·哈森（Uri Hasson）进行了一项 fMRI 实验，旨在探究视觉层级的哪些部分涉及处理不同长度的电影。[18] 查理·卓别林（Charlie Chaplin）的无声电影被剪辑为 4 秒、12 秒和 36 秒的片段呈现给受试者。在 4 秒的剪辑中，受试者可以识别一个场景；12 秒时，可以看清连接的动作；在 36 秒的长度下，能够看到一个有开头和结尾的故事。在层级底部的初级视觉皮层中的 fMRI 反应，无论在什么样的时间尺度上，都强大且可靠。但在视觉等级的较高层次上，只有较长的时间尺度才能引起可靠的反应，而位于层级顶层的前额叶皮层区需要最长的时间间隔。这与其他实验结果一致，即工作记忆也按照层级分布。工作记忆是我们掌握信息的能力，比如要记住的电话号码，以及我们正在处理的任务的要素。最长的工作记忆时间尺度同样位于前额叶皮层。

作为神经科学中最让人兴奋的学术领域之一，对大脑学习行为的研究可以在不同的层面进行，从分子层面到行为层面。

第二部分

深度学习的演进

要事年表

1949 年
唐纳德·赫布（Donald Hebb）出版了《行为的组织》（*The Organization of Behavior*）一书，提出了有关突触可塑性的赫布定律（Hebb Rules）。

1982 年
约翰·霍普菲尔德（John Hopfield）发表了文章《具有突发性集体计算能力的神经网络和物理系统》（Neural Networks and Physical Systems with Emergent Collective Computational Abilities），其中介绍了霍普菲尔德网络（Hopfield net）。

1985 年
杰弗里·辛顿和我发表了文章《玻尔兹曼机的一种学习算法》（A Learning Algorithm for Boltzmann Machines），这是马文·明斯基和西摩尔·帕普特被广泛接受的观点的反例，后者认为为多层网络开发学习算法是不可能的。

1986 年
大卫·鲁姆哈特（David Rumelhart）和杰弗里·辛顿发表了文章《通过误差传播学习内在表征》（Learning Internal Representations by Error-Propagation），其中介绍了当前用于深度学习的"反传"（backprop）学习算法。

1988 年

理查德·萨顿（Richard Sutton）在《机器学习》杂志上发表了文章《通过时序差分方法学习预测》（Learning to Predict by the Methods of Temporal Differences）。时序差分学习现在被认为是在所有大脑中进行奖励学习的算法。

1995 年

安东尼·贝尔（Anthony Bell）和我发表了文章《一种用于盲分离和盲解卷积的信息最大化方法》（An Information-Maximization Approach to Blind Separation and Blind Deconvolution），描述了一种用于独立分量分析（Independent Component Analysis，ICA）的无监督算法。

2013 年

杰弗里·辛顿在 2012 年 NIPS 会议上发表的论文《深度卷积神经网络下的 ImageNet 分类》（ImageNet Classification with Deep Convolutional Neural Networks），将图像中对象分类的错误率降低到了 18％。

2017 年

深度学习网络程序 AlphaGo，击败了围棋世界冠军柯洁。

06

语音识别的突破

在一个拥挤的鸡尾酒会上，当空气中弥漫着其他人谈笑的嘈杂声时，想要听见你面前的人说话是很费劲儿的。你的两只耳朵有助于你把听力集中在正确的方向，而你的记忆可以填补没听清的谈话内容。现在想象一下，房间里正在举行一个有100人参加的鸡尾酒派对，四周还有100个以任意方向排布的麦克风。每个麦克风都会采集所有人的声音，但是每个麦克风针对每个人采集的声音振幅比不同。是否有可能设计出一种算法，将每种声音分离成单独的输出声道？或者更复杂点，如果声音来源是未知的，比如混合了音乐、拍手声、自然声音，甚至是随机的噪声呢？这就是所谓的"盲源分离问题"（见图6-1）。

1986年4月13—16日，在犹他州雪鸟城举办的神经网络计算会议，也就是AIP会议（NIPS大会的前身）上，出现了一个题为《利用神经网络模型进行空间或时间自适应信号处理》（Space or Time

Adaptive Signal Processing by Neural Network Models）的墙报。它的作者詹妮·埃罗（Jeanny Herault）和克里斯蒂安·于滕（Christian Jutten）使用了一种学习算法，对输入给神经网络模型的混合正弦波（均为纯频率）进行了盲分离，并指出了一类新的无监督学习算法。[1]虽然当时还不知道是否存在一种可以盲分离其他类型信号的通用解决方案，但十年之后，安东尼·贝尔和我发现了一种可以解决一般问题的算法。[2]

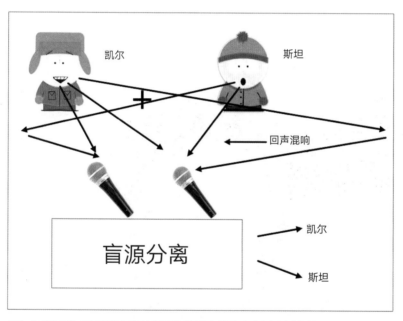

图 6-1 盲源分离。凯尔和斯坦在有两个麦克风的房间里同时说话。每个麦克风会从扬声器以及房间墙壁反射的声音里采集信号。该实验的挑战就在于，如何在对信号的相关信息一无所知的情况下将两个声音彼此分开。独立分量分析是一种学习算法，可以在不了解信息源的情况下解决这个问题。

在嘈杂中找到你的声音

感知器是一个有单一神经元的神经网络。复杂度略高于感知器的次简单网络体系结构在输出层中有多个模型神经元，每个输入神经元都会连接到一个输出神经元，该结构将输入层中的模式转换为输出层中的模式。这个网络不仅可以对输入进行分类，还可以学习如何进行盲源分离。

1986 年，安东尼·贝尔（见图 6-2）还是一名在苏黎世联邦理工学院（ETH Zurich）进行暑期实习的本科生。他很早就对神经网络产生了兴趣，曾前往日内瓦大学聆听来自神经网络领域前辈们的 4 个演讲。在布鲁塞尔大学获得博士学位后，他于 1993 年前往拉荷亚，加入了我的实验室，担任博士后研究员。

图 6-2 正在独立思考的安东尼·贝尔，当时他正在从事独立分量分析研究（照片拍摄于 1995 年前后）。某个领域的专家试图解决一个问题时，常常无法实现突破，有时反倒是第一次接触这个问题的人能找到新方法并解决问题。安东尼和我发现了一种迭代算法来解决盲源分离问题，这个算法现在已经是工程学教科书里的内容，并且有了数千个应用实例。图片来源：安东尼·贝尔。

　　"通用信息最大化学习原理"（general infomax learning principle）最大限度地提高了通过网络传递的信息量。[3] 安东尼当时正在研究树突中的信号传输。树突就像细长的电缆，大脑的神经元通过附着在树突上的数以千计的突触收集信息。他凭直觉认为，通过改变树突中离子通道的密度，可以最大限度地提高树突中流通的信息量。在简化问题的过程中（忽略树突），安东尼和我发现了一种新的信息理论学习算法，我们称之为"独立分量分析（ICA）"，它解决了盲源分离问题（见方框6.1）。[4]

　　独立分量分析已经有了数千个应用实例，而且已经出现在了信号处理的教科书中。[5] 在被应用于户外场景的自然图像的碎片中时，独立分量分析的独立成分是局部化的定向边缘滤波器（见图6-3），类似于猫和猴子的视觉皮层中的简单细胞（见图5-4）。[6] 采用独立分量分析方法时，只需要很少的信息源就能重建一幅图像中的一个图块，这种重建在数学上被称为"稀疏性"（sparse）。[7]

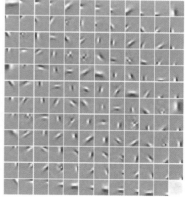

图6-3 源自自然图像的独立分量分析滤波器。使用左图自然场景图像中的图块（12×12像素）作为输入，通过具有144个输出单元的独立分量分析网络得到输出。右图中产生的独立分量与在初级视觉皮层中发现的简单细胞类似：它们具有局部性和定向性，分为正区域（白色）和负区域（黑色），灰色区域代表零点。只需要几个滤波器就可以表示任何给定的图块，这一性质被称为"稀疏性"。左图来源：Michael Lewicki；右图来源：Bell and Sejnowski, "The 'Independent Components' of Natural Scenes Are Edge Filters," figure 4。

🗨 6.1

独立分量分析是如何工作的

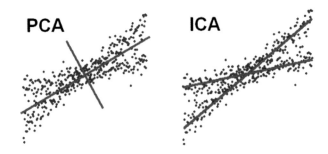

PCA

ICA

主分量分析（PCA）和独立分量分析（ICA）之间的比较。图片
中的圆点表示两个麦克风分别在垂直和水平轴上的输出。每个点的坐
标是单个时间点记录在两个麦克风上的值。PCA 是一种非常受欢迎的
无监督学习技术，它挑选出将两个信号等分的方向，将它们的混合程
度最大化，并且 PCA 轴始终相互垂直。ICA 找到沿点的方向伸展的
轴，来表示分离的信号，这些轴可能不是垂直的。

这些结果证实了 20 世纪 60 年代著名视觉科学家霍勒斯·巴洛（Horace Barlow）的猜想，那时大卫·休伯尔和托斯坦·威泽尔已经在视觉皮层中发现了简单细胞。一个图像通常包含大量的冗余信息，因为附近的像素通常具有相似的值（例如天空的像素）。巴洛猜想，通过减少自然场景表达中的冗余，[8] 简单细胞就能够更有效地传输图像中的信息。整个学界花了 50 年的时间，才开发出数学工具来证实他的直觉。

安东尼和我还认为，独立分量分析被应用于自然声音时，独立分量是具有不同频率和持续时间的时域滤波器，类似于在听觉神经系统初期处理部分中发现的滤波器。[9] 这使得我们相信，在试图理解感观信号是如何在视觉皮层最早期的处理阶段被表征这一基本原则的道路上，我们前进的方向是正确的。通过将这个原理扩展到线性滤波器的独立特征子空间，就可以在视觉皮层中建立复杂细胞的模型。[10]

独立分量分析网络包含相同数量的输入和输出单元，以及把它们完全连接起来的一组权重。为解决盲源分离问题，麦克风的声音通过输入层输入，每个麦克风占有一个输入单元，而独立分量分析学习算法（类似感知器算法）不断迭代修改传递到输出层的权重，直到它们收敛。但是，不同于感知器这种监督学习算法，独立分量分析是一种无监督学习算法。它使用输出单元之间的独立性度量作为代价函数，但并不知道输出目标应该是什么。为了使输出尽可能独立，权重不断被修改，原始声源就被完美地分离开来，或者如果它们彼此并不是独立的，其相关性也会被尽可能地去除掉。无监督学习可以在许多不同类型的数据集中发现以前未知的统计结构。

将独立分量分析应用于大脑

我实验室里的其他人将安东尼·贝尔的信息最大化独立分量分析算法应用于大脑的不同类型的记录，由此引发了一系列的顿悟时刻。1924 年，汉斯·伯格（Hans Berger）从头皮上记录了大脑的第一个电信号，被称为脑电图。神经科学家利用这些复杂的振荡信号来监听我们不断变化的大脑状态，这种状态随我们的警觉性和感觉运动相互作用而变化。头皮上一个电极处的电信号接收来自大脑皮层内许多不同来源的输入，也接收肌肉和眼球运动噪声的输入。每个头皮电极接收来自大脑中相同源组的混合信号，这些信号具有不同的振幅，这与鸡尾酒会上的问题如出一辙。

20 世纪 90 年代，斯科特·马克格（Scott Makeig）是我在索尔克研究所的实验室里的研究员，他使用独立分量分析从脑电图记录中提取了大脑皮层中的几十个偶极源，以及它们各自的时间过程（见图 6–4）。偶极子是大脑信息源最简单的模式之一。最简单的是由单一静电电荷产生的覆盖整个头皮的均一模式。第二简单的模式是由电流直线移动产生的偶极子模式，发生在皮层锥体神经元中。把偶极子想象成一个箭头，头皮上沿箭头的方向为正，沿箭尾的方向为负。该模式覆盖了整个头部，这就是为什么分离同时被激活的许多大脑信息源非常困难。从脑电图提取的两个信息源——IC 2 和 IC 3，大致相当于图 6–4 中的偶极源。独立分量分析还分离了噪声，例如眼球运动和电极噪声，这些噪声在后期可以以很高的精度被抹除（图 6–4 中的 IC 1 和 IC 4）。自那时起，数以千计已发表的论文都在使用独立分量分析方法分析脑电图记录，并在使用独立分量分析方法分析大量脑状态的研究

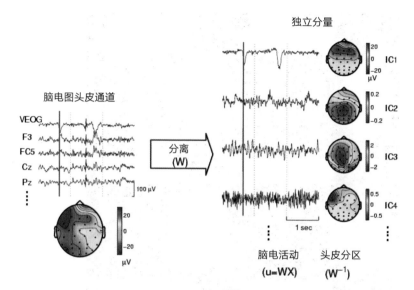

图6-4 独立分量分析被应用于头皮脑电图记录。在俯视角度的头皮绘图（鼻子朝上）中，黑点的位置是电极，某个时间点的电压以微伏（μV）为单位用彩色标注。左侧图中五个头皮通道显示波动中的脑电图信号受到了来自眨眼和肌肉信号的噪声污染。独立分量分析可以将大脑成分与噪声分开，如右图所示（其中"IC"代表"独立分量"）。IC1是基于缓慢时间过程的眨眼运动，此时头皮绘图在靠近眼睛的地方数值最高（红色）。IC4是肌肉运动噪声，可以看到高频率、高振幅的噪声和头皮图上的局部源。IC2和IC3是大脑信息源，分别表示为头皮上的偶极模式（与负值蓝色区域相对的正值红色区域），和来自脑电图所记录的头皮上更复杂的模式（如左边头皮绘图所示）。图片来源：Tzyy-Ping Jung。

领域取得了重要发现。

马丁·麦基沃恩（Martin McKeown）当时是我实验室的一名博士后研究员，具有神经学背景。他研究出了如何翻转空间和时间，将独立分量分析应用于 fMRI 的记录中（见图 6-5）。[11] 基于 fMRI 的脑成像在大脑中数以万计的位置对与神经活动间接相关的血氧水平进行测量。在图 6-5 中，独立分量分析信息源是与其他信息源具有共同时间进程，但在空间上相互独立的大脑区域。空间域的稀疏性意味着在任何给定的时间，只有少数几个区域是高度活跃的。

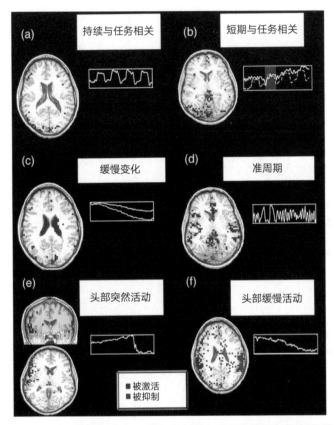

图6-5 独立分量分析被应用于 fMRI 数据。每个分量由一个大脑活动图和一个时间过程组成。这里显示了几种不同类型的分量。图中的任务代表了持续 5 秒钟的视觉刺激，由与任务相关的分量拾取。方框中信号的时间进程约为一分钟，任务重复了四次，如图（a）所示。其他分量则采集了诸如头部运动之类的噪声。图片来源: M. J. McKeown, T.-P. Jung, S. Makeig, G. D. Brown, S. S. Kindermann, T.-W. Lee, and T. J. Sejnowski, "Spatially Independent Activity Patterns in Functional MRI Data during the Stroop Color-Naming Task," *Proceedings of the National Academy of Sciences of the United States of America* 95, no. 3 (1998): 806, figure 1。

因为独立分量分析是无监督的，它可以揭示能够协同工作的大脑区域网络，并能够扩充试图将区域中的活动与感官刺激或运动反应联系起来的监督技术。例如，独立分量分析已被用于揭示来自受试者的 fMRI 记录中的多个静息状态，这些受试者只是被要求在扫描仪中保持不动。[12] 我们仍然不了解这些静息状态意味着什么，但是它们可以代表对大脑活动负责的一部分大脑区域的组合，例如我们在做白日梦，被一件烦心事困扰，或是正在计划晚餐吃什么的时候。

最大独立性原则与稀疏编码原则有关。尽管独立分量分析揭示了许多独立的分量，但只需要其中的一小部分就能重建自然图像中指定的图块。这个原理也适用于视觉皮层，视觉皮层的细胞数量比视网膜的输入细胞多 100 倍。我们的每个视网膜都有 100 万个神经节细胞，在初级视觉皮层中有 1 亿个神经元——这是皮层视觉层级中的第一层。视网膜中视觉信号的紧凑编码，在皮层中被扩展为高度分布且高度稀疏的新编码。将信息扩展到更高维度空间的方法也被应用到其他的编码方案中，其中包括在听觉皮层和嗅觉皮层中发现的编码。一类被称为"压缩感知算法"（compressed sensing algorithms）的新算法将稀疏性原理进行了泛化处理，用来提高存储和分析复杂数据集的效率。[13]

什么在操控我们的言行

独立分量分析的故事说明了技术在科学和工程领域取得新发现中的重要性。我们通常将技术看作测量设备，比如显微镜和放大器。但算法也是技术，它们能够利用旧仪器获得的数据得出新的发现。脑电图技术已经存在了将近 100 年，但是如果没有独立分量分析，就无法确定潜在的大脑信息源，大脑本身就是一个环环相扣的算法体系，如果大脑的某些部分发现了实施独立分量分析的方法，我并不会对此感到惊讶。[14]

20 世纪 90 年代，在为神经元网络开发新的学习算法的过程中，也诞生了许多其他的发现，其中很多（如独立分量分析）现在都成了机器学习中的数学工具。这些算法被嵌入许多常用的设备中，不过没有一个标明了"内含神经网络"。拿耳机或手机来举个例子。Te-Won Lee 和 Tzyy-Ping Jung 曾经是我实验室的博士后研究员，他们后来创立了一家名为"SoftMax"的公司，在带有两个麦克风的蓝牙耳机中应用 ICA 来消除背景噪声。这样的设计能够让戴耳机的人在嘈杂的餐厅或体育赛事中听到别人说话。2007 年，SoftMax 被高通收购（高通为许多品牌的手机设计芯片）。而如今，类似独立分量分析的解决方案也已嵌入 10 亿部手机中。如果你能从运行独立分量分析的每部手机上分到一分钱，那你现在就是个千万富翁了。

安东尼·贝尔多年来一直对一个更加棘手的问题感兴趣。作为人类，我们的体内有许多网络，信息从一个网络层到另一个网络层，从分子到突触，到神经元，到神经群，直到形成决策，所有这些都可以用物理学和生物化学的法则来解释（见图 4-4）。但我们都有这样的感受，是我们自己，而非物理或生物化学反应，在操控我们的一言一行。我们的大脑神经群中出现的内部活动如何引导我们做出决定，例如阅读这本书或者打网球，一直是一个谜。这些远远低于我们意识水平的决定，在某种程度上是由神经元通过基于分子机制的经验形成的突触相互作用形成的。但从我们人类的视角来看，是我们的决定导致了所有这些事件在我们的脑中发生：内省行为告诉我们，因果关系中的因和果，似乎与物理和生物化学领域中的因和果相反。如何调和这两个观点，是一个深刻的科学问题。[15]

07

霍普菲尔德网络和玻尔兹曼机

　　在 20 世纪 80 年代，尚在罗切斯特大学的计算机科学家杰罗姆·费尔德曼（Jerome Feldman）采用了联结主义（connectionist）网络的方式来研究人工智能。杰罗姆几乎没说错过什么话，他曾经指出，人工智能中使用的算法在运行了数十亿个步骤之后，却常常得不到一个正确的结论，而大脑只需要经历大约 100 个步骤，通常就会得出一个正确的结论。[1] 这个"100 步法则"当时在人工智能研究人员中并不像现在那样受欢迎，但少数人，其中最著名的是卡内基－梅隆大学的艾伦·纽维尔，的确已经开始把它作为一种约束。

　　有一次我被困在了纽约州的罗切斯特机场，杰罗姆好心留宿了我一晚。那天，我参观完位于斯克内克塔迪的通用电气研究实验室，准备返回巴的摩，在回去的飞机上，听到飞行员通知我们罗切斯特的天气状况。我这才发现坐错了航班。落地后，我预订了飞往巴尔的摩的最早航班，但也要等到第二天了。我碰巧遇见了杰罗姆，他刚参加完在华盛顿特区举办的一次委员会会议，正准备回家。他很大方地邀请我去他家休息一个晚上。杰罗姆后来去了加州大学伯克利分校，但每次我被困机场时，都会禁不住想起他。

杰罗姆区分了"邋遢"和"整洁"的联结主义模型。邋遢模型跟杰弗里·辛顿和我一起研究过的模型十分相似，在网络的许多单元中分布了对对象和概念的表征。而杰罗姆所笃信的整洁模型，提供了对对象和概念严谨的计算表征，每个单元上只有一个标签。在更广泛的背景下，邋遢科学的模型使用近似方法来获得定性的答案，而整洁科学的模型致力于找到问题的确切解决方案。事实上，人工智能要取得进展，需要同时应用这两种方法。[2] 我不反对立足于"邋遢"的方法，但我会尽一切努力去给出一个更"整洁"的解释，最终努力产生了回报：杰弗里和我后来都因此获得了巨大的成就。

约翰·霍普菲尔德的伟大之处

想要获得物理学博士学位，你必须解决一个问题。好的物理学家应该有能力解决任何问题，但伟大的物理学家知道要解决什么样的问题。约翰·霍普菲尔德就是一位伟大的物理学家。在凝聚态物理学领域获得了杰出的成就之后，他的兴趣转向了生物学，特别是关于"分子校正"的问题。DNA（脱氧核糖核酸）在细胞分裂过程中被复制时，错误不可避免，必须纠正这些错误才能保证子细胞遗传信息的准确度。霍普菲尔德想出了一个聪明的办法，并解释了采用这个方法纠错的过程是怎么实现的，尽管他提出的这种方法需要消耗能量，但随后的实验表明，他是正确的。在生物学研究领域，做出任何正确的解释都是一项了不起的成就。

霍普菲尔德是我在普林斯顿大学读博士期间的导师，那时他刚对神经科学产生兴趣（见图 7–1）。随着这种兴趣变得日益浓厚，他开始兴致勃勃地给我讲述，他从波士顿神经科学研究计划（Neuroscience Research Program，NRP）会议上那些神经科学研究专家的演讲里所学到的东西。我发现在 NPR 会议上发布的一些小型研讨会会议文章非常有价值，让我了解了当时人们正在研究什么问题，以及产生了哪些想法。我现在还保留着一份由传奇神经学家西奥多·霍姆斯·布洛克（Theodore Homes Bullock）整理的关于神经编码的研讨会会议文献。西奥多后来成了我在加州大学圣迭戈分校的同事。西奥多和艾德里安·霍里奇（Adrian Horridge）合著的关于无脊椎动物神经系统的书堪称经典。[3] 我和西奥多在模拟珊瑚礁集体行为的项目中有过合作，并且我很荣幸地成为他在 2008 年发表的最后一篇学术论文的共同作者。[4]

与前层单元建立了反馈连接，并与同层单元间存在循环连接的神经网络，要比仅具有前馈连接的神经网络复杂得多。包含具有正（兴奋）权重和负（抑制）权重的任意连接单元的通用网络对学界提出了一个数学难题。虽然芝加哥大学的杰克·考恩（Jack Cowan）和波士顿大学的斯蒂芬·格罗斯伯格（Stephen Grossberg）在 20 世纪 70 年代后期，通过证明这样的网络能够重现视觉错觉[5] 和幻觉[6]，在该领域取得了一些进展，但是工程师发现这种网络并不能解决复杂的计算问题。

图7-1 约翰·霍普菲尔德在马萨诸塞州伍兹霍尔的岸边正埋头解决某个问题（照片拍摄于1986年前后）。霍普菲尔德在20世纪80年代设计了一个以他自己名字命名的神经网络，开启了深度学习研究的大门，这一设计对神经网络研究产生了开创性的影响。图片来源：约翰·霍普菲尔德。

内容可寻址存储器

1983 年的夏天，辛顿、霍普菲尔德和我参加了杰罗姆·费尔德曼在罗切斯特大学组织的一场讨论会。霍普菲尔德告诉我们，他解决了一种强交互网络的收敛问题。他证明了一种独特的非线性网络模型，即现在的"霍普菲尔德网络"，能确保收敛到一种叫"吸引子"（attractor）的稳定状态（见图 7–2，方框 7.1）[7]（高度非线性网络很容易发生振荡，或表现出更多的混沌行为）。此外，可以通过选择网络中的权重，把吸引子状态做成信息内容。如此一来，霍普菲尔德网络就可以被用来实现一种"内容可寻址存储"（content-addressable memory）。存储的信息可以只用信息内容的一部分作为提取输入，让神经网络完成信息填充。这让人联想起了人的记忆行为。如果我们看到某个熟人的脸，就能想起那个人的名字和先前与之交谈过的内容。

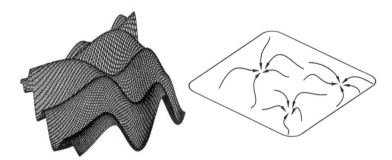

图 7–2 霍普菲尔德网络的能量场景图。（左图）网络的状态可以被看作是能量表面上的一个点。（右图）每次更新可以将状态移动到其中一个局部能量最小值，叫作"吸引子状态"。图片来源：A. Krogh, J. Hertz, and R. G. Palmer, *Introduction to the Theory of Neural Computation* Redwood City CA: Addison-Wesley, 1991，left: figure 2.6；right: figure 2.2。

霍普菲尔德网络的重大突破性在于，它能在数学上保证收敛。研究人员曾认为要分析高度非线性网络的一般情况是不可能的。当网络中的所有单元被同时更新的时候，所引发的动态情况非常复杂，没有办法保证收敛。[8] 但是霍普菲尔德网络展示出，当网络中单元的更新是顺序进行的时候，一种单元组彼此双向连接并且权重相同的特殊对称网络，是可解，并且最终是能够收敛的。

越来越多的证据表明，海马体（保存关于特殊事件和独特对象长期记忆的大脑关键区域）中的神经网络存在像霍普菲尔德网络中的那种吸引子状态。[9] 虽然霍普菲尔德模型非常抽象，但它的本质行为和在海马体上观察到的行为十分相似。20 世纪 80 年代，许多物理学家都曾利用霍普菲尔德网络实现了由物理学到神经科学的跨越。使用理论物理的复杂工具来分析神经网络和学习算法的过程中，诞生了很多惊人的发现。物理、计算和学习在神经科学理论领域深刻地联系在一起，这一结合成功地实现了对大脑功能的诠释。

约翰·霍普菲尔德和当时在贝尔实验室的大卫·汤克（David Tank），随后又展示了一种霍普菲尔德网络的变体，其中的单元可以拥有 0 到 1 之间的连续值，① 能够很好地解决优化问题，例如"旅行商问题"（traveling salesman problem），该问题旨在寻找能够访问多个城市的最短路径，每个城市仅访问一次。[10] 这是一个计算机科学领域众所周知的难题。网络的能量函数包含了路径的长度，限制是每个城市仅能访问一次。经过初始状态，霍普菲尔德和汤克的网络能最终收敛到一个最小能量状态，表明找到了一条较好的路径，虽然不一定是最佳路径。

---

① 文献中采用模拟计算网络模型，通过 sigmoid 激发函数产生输出。——译者注

局部最小值与全局最小值

达纳·巴拉德（Dana Ballard）在 1982 年与克里斯托弗·布朗（Christopher Brown）一起撰写了一本关于计算机视觉的经典著作，[11]他也参加了 1983 年的研讨会。辛顿和我当时正在与巴拉德一起为《自然》杂志撰写一篇关于图像分析新方法的综述。[12]该文章的核心想法是，用网络模型中的节点表示图像中的特征，网络中的连接实现了特征间的约束条件；互相兼容的节点具有积极的相互作用，而不兼容的节点间具有消极的相互作用。在视觉中，必须找到满足所有约束条件的所有特征的和谐表达。

霍普菲尔德网络能够解决这种约束满足问题吗？能量函数可以用来衡量网络满足所有约束的程度（见方框 7.1）。视觉问题需要一个最佳解决方案，一个全局能量最小值，但是霍普菲尔德网络的工作原理决定了它仅能提供局部最小值。《科学》杂志上的一篇文章让我深受启发，其作者斯科特·柯克帕特里克（Scott Kirkpatrick）当时在位于纽约约克敦海茨（Yorktown Heights）的 IBM 托马斯·沃森研究中心（Thomas J. Watson Research Center）工作。[13]柯克帕特里克使用了一种叫作"模拟退火"（simulated annealing）的算法来解决局部最小值问题。假设你想把一堆电子元件装到两块电路板上，怎么放置这些元件可以使连接元件的接线数量最少呢？

较差的解决方案就是，先随机安放元件，然后每次移动一个元件，直到找到用线最少的排布方案。因为当移动任何一个元件都无法减少用线时，很容易陷入局部最小值的陷阱。逃出这个陷阱的一种方式就是，允许随机跳到一种用线更长的放置方式。这种跳跃的概率，开始

⊐ 7.1
霍普菲尔德网络

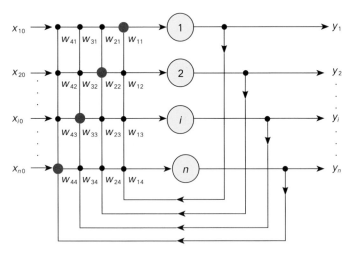

在霍普菲尔德网络中，每个单元都能向网络中所有其他的单元传递输出。输入标记为 x_i，输出标记为 y_j。连接的强度，或者说单元之间的权重是对称的：$w_{ij}=w_{ji}$。在每个步骤中，其中一个单元被更新为输入值的总和，并和一个阈值进行比较：如果输入之和大于阈值，输出就是 1，否则输出就是 0。霍普菲尔德展示了这种网络存在一个能量函数，它不会随着网络中单个单元的逐次更新而增长：

$E= \sum w_{ij} x_i x_j$

最终，霍普菲尔德网络会达到"吸引子状态"，即所有单元值不再变化，能量方程达到局部最小值。这种状态等同于存储好的记忆，可以通过部分存储好的状态来初始化网络，实现对完整记忆的恢复。这就是霍普菲尔德网络实现内容取址记忆的方法。所存储向量的权重可通过赫布突触可塑性（Hebbian synaptic plasticity）得到：

$\Delta w_{ij}=\alpha x_i x_j$

Δw_{ij} 表示权重的变化，α 表示学习速率，x_i 表示存储的向量。

该图由戴尔·希斯（Dale Heath）绘制。

时会很大，随后慢慢减小，直至变成零。如果这种概率减小的速度足够慢，元件的最终排布方式会达到接线的全局最小值。在冶金业，这种做法叫作退火。将金属加热并慢慢冷却，在这一过程中会形成缺陷最小的较大的晶体结构，这些缺陷会使金属过脆，或出现裂纹。

玻尔兹曼机

在霍普菲尔德网络中，模拟退火相当于对更新进行"加热"，这样能量就能在能量表面自由上下。因为单元在高温下可以随机反转，如果温度逐渐降低，霍普菲尔德网络很有可能在温度为零时收敛到能量最低状态。在实际操作中，模拟会在常温条件下让网络达到平衡状态，这样网络就可以访问周围的若干状态，并且在一个更广阔的范围内搜寻可能的答案。

例如，图 7-3 中剪影的图案是存在争议的。这取决于你关注的是哪个部分，你可能会看到一个花瓶或两张侧脸，但不会同时看到这两种图案。问题的关键在于，你将哪部分看成图形，哪部分看成背景。我们设计了一个玻尔兹曼机网络来模仿这个基于图形—背景的决定（figure-ground decision），[14] 用一些单元代表被关注的图形，其他单元代表图形的边缘。我们已经知道，视觉皮层中存在由边缘激活的简单细胞，但是图形可能位于边缘的任意一侧。我们的玻尔兹曼机网络通过两组边缘单元实现了图形选择，每组单元只支持一侧的图形。这类神经元随后在视觉皮层中被发现，被称为"边界归属细胞"（border-ownerships cells）。[15]

玻尔兹曼网络中的约束可以通过手动设置权重来实现（图 7-4）。

在图形单元之间存在兴奋连接，而在边缘单元之间存在着抑制连接。边缘单元与它们所指向的图形单元之间存在兴奋性连接，能够支持图形单元，并与相背离的图形单元间形成抑制性连接。[①] 注意力是通过对一些图形单位产生偏倚（bias）而实现的。当玻尔兹曼网络对单元使用霍普菲尔德更新规则时，它会落入局部能量最小值，这些局部能量最小值在本地图块中一致，但在全局上并不一致。当更新中加入了噪声时，玻尔兹曼网络可以跳出局部最小值，并且通过缓慢退火降低噪声温度，这样一来网络的能量函数就可能得到全局一致的能量最小值（见图7-4）。由于更新是异步和独立的，因此网络可以由具有数百万个单元并行工作的计算机来实现，并且可以比一次按顺序执行一个操作的数字计算机更快地收敛到解决方案中。

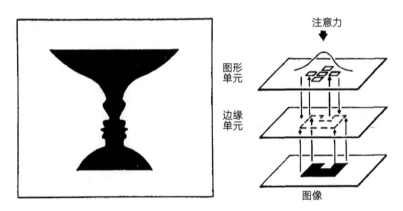

图7-3 模棱两可的图形—背景问题。（左图）如果关注黑色图形，你看到的是一个有白色背景的花瓶。如果关注的是白色背景，那你会看到两张互相注视的脸。你可以来回变换视角，但是做不到同时看到两种图案。（右图）图形—背景网络模型。两种单元分别代表了物体的边缘（线段），和某个像素是否属于图形或者背景（方块）。图像输入方向为从下到上，注意力输入方向是从上到下。其中，当某个区域应该被当作图形而进行填充时，注意力就是针对该区域所产生的偏倚。图片来源：P. K. Kienker, T. J. Sejnowski, G. E. Hinton, and L. E. Schumacher, "Separating Figure from Ground with a Parallel Network," Perception 15 (1986): 197 - 216, left: figure1; right: figure 2.

① 与边缘单元相背离的图形单元被认为是背景。——译者注

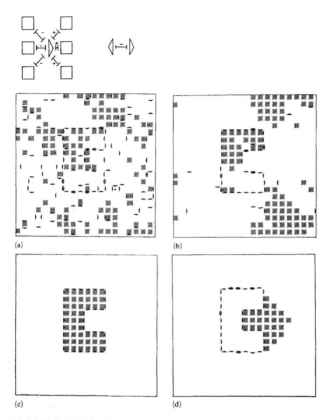

图7-4 正在分离图形与背景的玻尔兹曼机。（上图）网络中的方形单元为标识图形的图形单元，三角形为标识轮廓的边界单元，连接单元的正负属性也被一同标出。边缘单元可以指向或者背离图形。（下图）（a）关注于图形C内部区域的网络示意图。温度①刚开始很高，单元在开启和关闭状态之间不停变换。（b）随着温度下降，在指向内部的边缘单元的支持下，C内部的图形单元开始聚拢；同时，注意区以外或没有边缘输入的单位开始消失。（c）当温度为零时，注意区的图案被填满。（d）如果注意区移向外围，重复该过程，则外部区域会被填充。图片来源：P. K. Kienker, T. J. Sejnowski, G. E. Hinton, and L. E. Schumacher, "Separating Figure from Ground with a Parallel Network," *Perception* 15 (1986): 197–216, below: figure 6; above: figure 3.

那个时候，我已经在哈佛医学院的斯蒂芬·库夫勒那里完成了博士后研究，在约翰·霍普金斯大学（位于巴尔的摩市）生物物理系开始了我的第一份工作；杰弗里·辛顿在卡内基–梅隆大学（位于匹兹

① 退火算法中的温度变量。——译者注

堡市）计算机科学系担任教职，在那里他很幸运地得到了艾伦·纽维尔的支持，艾伦对人工智能的新方向持十分开放的态度。匹兹堡和巴尔的摩离得很近，所以杰弗里和我可以在周末见面。我们将这一霍普菲尔德网络的新版本称为"玻尔兹曼机"，以致敬 19 世纪的物理学家路德维希·玻尔兹曼（Ludwig Boltzmann），他是统计力学的创始人。我们的波动性神经网络模型就是借助统计力学的工具进行分析的，之后我们很快就发现，该模型也是一个强大的学习机器。

在恒定的"温度"下，玻尔兹曼机会达到平衡。在平衡状态下会发生一些神奇的事情：多层神经网络学习的大门将被打开。而此前，每个人都认为它的存在有弊无利。有一天，杰弗里给我打电话，说他刚刚从玻尔兹曼机衍生出一个简单的学习算法。该算法的目标是执行从输入单元到输出单元的映射。但与感知器不同的是，玻尔兹曼机在输入和输出层之间也存在一些单元，我们称之为"隐藏单元"（见方框 7.2）。通过对其呈现输入—输出对和应用学习算法，玻尔兹曼网络学会了实现目标映射。但是，其目标不仅仅是要记住输入—输出对，也要将没有被用于训练网络的新输入正确地进行分类。此外，玻尔兹曼机也在通过其持续不断的波动状态来学习概率分布——对于一个给定的输入模式，每个输出状态的访问频率如何——这就使其具备了生成性：学习之后，它可以通过钳制每个输出类别来生成新的输入样本。

赫布理论

令人惊讶的是，玻尔兹曼机学习算法在神经科学领域有着悠久的历史，可以追溯到心理学家唐纳德·赫布（Donald O. Hebb）博士，他

Q7.2

玻尔兹曼机

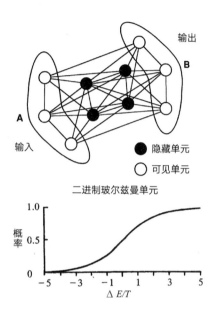

二进制玻尔兹曼单元

和在霍普菲尔德网络中一样，玻尔兹曼机中所有的连接都是对称的，并且其中的二进制单元 i 的状态值 s_i，会按照上图中的 Sigmoid 函数（sigmoid function）提供的一个概率，逐个被更新成 1 或 0。Sigmoid 函数的输入值 ΔE 通过温度 T 来进行比例缩放。输入层和输出层都是"可见的"，也就是说它们会与外界进行交互。"隐藏单元"代表了能够影响可见层单元的带有内部自由度的特征。玻尔兹曼机学习算法有两个阶段：在"清醒"阶段，输入和输出会被钳制（clamped）[①]，当网络达到平衡状态后，每对单元状态值之间的相关系数会被计算出来；在"睡眠"阶段，输入和输出钳制被解除，每对单元状态值之间的相关性会被重新计算，其中的权重会被逐步更新：

$$\Delta w_{ij} = \varepsilon \left(<s_i s_j>^{wake} - <s_i s_j>^{sleep} \right)$$

---

① 钳制成所期望的输入值和输出值。——译者注

在《行为的组织》一书中假定，若两个神经元同时被激发，它们之间的突触连接应该会增强：

> 让我们假设反射活动（或"追踪痕迹"）的持续或重复，趋向于引起持续的细胞变化来增加其稳定性。当细胞 A 的轴突接近细胞 B，并且反复或持续地参与激发细胞 B 时，其中一个或者两个细胞中都会发生某种生长过程或代谢变化，A（作为激发 B 的细胞之一）的效率会增加。[16]

这可能是整个神经科学领域中最有名的预言。后来在海马体中发现了赫布突触可塑性（Hebbian Synaptic Plasticity），海马体是大脑中控制长期记忆的重要组成部分。当一个海马锥体细胞接收强输入信号，同时该神经元也发生了放电反应时，突触的连接强度就会增加。随后的实验表明，这种强化是基于突触的发射器释放与受体神经元中电压升高的结合。此外，这种结合的发生被一种特殊的受体，即 NMDA（N–甲基–D–天冬氨酸）谷氨酸受体所识别。它触发了长时程增强（long-term potentiation，简称 LTP），其起效迅速而且持续时间长，是一种很好的长期记忆基质。与玻尔兹曼机学习算法（见方框 7.2）十分相似，突触上的赫布可塑性是由输入和输出之间的一致性决定的。

更令人惊讶的是，玻尔兹曼机需要一定的"睡眠"才能学习。它的学习算法有两个阶段。在第一阶段，即"清醒"阶段，随着输入和输出模式被钳制到期望的映射，网络中的单元被多次更新以达到平衡，每对单元都为 1 的次数所占的百分比会被记录下来。在第二阶段，即"睡眠"阶段，输入和输出单元被释放，每对单元在自由运行状态中都为 1 的次数百分比也被记录下来。然后，每个连接强度按照清醒和睡眠阶段一致率之间的差异，按比例进行更新（见方框 7.2）。睡眠阶段的计算是为了确定钳制的相关性中哪个部分是由外部原因造成的。在不去除内部产生的相关性的情况下，该网络会加强内部活动模式，并学习忽略外部的影响，这是二联性精神病（folie à deux）^①的网络版本。有趣的是，极度的睡眠剥夺会导致人体处于妄想的状态，在没有窗户和恒定照明的医院重症监护病房中，这样的问题并不罕见。精神分裂症患者通常患有睡眠障碍，可能导致他们患上妄想症。这使我们确信，我们正沿着正确的方向理解大脑的工作原理。

学习识别镜像对称

玻尔兹曼机可以解决，但感知器却不能解决的一个问题，就是如何学习镜像对称。¹⁷人体是沿着一个垂直的轴两边对称的。我们可以用这个对称轴生成大量随机图案，如图 7-5 所示，也可以采用水平轴和对角轴对称。在我们的玻尔兹曼机网络中，按照 10 × 10 排布的若干块二进制输入被投影到 16 个隐藏单元中，然后再投影到 3 个输出单元，每个输出单元对应 3 个可能的对称轴中的一个。在接受了 6000 个对称输入模式的训练后，玻尔兹曼机对全新输入的对称轴进行分类的成功率为 90%。感知器得到的结果不会比随机猜测的结果好，因为单一的输入并不包含关于模式对称性的信息，必须对输入对之间的相关性进行考察。值得注意的是，人类观察者看到的输入阵列与玻尔兹

---

① 形容一个有精神病症状的人，将妄想的信念传递给另一个人，使对方也产生感应性妄想。——译者注

曼机所看到的并不一致，因为玻尔兹曼机的每个隐藏单元都从整个阵列接收输入，并不遵循任何特定的顺序。对于观察者来说，等价的问题是要随机安排阵列中输入单元的位置，这会使阵列在观察者看来是随机的，即使其中存在隐藏的对称性。

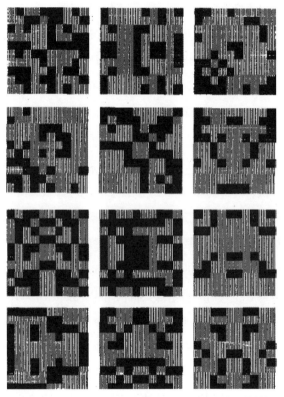

图 7-5 对称的随机图案。每个 10×10 的阵列都存在垂直、水平或对角方向上的镜像对称。网络模型的目标是学习如何在没有参与网络模型训练的新样本中依据对称轴进行分类。图片来源：T. J. Sejnowski, P. K. Kienker, and G. E. Hinton, "Learning Symmetry Groups with Hidden Units: Beyond the Perceptron," *Physica* 22 D (1986): 260–275, figure 4。

有一天，我正盯着显示器，以每秒两次的速度读出每个输入模式的对称性。当时我在约翰·霍普金斯大学心理学系的同事尼尔·科恩

（Neal Cohen）也在观察这个屏幕，但他却不能区分这些对称性，除非凑近了仔细看，他对我的这项本事感到很惊讶。与玻尔兹曼机的学习过程类似，观察了显示器数日之后，我的视觉系统被训练到可以自动检测对称性，而不需要在屏幕上四处对比查看。尼尔和我设计了一个实验，用本科生作为未经训练的考察对象，观察他们在这一任务上的进展。[18] 开始时，他们花了很长时间才找出正确的对称性，但经过几天的训练以后，他们的速度变得飞快。到了实验后期，他们能够快速、轻松地找到对称性，甚至可以在任务过程中与我们进行交谈，得到的答案依然准确无误。这是非常快速的感知学习。

我在约翰·霍普金斯大学教授过计算生物物理学，这门课程吸引了很多有才华的学生和研究人员。本·尤哈斯（Ben Yuhas）是与我一起工作的电子工程系的研究生，他在写作博士论文期间，训练了一个神经网络来阅读唇语。[19] 人的嘴巴在运动过程中包含了声音的信息。尤哈斯的网络将嘴部的图像转换为每个时间点上产生声音的相应频谱。这一技术可以辅助处理有噪声的声谱以改善语音识别。他的研究生同学安德里亚斯·安德里欧（Andreas Andreou）是希腊族塞浦路斯人，他当时正在 Barton Hall 大楼的地下室里建造模拟超大规模集成电路芯片（将在第 14 章中进行介绍）。在 20 世纪 80 年代，许多院系的教师对待神经网络的态度都不太友善，这样的现象在很多机构中都非常普遍，但这并不能阻止尤哈斯或安德里欧研究的脚步。事实上，安德里欧后来成了约翰·霍普金斯大学的正教授，并合作建立了约翰·霍普金斯大学语言和语音处理中心。尤哈斯则组建了一个咨询团队，为政府和企业客户提供数据科学咨询服务。

学习识别手写数字

最近，杰弗里·辛顿和他在多伦多大学的学生们训练了一个带有三层隐藏单元的玻尔兹曼机，能够对手写邮政编码进行非常准确的分类（见图7-6）。[20] 由于玻尔兹曼网络具有反馈和前馈连接，因此可以反向运行网络，钳制其中一个输出单元，并生成与钳制输出单元相对应的输入模式（见图7-7）。这种生成性网络能捕获训练集的统计结构，而它们生成的样本也会继承这些属性。就好像这些网络进入了睡眠状态，网络最高层的活动在输入层产生了梦境一般的状态序列。

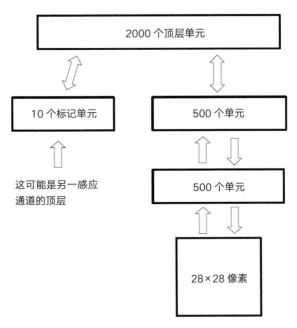

图7-6 用于手写数字识别和生成样本的多层玻尔兹曼机。图像具有 28×28 个像素，可以是白色或黑色。目标是根据 10 个输出单位（0~9）对数字进行分类。图片来源：G. E. Hinton, "Learning Multiple Layers of Representation," *Trends in Cognitive Sciences* 11 (2007): 428-434, figure 1。

图 7-7 由经过训练后可以识别手写数字的多层玻尔兹曼机生成的输入层图案。每一行都是通过钳制 10 个输出单元中的一个产生的（见图 7-6），并且输入层在上述示例之间持续变化。这些数字都没有在训练集中出现过——它们是被训练有素的网络的内部结构"幻想"出来的。图片来源：G. E. Hinton, S. Osindero and Y. Teh, "A Deep Learning Algorithm for Deep Belief Nets", *Neural Computation* 18（2006）:1527-1554, figure 8.

尽管神经网络在物理学和工程学中的兴起十分迅速，但传统的认知科学家却迟迟不能接受它作为理解记忆和语言处理的形式体系。除了拉荷亚的并行分布处理（PDP）研究组和一些独立的研究者，符号处理仍然是业界的主流方法。杰弗里和我在 1983 年参加了认知科学协会（Cognitive Science Society）的会议。会议期间，研究短期记忆和意象的心理学家泽农·派利夏恩（Zenon Pylyshyn）表示出了对玻尔兹曼机的不屑。他朝讲台上泼了一杯水，并大声喊道："这不是计算！"而其他人则认为整个领域仅仅是在搞统计罢了。但杰罗姆·莱特文（Jerome Lettvin）却表示，他真的非常喜欢我们正在做的事情。莱特文在 1959 年与温贝托·马托拉那（Humberto Matourana）、沃伦·麦卡洛克（Warren McCulloch）和沃尔特·匹茨（Walter Pitts）一起撰写了经典的论文《青蛙的眼睛告诉大脑什么》（What the Frog's Eye Tells the Frog's Brain）。[21] 文中给出了青蛙视网膜中的虫类探测器神经元对小黑点的反应最为强烈的证据，这是一个在系统神经科学领域极具影响力的想法。他对我们羽翼未丰的神经网络模型的支持是该领域早期发展中的重要一环。

无监督学习和皮层发育

玻尔兹曼机既可以用来进行监督学习，即输入和输出都被钳制；也可以用于无监督学习，即只有输入被钳制。杰弗里·辛顿使用无监督的版本一次一层地搭建出了一个深度玻尔兹曼机。[22] 从连接到输入单元的一层隐藏单元开始——即受限玻尔兹曼机（restricted Boltzmann machine），杰弗里用未标记的数据对它进行训练，这些数据比标记数据更容易获得（互联网上有数十亿未标记的图像和录音），可以使学习进度更快。无监督学习的第一步是从数据中提取所有数据共有的统计规律，但第一层隐藏单元只能提取简单的、用感知器也可以表现的特征。下一步是将权重固定到第一层，并在上面添加第二层单元。更多的无监督玻尔兹曼学习产生了更复杂的一组特征，可以不断重复这一过程来创建具有多层深度的网络。

因为上层的单元包含更多非线性的低层特征组合，使得它们可以作为一个整体，从具体的特征中抽象出更普遍的特征。因此，在上层进行的分类变得容易得多，只需要更少的训练样本就能在更高的计算水平达到收敛。尽管如何描述这种解决方案背后的数学原理依然有待商榷，但已经有新的几何工具开始在这些深度网络中崭露头角了。[23]

皮层似乎也是逐层生长的。在视觉系统发育的早期阶段，作为第一层从眼睛接收输入信号的神经元，初级视觉皮层中的神经元具有很高的可塑性，并且很容易根据视觉输入流重新建立连接，这种连接在关键时期结束后消失（这部分在第5章已经讨论过）。大脑后部的视觉区域和其他感官流的层级结构最先发育成熟，靠近大脑前部的皮层区域则需要更长的时间。前额叶皮层，也就是最靠近大脑前端的部分，直到成年早期才可能完全发育成熟。在关键期，皮层区域的连接接受神经活动影响最大，这些层叠的关键时期导致了皮层的逐渐发育。加州大学圣迭戈分校的认知科学家杰弗里·艾尔曼（Jeffrey Elman）和伊丽莎白·贝茨（Elizabeth Bates）跟其他同事一起，针对皮层的逐渐发育如何帮助儿童通过了解世界而获得新能力，给出了联结主义网络角度的解释。[24] 这一工作为解释我们漫长的童年如何使人类成为最善于学习的物种，开辟了一个新的研究方向，同时也对先前围绕某些与生俱来的行为产生的论调提供了新的视角。

史蒂文·库沃茨（Steven Quartz）曾经是我实验室里的博士后研究员，现在在加州理工学院做教员。我们在合作发表的《骗子、爱人和英雄》（Liars, Lovers and Heroes）[25] 一文中曾经写道，在儿童和青少年时期的大脑发育过程中，经验可以深刻地影响神经元的基因表达，从而改变负责行为的神经回路。基因的差异性以及环境影响之间的交互作用，让我们能够从新的角度认识大脑发育的复杂性。这一活跃的研究领域超越了先天与后天的辩论，并从文化生物学的角度对其进行了重新定义。我们的生物特性不仅促成了人类文明的诞生，也反过来被人类文明影响着。[26] 最近的一项发现为这个故事续写了新篇章：

当神经元之间突触的形成在早期发育过程中迅速增加时，神经元内部的 DNA 在诞生后通过一种甲基化的形式进行表观遗传修饰，这种甲基化调节基因的表达是大脑所独有的。[27] 这种表观遗传修饰可将我和史蒂文之前设想的经验与基因之间建立起某种连接。

到了 20 世纪 90 年代，神经网络革命开始如火如荼地进行。认知神经科学领域正在扩展，计算机变得越来越快，但还不够快。玻尔兹曼机的技术性能非常出色，但是要模拟起来却慢得让人无法忍受。真正帮助我们取得进展的是一种更快的学习算法，恰恰在我们最需要它的时候，它与我们不期而遇了。

08

反向传播算法

　　加州大学圣迭戈分校成立于 1960 年，现已发展成为生物医学研究的主要中心。它在 1986 年成立了世界上第一个认知科学系。[1]大卫·鲁姆哈特（见图 8-1）在那时已经是一位杰出的数学家和认知心理学家，他曾在以符号学和规则为基础的传统人工智能领域工作过，这类研究在 20 世纪 70 年代的人工智能研究中占主导地位。1979年，我在加州大学圣迭戈分校由杰弗里·辛顿组织的研讨会上第一次见到了大卫，当时他开创了一种新的探索人类心理的方法，他和詹姆斯·麦克莱兰称之为"并行分布式处理"（以下简称 PDP）。大卫总是能对问题进行深入思考，并经常提出富有洞察力的评论。

　　玻尔兹曼机学习算法可以学习如何解决需要隐藏单元的问题，这表明，训练多层网络并突破感知器的限制是可行的，而这种观点与马

文·明斯基和西摩尔·帕普特以及该领域大多数人的观点相左。网络
中的层数或任一给定层内的连接性都不存在任何限制。但是有一个问
题：达到平衡和收集统计数据来进行模拟的速度变得越来越慢，大型
网络需要花费更长的时间才能达到平衡。

图 8-1 1986 年左右在加州大学圣迭戈分校的
大卫·鲁姆哈特，那时他刚出版了两卷《并行分布
式处理》(*Parallel Distributed Processing*)。鲁姆哈
特在多层网络模型学习算法的技术开发领域有很
大的影响力，并用该技术来帮助我们理解语言和
思维心理。图片来源：大卫·鲁姆哈特。

　　原则上，可以构建具有大规模并行体系结构的计算机，该计算机
比具有每次只进行一次更新的传统冯·诺依曼体系结构的计算机快得
多。20 世纪 80 年代的数字计算机每秒只能执行 100 万次操作。今天
的计算机每秒能够执行数十亿次操作，并且通过将数千个内核连接在
一起实现的高性能计算机，其速度比以前快上百万倍——技术性能得
到了空前的提高。

　　"曼哈顿计划"是美国在无法保证原子弹能够研制成功的情况下

做出的 260 亿美元的赌注（以 2016 年的美元价值计算），最大的秘密就是它的确有成功的苗头。当使用玻尔兹曼机可以训练多层网络的秘密被公开后，许多新的学习算法如雨后春笋般不断涌现。在杰弗里·辛顿和我研究玻尔兹曼机的同时，大卫·鲁姆哈特开发了另一种多层网络学习算法，而后来的实践证明，这种算法的效率更高。[2]

算法的优化

优化（Optimization）是机器学习中一个关键的数学概念：对于许多问题，可以找到一个代价函数（cost function），而问题的解决方案就是代价最低时的系统状态。对于霍普菲尔德网络来说，代价函数就是能量，目标是找到使网络能量最小化的状态（如第 6 章所述）。对于前馈网络，用于学习的常用代价函数是训练集输出层上的方差之和。"梯度下降"（gradient descent）是一种能够最小化代价函数的通用过程，实现方法是对网络中的权重沿降低代价最快的方向进行逐步修改。[3] 如果将代价函数看作山脉，那么梯度下降就是选择向山脚下滑动的最快路径。

鲁姆哈特发现了如何通过被称为"误差的反向传播"（backprop-agation of errors），或简称为"反传"（backprop）的过程来计算网络中每个权重的梯度（见方框 8.1）。从误差已知的输出层开始，可以很容易地计算出指向输出单元的输入权重的梯度。下一步就是使用输出层梯度来计算上一层权重的梯度，以此类推，逐层回到输入层。这是一种高效计算误差梯度的方法。

尽管不像玻尔兹曼机学习算法那样拥有优雅和深厚的物理学根

💬 8.1
误差反向传播

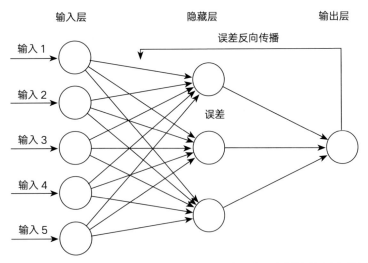

反对传播网络的输入是被传播的前馈：在该图中，左侧的输入通过连接（箭头）向前传播到隐藏的单元层，然后投影到输出层。输出结果与训练者给出的值进行比较，差值被用来更新连接输出单元的权重，以减少误差。然后，根据每个权重对误差贡献的多少，通过反向传播误差对输入单元和隐藏层之间的权重进行更新。利用大量样本进行训练，隐藏单元生成了可区分不同输入模式的选择性特征，这样一来它们就能够在输出层中对不同类别进行区分。这一过程被称为"表征学习"（representation learning）。

源，但是反向传播效率更高，并且推动该领域取得了快速进展。由大卫·鲁姆哈特、杰弗里·辛顿和罗纳德·威廉姆斯（Ronald Williams）合著的经典的反向传播论文于 1986 年发表在《自然》杂志上，[4] 迄今为止，该论文已经在其他研究论文中被引用超过 4 万次。（世界上发表的所有论文里有一半从未被引用过，甚至连作者自己都不引用；一篇被引用了 100 次的论文都会在领域内产生巨大反响，所以很显然，这篇有关反向传播的文章是一颗重磅炸弹。）

语音合成的突破

1984 年，我在普林斯顿听了研究生查尔斯·罗森伯格（Charles Rosenberg）关于玻尔兹曼机的演讲。虽然这通常是我演讲的题目，但这段演讲还是令我印象深刻。查尔斯问他是否可以去我的实验室参与一个夏季研究项目。他来到巴尔的摩时，我们已经转向了反向传播领域，这让我们有可能考虑现实级别的问题，而不是之前处理的那种玩具级别的问题。由于查尔斯是传奇语言专家乔治·米勒（George Miller）的学生，我们想寻找一个恰到好处的语言问题，既不会难到完全找不到头绪，又不会容易到存在现成的解决方法。语言学是一个具有许多分支学科的广阔领域，例如：音韵学（phonology），涉及单词的发音；句法学（syntax），研究单词在一个句子中是如何排列的；语义学（semantics），研究单词和句子的含义；还有语用学（pragmatics），研究语境是如何影响语义的，等等。我们决定从音韵学开始着手。

英语是一种特别难发音的语言，因为规则很复杂，并且有很多例外情况。例如，如果一个单词的最后一个辅音后面跟着一个不发音的字母"e"，则元音大多数情况下都要发长音，如"gave"和"brave"。但是也有例外，例如"have"，这个词的发音就与之前的规则相悖。我在图书馆找到了一本书，在书中音韵学家编纂了这些规则和例外，厚达数百页。通常例外情况中也会有规则，而有时例外的规则中还存在例外情况。总之，对于语言学家来说，"一路下来"都是规则。[5]更让人抓耳挠腮的是，同样一个单词，并不是每个人的发音都一样。还存在很多方言，每种方言也都有自己的一套规则。

杰弗里·辛顿在我们计划的早期阶段到约翰·霍普金斯大学拜访了查尔斯和我，跟我们说他认为英语发音太难掌握了。所以我们收小了野心，找了一本总共有大约 100 个字的儿童早教读物。我们设计的网络有一个由 7 个字母组成的窗口，每个字母由 29 个单元（包含空格和标点符号）表示，共 203 个输入单元。研究目标是预测窗口中间位置那个字母的读音。输入单元与 80 个隐藏单元相连，隐藏单元又投射到 26 个输出单元，每个输出单元对应一个基本发音，在英语里被称为"音位"（phonemes）。我们把该字母发音网络叫作"话语网络"（见图 8-2）。[6]网络中有 18 629 个权重，按照 1986 年的标准衡量，这是个十分庞大的数字。而按照当时的数学统计标准来看，根本没法进行操作。有了这么多的参数，我们被告知训练集可能会被过度拟合，导致网络无法泛化。

当单词在有 7 个字母的窗口中依次穿过时，网络为窗口中位于中间的字母分配了一个音位。项目中花费时间最长的部分，是手动将音位与正确的字母相匹配，因为字母的数量与每个单词中音位的数量不同。相比之下，学习过程就发生在我们眼前，其表现随着句子在窗口中循环而变得越来越好。当学习收敛时，网络在有 100 个单词的训练集中的表现堪称完美。虽然对新单词进行测试的效果很差，但由于我们对在这样一个小的训练集上成功泛化的预期并不高，所以这个初步结果仍然令人鼓舞。

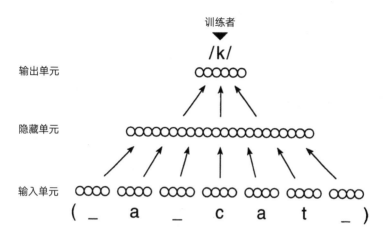

图 8-2 话语网络前馈网络模型。底层的 7 组单元代表在文本间移动的窗口中的字母，每次提取一个字母。该网络的目标是正确预测位于中间位置的字母的声音，在这个例子中就是很难发音的 "c" 音位。输入层中的每个单元与所有隐藏单元都建立了连接，而后者又会投射到输出层上的所有单元。反向传播学习算法能够使用来自训练者的反馈来训练权重。正确的输出模式会与网络的输出结果进行比较，在这个例子里，输出的是 "k" 音位，那么误差就会被反向传播给前面若干层上的权重。

随后，我们使用了含有 2 万个字母的布朗语料库（Brown Corpus）[7]，并为每个字母指定了音位以及重音标记。字母和声音的对应工作花了几周的时间，但是学习开始后，网络在一个晚上就吸收了整个训练集的信息。那么它能进行泛化吗？结果证明，泛化的结果非常漂亮。该网络已经发现了英语发音的规律性，并且可以识别出例外情况，所有这些都是基于相同的架构和学习算法。虽然按照今天的标准来看，这一成果微不足道，但我们的网络很好地证明了反向传播网络如何能够有效地表征英语音韵。这是我们得到的第一个暗示，即神经网络学习语言（符号表征的典型代表）的方式和人类的学习方式相同。

在获得了大声朗读的能力后，话语网络首先经历了一个胡言乱语的阶段，成功识别了辅音和元音之间的区别，却将音位"b"分配给了所有辅音，将音位"a"分配给了所有的元音。刚开始，它的发音听起来像"ba ba"，经过更多的学习之后，发音偏向了"ba ga da"。这种现象与婴儿咿呀学语的状态非常类似。之后它开始能够正确地说出短词的发音，最后在训练结束时，我们已经可以听懂它说的大多数单词了。

为了测试话语网络在方言上的表现，我们找到了一个来自洛杉矶郊外的拉丁裔男孩接受采访时的音韵翻录材料。训练有素的网络重新创建了一段该男孩带有西班牙语口音的英语，谈论的是他探望自己的祖母时，有时会得到糖果。通过将话语网络的输出播放到一个叫作"DECtalk"的语音合成器中，一串音位标签被转换为可听的语音，我记录下了学习阶段中的一系列语音片段。当我在某次演讲过程中播放这段录音时，台下的观众彻底震惊了——这个网络直接证明了它的语言能力。[8]这个暑期项目的结果完全超出了我们的预期，并成为神经网络学习领域的第一个实际应用。1986年，我带着话语网络参加了《今日秀》（Today show）节目，那一期的收视率很惊人。在此之前，神经网络一直是一门神秘的学科。我还遇到过很多人，他们在观看这个节目时是第一次听到神经网络这个概念。

虽然话语网络有力地证明了一个神经网络的确能够对语言的某些方面进行表征，但它并不是反映人类如何获得阅读技能的优质模型。首先，我们在学习阅读之前就先学会了说话。其次，有限的几个语音规则就能帮助我们开启大声精确朗读的复杂任务。但是，大声朗读很快就变成了快速的模式识别，并不需要有意识地应用规则。大多数会说英语的人都会在阅读刘易斯·卡罗尔（Lewis Carroll）的诗Jabberwocky 时，不由自主地读出"brillig"、"slithy"和"toves"等无意义的词，就像读正常的词一样，话语网络也是如此。这些虚构的词不存在于任何字典中，但是可以触发由英语中相关字母模式组成的音位。

话语网络给观众留下了深刻的印象，不过现在，查尔斯和我需要对这个网络进行分析，弄清楚它到底是如何工作的。为此，我们对隐藏单元中的活动模式进行了聚类分析（cluster analysis），并发现话语网络察觉到了相似的元音和辅音的分类，这和语言学家们已经识别出的分类相同。马克·塞登伯格（Mark Seidenberg）和詹姆斯·麦克莱兰采用了一种类似的方法作为研究的起点，将其与儿童在学习阅读时经历的一系列阶段进行了详细比较。[9]

话语网络以出人意料的方式影响了这个世界。作为约翰·霍普金斯大学托马斯·詹金斯（Thomas C. Jenkins）生物物理系的一名教员，我开始对蛋白质折叠的问题产生了兴趣。蛋白质是由一系列氨基酸折叠成的复杂的结构，该结构赋予了蛋白质广泛的功能，例如血红蛋白，它能够与血红细胞中的氧结合。根据氨基酸序列来预测蛋白质的三维形状是一个难度很高的计算问题，对大多数蛋白质来说，即便使用功能最强大的计算机也没办法实现。然而，有一种单元结构相对更容易预测，被称为二级结构（secondary structures）。在二级结构中，氨基酸以螺旋、平面或无规卷曲的方式缠绕。生物物理学家们使用的算法考虑了不同氨基酸的化学性质，但他们的预测还不足以解决三维空间的折叠问题。

钱宁是我实验室的一年级研究生，他是 1980 年在中国所有物理系的学生中，为数不多被选中来美国攻读研究生课程的人之一。我们想知道，如果为每个氨基酸分配螺旋、平面或无规卷曲的参数，话语网络是否可以通过一串氨基酸序列来预测蛋白质的二级结构。这是一个重要的问题，因为蛋白质的三维结构决定了它的功能。输入由字母序列变成了氨基酸序列，而预测的结果由音位变成了二级结构。训练集是由 X 射线晶体学确定的三维结构。让我们意想不到的是，它对于新蛋白质的二级结构的预测，要远远好于基于生物物理学的最佳方法，[10] 这一具有里程碑意义的研究是机器学习在分子序列中的首次应用，该领域现在被称为生物信息学（bioinformatics）。

另一个学会了如何形成英语动词过去时的网络，成了认知心理学领域中备受争议的问题，基于规则的保守派与前卫的 PDP 研究组展开了激烈的争论。[11] 形成过去时的常规方法是给英文动词加上后缀 "ed"，例如把 "train" 变成 "trained"。但是有不规则形式的例外，例如把 "run" 变成 "ran"。神经网络可以很好地适应规则和例外情况。虽然人们在这一点上已经很少争论了，但关于规则的显式表征（explicit representation）在大脑中的角色这一问题，仍然有待回答。最近利用神经网络学习语言的实验支持了屈折形态学（inflectional morphology）中的逐步获取概念，这与人类的学习方式是一致的。[12] 深度学习与谷歌翻译和其他自然语言应用相结合，在捕捉语言细微差别上获得的成功，进一步支持了大脑不需要使用显式语言规则的可能性，即便其实际行为可能体现了相反的结论。

杰弗里·辛顿、大卫·图雷斯基（David Touretzky）和我于 1986 年在卡内基 – 梅隆大学组织了第一期联结主义暑期课程（见图 8–3），那时候只有少数几所大学开设了神经网络课程。在一个基于话语网络的小游戏中，学生们逐层列队，每个学生代表网络中的一个单元（尽管他们在传播"Sejnowski"中的"j"时发生了错误，因为它的发音类似于"y"，并不遵循英文发音模式）。这些学生中的许多人随后都陆续获得了重要发现，并开创了各自的事业。1988年，第二期暑期课程在卡内基－梅隆大学开办，1990年第三期的举办地是加州大学圣迭戈分校。新的想法在经历了一代人的时间后，才进入主流研究领域。这些暑期课程让所有人受益匪浅，也是我们在早期推广该领域的最佳投资。

图8-3　卡内基－梅隆大学1986年联结主义暑期课程的学生。杰弗里·辛顿是第一排右数第三位，他的两边分别是我（右）和詹姆斯·麦克莱兰。这张照片成了当今神经计算领域的"名人录"。20世纪80年代的神经网络，很像是存在于20世纪的21世纪科学。图片来源：杰弗里·辛顿。

神经网络的重生

由鲁姆哈特和麦克莱兰编辑的两卷《并行分布式处理》于 1986 年出版，已经成为当今的经典著作。这是第一套阐述神经网络和多层学习算法对理解精神和行为现象的影响的书籍。它的销量超过了 5 万套，在学术领域算得上是畅销书了。神经网络在经过了反向传播的训练后，其隐藏单元具备了类似视觉系统中皮层神经元的属性，[13] 而且其展现出的故障模式，也和人类在大脑受损后产生的缺陷有很大的相似性。[14]

弗朗西斯·克里克是 PDP 小组的成员，参加了小组大部分的会议和讲座。在关于并行分布式处理模型如何具有生物特性的争论中，他认为应该将它们看作可行性证明，而不是大脑的标准模型。他为《并行分布式处理》一书撰写了其中一个章节，介绍了当时我们所了解的大脑皮层。而我写的那一章，则总结了当时我们对大脑皮层的哪些方面还不太了解。如果这些章节是今天写下的，都会比原来的版本要长得多。

20 世纪 80 年代还有一些成功案例并不为人所知。基于神经网络技术的最赚钱的公司之一是 HNC Software 有限公司，由罗伯特·赫克特 – 尼尔森（Robert Hecht-Nielsen）创立，该公司使用神经网络来防止信用卡欺诈。赫克特 – 尼尔森曾在加州大学圣迭戈分校的电子与计算机工程系任教，教授过一门关于神经网络实际应用的热门课程。每天都有信用卡信息被全球网络犯罪分子盗取。信用卡的交易数据规模十分庞大，从中挑出可疑的信息是一项艰巨的任务。在 20 世纪 80 年代，工作人员要在短时间内做出是否批准或拒绝某项信用卡交易的决定，而这导致了每年 1500 多亿美元的交易存在欺诈行为。HNC Software 有限公司使用神经网络学习算法，以远高于人类的准确度检测信用卡欺诈行为，每年为信用卡公司节省了数十亿美元。2002 年，HNC 被美国个人消费信用评估公司（Fair Isaac and Company，FICO）以 10 亿美元的价格收购，后者以发布信用评分而闻名。

观察神经网络的学习过程颇有些神奇，它不断以微小的步伐优化自身的表现。这个过程会十分缓慢，但是如果有足够的训练样本，并且网络足够大，学习算法就可以找到一个很好的能够泛化的表征方式，以适应新的输入。采用随机选择的一组初始权重并重复该训练过程时，每次都会学习到不同的网络，但都具有相似的性能。许多网络可以解决同样的问题，这就暗示了当我们重建不同个体大脑的完整连接集时，应该怀有何种期待。如果许多网络表现出了相同的行为，理解它们的关键就在于大脑所使用的学习算法，而这个算法应该更容易被发现。

理解真正的深度学习

在凸优化（convex optimization）问题中，不存在局部最小值，可以保证收敛发生在全局最小值处。但在非凸优化问题中，情况就不同了。优化专家告诉我们，由于在隐藏单元网络中学习是一个非凸优化问题，所以我们只是在浪费时间——我们的网络会陷入局部最小值（见图 8-4）。但经验证据表明，他们错了。为什么呢？我们现在知道，在维度很高的空间中，代价函数的局部最小值是很罕见的，直到学习的最后阶段才会出现。在早期阶段，几乎所有的方向都是下坡，而在下坡的过程中存在鞍点，一些方向会错误地开始上升，而在其他维度则继续下降。产生网络会陷入局部最小值的直觉，是因为解决低维空间中的问题时，逃生方向的数量要少得多。

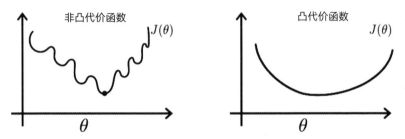

图 8-4　非凸代价函数和凸代价函数。这些图形将代价函数 $J(\theta)$ 绘制为参数 θ 的函数。凸函数只有一个最小值（右图），即从表面任何位置向下移动都可达到的全局最小值。想象一下，你是一名滑雪者，并始终将滑雪板朝向最陡峭的下坡方向，保证你一定会滑到底。相比之下，非凸代价函数可以包含局部最小值（左图），这些则是陷阱，让你无法通过一路下坡找到全局最小值。因此，非凸代价函数很难优化。不过这个一维的例子具有一定的误导性。当有许多参数时（通常在神经网络中有数百万个参数），就会存在鞍点，即在某些维度上会向上凸起，而在另一些维度上向下凹陷。当你位于鞍点上时，总会存在一个下坡的方向。

　　目前的深层网络模型有数百万个单元和数十亿的权重。统计学家在传统上只用少量参数分析简单模型，这样就可以用较小的数据集来证明定理。而拥有数十亿个维度的空间对他们来说简直就是一场噩梦。他们向我们保证，有这么多的参数，对数据的过度拟合绝对是不可避免的：我们的网络只会简单地记住训练数据，但无法泛化以适应新的测试输入。但是，使用正则化（regularization）手段，比如在已有权重对学习没有任何贡献时，可以通过强迫它们进行衰减来缓解过度拟合的现象。

　　一个特别巧妙的正则化技术，叫作"失活"（dropout），其发明者是杰弗里·辛顿。[15] 在每个学习周期（epoch），当从许多训练实例中估计出梯度，并对权重进行更新时，有一半的单元就会被随机地暂时从网络中剔除——这就意味着，每个周期中训练的都是不同的网络。

其导致的结果就是，在每个周期中需要训练的参数都更少，并且与在每个周期中训练相同的大型网络相比，单元之间的依赖关系更少。失活过程将深度学习网络的错误率降低了 10%，这是一个很大的改进。2009 年，网飞（Netflix）举办了一场公开竞赛——第一个将他们推荐系统的错误减少 10% 的人，会得到 100 万美元的奖金。[16] 几乎每个机器学习领域的研究生都参与了竞争。网飞的这笔奖金很可能启发了价值 1000 万美元的研究。现在，深度网络已经成为在线流媒体的核心技术。[17]

有趣的是，皮层突触会以很高的速度失活。对于来自输入的放电，皮层中典型的兴奋性突触都有 90% 的失败率。[18] 这就像一个棒球队，几乎所有球员的击球成功率都是 0.1。大脑是如何利用这种不可靠的皮层突触来实现可靠的功能呢？当每个神经元上存在数千个概率突触时，其活动总和的多样性相对较低，[19] 这意味着其性能可能不会像你想象的那样大规模地下降。学习过程中在突触层面发生失活的好处，可能远大于准确性降低的代价。而且由于突触需要消耗大量的能量，失活也可以节省能量。最后，皮层使用概率来计算可能的，而非确定的结果，所以使用概率性分量是表示概率的有效方式。

虽然皮层突触也许并不可靠，但是它们的强度却惊人的精确。皮层突触的大小及其相应的强度在 100 倍的范围内变化，单一突触的强度可以在此范围内增加或减少。与得克萨斯大学奥斯汀分校的神经解剖学家克里斯汀·哈里斯（Kristen Harris）合作，我的实验室最近重建了一小块大鼠的海马体，这是大脑中形成长期记忆所需的区域，其中包含 450 个突触。大多数轴突会在树突的分支上形成单个突触，但在少数情况下，一个轴突的两个突触会接触到相同的树突。令人惊讶的是，它们的尺寸几乎相同，之前的研究经验告诉我们，这意味着它们也具有相同的强度。人们已经了解了导致这些突触强度发生变化的条件。这些突触的强度变化取决于输入尖峰的历史和树突响应的电活动，对于来自同一个树突上相同轴突的一对突触来说也是如此。根据这些观察，我们推断信息存储在突触强度中的精度很高，足以存储至少 5 位信息。[20] 深度循环网络的学习算法只需要 5 位就能实现高水平的性能，这很可能不是巧合。[21]

大脑网络的维度非常高，我们对其甚至没有很好的估计。大脑皮层中的突触总数约为 100 万亿，几乎是个天文数字。人类的寿命不过几十亿秒。以这样的速度，你可以为你生活中的每一秒贡献出 10 万个突触。在实际情况中，神经元往往具有聚集的局部连接，例如在由 10 亿个突触连接的由 10 万个神经元组成的皮层柱内。虽然这仍然是一个很大的数字，但还远算不上天文数字。长距离连接比本地连接要少得多，因为神经连接会占用宝贵的空间，并且会消耗大量能量。

代表皮层中一个对象或概念的神经元的数量，是一个重要的数字。粗略估计一下，需要的突触数量约为 10 亿，需要的神经元数量约为 10 万，分布在 10 个皮层区域中。[22] 也就是说，约 10 万个独立的、互不干扰的对象类别和概念存储在 100 万亿个突触中。在实际情况中，代表相似对象的神经元群是重叠的，这可以大大增加皮层表达相关对象和对象之间关系的能力。这种能力在人类中比在其他哺乳动物中要强大得多，因为人类大脑中的联合皮层（associative cortex，在感官和运动层级的上方）在进化过程中发生了显著的扩张。

高维空间中概率分布的研究在 20 世纪 80 年代还是一个相对而言未被开发的统计领域。有几位统计学家研究了在探究高维空间和高维数据集时出现的统计问题，例如斯坦福大学的里奥·布莱曼（Leo Breiman），他是 NIPS 社区中的一员。来自该社区的一些人，例如加州大学伯克利分校的迈克尔·乔丹（Michael Jordan）也在统计系任职。然而大多数情况下，大数据时代的机器学习已经发展到了令统计学家望而生畏的程度。但仅仅通过训练大型网络来做出令人惊叹的事情是不够的，我们也需要分析和理解它们是如何做到的。物理学家在这方面占据了领先地位，由于神经元和突触的数量越来越大，他们利用了统计物理学的方法来分析学习的特性。

2017 年在长滩举办的 NIPS 会议上，"时间考验奖"（the Test of Time award）被授予了加州大学伯克利分校的本杰明·雷希特（Benjamin Recht）和谷歌的阿里·拉希米（Ali Rahimi）在 2007 年联名发表的 NIPS 论文。[23] 该论文表明，随机特征可以有效地提高具有一层学习权重网络的性能的有效方法，这是弗兰克·罗森布拉特在 1960 年通过感知器的试验了解到的。拉希米在获奖后的演讲中发出了对机器学习严谨性的强烈呼吁，他感叹深度学习缺乏严谨性，并嘲讽它为"炼金术"。我当时正坐在早已火冒三丈的杨立昆（Yann LeCun）旁边。听完演讲，杨立昆在一篇博客中写道："批评整个团体（还是那个领域中非常成功的团体）是在钻研'炼金术'，仅仅因为我们目前的理论工具还没有赶上我们的实践，这是十分危险的做法。为什么危险呢？正是这种态度，导致机器学习社区将神经网络的研究搁置了超过 10 年，尽管有充分的经验证据表明，它们在许多情况下运行良好。"[24] 这是一次经典的邋遢和整洁的科学方法之间的混战。想要取得进展，这两个都是不可或缺的。

神经网络的局限性

虽然神经网络可以给出一个问题的正确答案，但目前还没有办法解释它们是如何得到这个答案的。例如，假设一名感到胸部刺痛的女性患者来到急诊室。这是心肌梗死的一种症状，需要立即进行干预，还是仅仅是由一种严重的消化不良引起的呢？训练有素的神经网络可能会比医生做出更准确的诊断，但如果不清楚网络为何做出这样的决定，我们就有理由不信任它。医生和算法一样，也要接受一系列测试和决策点的指导，通过常规案例进行培训。但问题在于，有些罕见的情况并不在他们算法覆盖的范围之内，而神经网络则经历过更多案例的训练，远远超过一般医生在一生中会经历的，网络可能会很好地捕捉到这些罕见病例。但是，你会相信无法解释其理由，但从统计上来说诊断能力更强的神经网络，而不去相信看似有凭有据的医生吗？事实上，那些能够精确诊断罕见病例的医生都有着丰富的经验，并且大多数使用了模式识别而不是算法。[25] 对于各个领域的最高级别专家来说，情况可能都是如此。

正如可以训练网络来提供专业的诊断，是否有可能把其背后的解释作为训练集的一部分，来训练网络对其行为进行解释呢？这样一来也许还可以帮助改善诊断。这一建议是存在问题的，原因是医生给出的许多解释都是片面的、过度简化的，或错误的。每一代医疗实践与前一代相比都发生了巨大的变化，因为人体的复杂性大大超出了我们目前的理解能力。如果我们可以通过分析网络模型的内部状态来提取因果解释，就可能会产生能够推动医学发展的新的见解和假设。

神经网络是一个黑盒子，其理论尚无法被理解，这个陈述对大脑也成立。事实上，在给定相同数据的情况下，不同的个体做出的决定也会千差万别。我们的确还不清楚大脑是如何从经验中得出推论的。就如第三章所讨论的，结论并不总是基于逻辑，其中还存在认知偏差。[26] 此外，我们所接受的解释，往往仅仅是合理的解释或似是而非的故事。我们并不能排除某一天某个非常大的生成网络会突然开始说话的可能性，到时我们就可以向它寻求解释了。我们是否应该期待，能从这样的网络获得比从人类那里得到的更好的故事和合理的解释呢？回想一下，意识并不涉及大脑的内部运作。深度学习网络通常会按照排名次序提供几个而非一个主要的预测，这为我们提供了关于结论可信度的一些信息。监督神经网络只能解决用来训练网络的数据范围内的问题。如果接受过类似案例或样本的培训，神经网络应该在新案例做出一个很好的插值。但是，如果一项新的输入超出了训练数据的范围，进行外推（extrapolation）操作就比较危险了。这应该不会令人感到惊讶，因为同样的限制也适用于人类；我们不应该期望一个物理领域的专家在政治问题上，甚至是物理学中他专长之外的领域，提供良好的建议。但是，只要数据集足够大，能够涵盖全部的潜在输入，网络对新输入进行的泛化操作，结果应该也是不错的。在实践中，人们倾向于使用类比，从比较熟悉的领域推广到新的领域，但如果两个领域存在本质上的不同，这样的类比就是错误的。

所有对输入进行分类的神经网络都存在偏倚。首先，对分类类别的选择就引入了偏倚，这种偏倚反映了我们如何对世界进行分解。例如，训练一个网络来检测草坪上的杂草是非常实用的。但是怎么定义杂草呢？一个人认为是杂草，在另一个人看来可能是野花。分类是一个反应文化偏见的更宽泛的问题。用于训练网络的数据集加剧了这种不确定性。例如，有许多公司为执法机构提供基于面部识别的犯罪分子识别系统。黑人面部识别中出现的假阳性误判比白人面孔多，因为用于训练网络的数据库中有更多的白人面孔，你拥有的数据越多，准确率就越高。[27] 数据库偏差可以通过重新平衡数据来纠正，但不可避免地会存在隐藏的偏倚，这取决于数据的来源以及被用来做出什么样的决定。[28]

另一个反对依赖神经网络的理由是，人们可能会以公平为代价来优化利润。例如，如果未被充分代表的少数群体中的人去申请住房抵押贷款，而已接受过数百万次申请培训的神经网络拒绝了该申请。对网络的输入包括当前地址，以及与少数群体高度相关的其他信息。因此，即使有反对明确歧视少数群体的法律，该网络也可能会利用这些信息来暗中歧视他们。这里的问题不在于神经网络，而在于我们让它优化的代价函数。如果利润是唯一的目标，网络就会使用被提供的任何信息来最大化利润。解决这个问题的方法是将公平性作为代价函数中的一个参数。虽然最佳解决方案是在利润和公平之间找到一种明智的平衡，但必须在代价函数中明确这种平衡，这就需要有人决定如何权衡每个目标的重要性。那些人文和社会科学领域的伦理观点应该为这些权衡提供指导。但我们必须时刻牢记，选择一个看似公平的代价函数可能会产生意想不到的后果。[29]

伊隆·马斯克、斯蒂芬·霍金以及立法者和研究人员，都曾呼吁对人工智能进行规范。2015 年，3722 位人工智能和机器人研究人员共同签署了一封公开信，呼吁禁止使用自动武器：

综上所述，我们认为人工智能在很多方面都具有造福人类的巨大潜力，这也应该是该领域的目标。但开始人工智能军备竞赛不是一个好主意，应该通过法令禁止超出人类合理控制范围的自动攻击性武器。[30]

这一禁令本意是好的，但也可能适得其反。并非所有国家都会遵循禁令。俄罗斯总统普京就曾发表过这样的言论：

> 人工智能是未来，不仅对俄罗斯来说是这样，对全人类也是一样。它带来了巨大的机会，但也会带来难以预测的威胁。无论谁成为这个领域的领导者，都将统治全世界。[31]

全面禁令的问题在于人工智能不是一个孤立的领域，而是一个拥有许多不同工具和应用的领域，其中每一样都会产生不同的结果。例如，信用评分的自动化是机器学习在20世纪80年代的早期应用。有人担心，如果他们碰巧住在声誉不好的社区内，就会得到不公正的评分。这就催生出了对用于计算分数的信息进行限制的法律规定，并要求公司通知个人如何提高分数。每个申请都存在不同的问题，最好根据具体情况进行处理，而不是盲目禁止相关研究。[32]

1987年学术休假期间，我拜访了索尔克研究所的弗朗西斯·克里克，那会儿我在加州理工学院担任神经生物学Cornelis Wiersma客座教授。弗朗西斯当时正在建立一个实力雄厚的视觉研究小组，这是我特别感兴趣的研究题目之一。我在教员午餐时间演示了我的话语网络样带，引发了热烈的讨论。我在1989年搬到拉荷亚，这标志着我从约翰·霍普金斯大学的初级教员转变为索尔克研究所的高级教员，真令人兴奋。几乎在一夜之间，很多机会都向我敞开了怀抱，其中包括霍华德·休斯医学研究所（Howard Hughes Medical Institute）的一项任命，该机构为我 26 年的研究提供了慷慨的支持。

1989 年加入加州大学圣迭戈分校时，我遗憾地发现，那位教授我们反向传播理论的大卫·鲁姆哈特已经去了斯坦福大学，在那之后我很少有机会再见到他。多年来，我注意到大卫的行为方式发生了令人不安的变化。最终，他被诊断患有额颞叶痴呆——患者大脑的额叶皮层中的神经元会逐渐流失，对他的性格、行为和语言造成影响。2011 年，鲁姆哈特在他 68 岁时去世了，那时他已经认不出家人或朋友了。

09

卷积学习

到了 2000 年，自 20 世纪 80 年代兴起的神经网络热潮已经退去，神经网络再次成为常规科学。托马斯·库恩（Thomas Kuhn）曾将科学革命之间的时间间隔描述为，科学家在一个已经确定的范式或解释框架内进行理论推定、观察和试验的常规工作阶段。[1]1987 年，杰弗里·辛顿去了多伦多大学，并继续着渐进式改进，虽然这些改进都没有像曾经的玻尔兹曼机那样展现出魔力。辛顿在 21 世纪头十年成为加拿大高等研究院（Canadian Institute for Advanced Research，简称 CIFAR）神经计算和自适应感知项目（Neural Computation and Adaptive Perception，简称 NCAP）的带头人。该项目由来自加拿大和其他国家的约 25 位研究人员组成，专注于解决机器学习的难题。我是由杨立昆担任主席的 NCAP 顾问委员会的成员，会在每年 NIPS 会议召开之前参加该项目的年会。神经网络的先驱们在缓慢而稳定的过程中探索了机器学习的许多新策略。虽然他们的网络有许多有价值的应用，但却一直没有满足 20 世纪 80 年代对该领域抱有的很高的期望。不过这并没有动摇先驱者们的信念。回想起来，他们一直是在为飞跃性的突破奠定基础。

机器学习的稳步发展

NIPS 会议是 20 世纪 80 年代神经网络的孵化器，为其他可处理大型高维数据集的算法打开了大门。弗拉基米尔·瓦普尼克的支持向量机于 1995 年引发了轰动，为 20 世纪 60 年代就被遗弃的感知器网络开辟了一个新篇章。使支持向量机成为功能强大的分类器，并出现在每个神经网络工作者工具包中的，是"内核技巧"（kernel trick），这是一种数学转换，相当于将数据从其采样空间重新映射到使其更容易被分离的超空间。托马索·波吉奥开发了一种名为"HMAX"的分级网络，可以对有限数量的对象进行分类。[2] 这表明，网络的性能会随着其深度的增加而提高。

在 21 世纪的头几年里，图形模型被开发出来，并与被称为"贝叶斯网络"（Bayes networks）的丰富的概率模型相结合，后者是基于 18 世纪英国数学家托马斯·贝叶斯（Thomas Bayes）提出的一个定理，该定理允许使用新的证据来更新先前的信念。加州大学洛杉矶分校的朱迪亚·珀尔，在早些时候曾将基于贝叶斯分析的"信念网络"（belief networks）[3] 引入人工智能，通过开发能够利用数据在网络中学习概率的方法，对贝叶斯分析进行了加强和扩展。这些网络以及其他网络的算法为机器学习研究人员打造出了强大的工具。

随着计算机的处理能力继续呈指数增长，训练更大规模的网络成为可能。大家曾普遍认为，具有更多隐藏单元、更宽的神经网络，比具有更多层数、更深的网络的效果更好，但是对于逐层训练的网络来说并非如此，[4] 并且误差梯度的消失问题（the vanishing error gradient problem）被发现减慢了输入层附近的学习速度。[5] 然而，当这个问题最终被克服的时候，我们已经可以对深度反向传播网络进行训练了，而且该网络在基准测试中表现得更好。[6] 随着深度反向传播网络开始在计算机视觉领域挑战传统方法，2012 年的 NIPS 大会上出现了这样一句话："神经信息处理系统"里的"神经"又回来了。

在 20 世纪的最后 10 年以及 21 世纪前 10 年的计算机视觉领域，在识别图像中的对象方面取得的稳步进展，使得基准测试（用于比较不同方法）的性能每年能提高百分之零点几。方法改进的速度十分缓慢，这是因为每个新类别的对象，都需要有关专家对能够将它们与其他对象区分开来所需的与姿态无关的特征进行甄别。随后，在 2012 年，杰弗里·辛顿和他的两名学生艾力克斯·克里泽夫斯基（Alex Krizhevsky）和伊利娅·苏特斯科娃向 NIPS 会议提交了一篇论文，关于使用深度学习训练 AlexNet 识别图像中的对象，AlexNet 是本章要重点讨论的深度卷积网络。[7] 以拥有 22000 多个类别，超过 1500 万个标记过的高分辨率图像的 ImageNet 数据库作为基准，AlexNet 史无前例地将识别错误率降低到了 18%。[8] 这次性能上的飞跃在计算机视觉社区中掀起了一股冲击波，加速推动了更大规模网络的发展，现在这些网络几乎已经达到了人类的水平。到 2015 年，ImageNet 数据库的错误率已降至 3.6%。[9] 当时还在微软研究院的何恺明及其同事使用的低错误率深度学习网络，在许多方面都与视觉皮层十分相似；这类网络由杨立昆最早提出，并最初把它命名为"Le Net"。

20 世纪 80 年代，杰弗里·辛顿和我第一次见到这个法国学生杨立昆（见图 9-1，右）。他 9 岁时，就深受 1968 年史诗级的科幻电影《2001 太空漫游》（*2001: A Space Odyssey*）中的任务计算机 HAL 9000 的启发，想要开发人工智能。他曾独立发明了反向传播误差算法的一种版本，并记录在他 1987 年的博士论文中，[10] 之后他就搬到多伦多，加入了杰弗里的团队。后来，他转去了美国电话电报公司（AT&T）在新泽西州霍姆德尔（Holmdel）的贝尔实验室，在那里他创造了一个可以读取信件上的手写邮政编码的网络，采用修订的美国国家标准与技术研究院（Modified National Institute of Standards and Technology，简称 MNIST）数据库作为一种标记数据基准。每天有数百万封信件

图 9-1 杰弗里·辛顿和杨立昆是深度学习领域的大师。这张照片是 2000 年左右在加拿大高等研究院的神经计算和自适应感知项目会议上拍摄的，该项目是深度学习领域的孵化器。图片来源：杰弗里·辛顿。

需要递送到信箱里；而今天，这个过程是完全自动化的。同样的技术也可以用来自动读取 ATM 机上银行支票的金额。有趣的是，最难的部分其实是查找支票上数字的位置，因为每张支票都有不同的格式。早在 20 世纪 80 年代，杨立昆就显露出了证明原理（学者们擅长的事情）并将之应用在现实世界中的非凡天赋。后者要求实际产品必须经过严格的测试，且表现稳健。

卷积网络的渐进式改进

杨立昆在 2003 年去了纽约大学后，仍继续开发他的视觉网络，现在被称为卷积网络（ConvNet）（见图 9-2）。这个网络的基本结构是基于卷积的，卷积可以被想象成一个小的滑动滤波器，在滑过整张图像的过程中创建一个特征层。例如，过滤器可以是一个定向边缘检测器，就像第 5 章中介绍的那样，只有当窗口对准图像中具有正确方向或纹理的对象的边缘时，才会产生大数值输出。尽管第一层上的窗口只是图像中的一小块区域，但由于可以有多个滤波器，因此在每个图块中都能得到许多特征信息。第一层中与图像卷积的滤波器，与大卫·休伯尔和托斯坦·威泽尔在初级视觉皮层中发现的"简单细胞"类似（见图 9-3）。[11] 更高层次的滤波器则对更复杂的特征做出响应。[12]

在卷积网络的早期版本中，每个滤波器的输出都要通过一个非线性的 Sigmoid 函数（输出从 0 平稳地增加到 1），这样可以抑制弱激活单元的输出（见方框 7.2 中的 Sigmoid 函数）。第二层接收来自第一层的输入，第二层的窗口覆盖了更大的视野区域，这样经过多层之后，就会存在一些能接收整个图像输入的单元。这个最顶层就类似于视觉

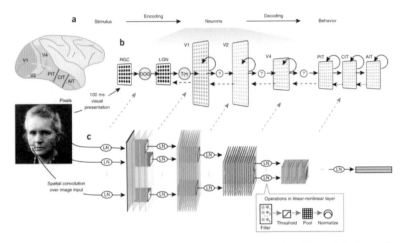

图 9-2 视觉皮层与卷积网络在图像对象识别上的比较。（上图）（a，b）视觉皮层中的层级结构，从视网膜输入到初级视觉皮层（V1），经过丘脑（RGC，LGN）到下颞叶皮层（PIT，CIT，AIT），展示了视觉皮层区域和卷积网络中层次的对应关系。（下图）（c）左侧图像作为输入映射到第一个卷积层，后者由几个特征平面组成，每个特征平面代表一个滤波器，类似在视觉皮层中发现的定向简单单元。这些滤波器的输出经过阈值处理并汇集到第一层，再进行归一化处理，以便在小块区域中产生不变的响应，类似于视觉皮层中的复杂细胞（图中方框：线性—非线性层中的操作）。以上操作在网络的每个卷积层上重复。输出层与来自上一个卷积层的全部输入具有全面的连接（每个输出单元都有上一层全部单元的输入）。图片来源：Yamins and DiCarlo，"Using Goal-Driven Deep Learning Models to Understand Sensory Cortex"，figure 1。

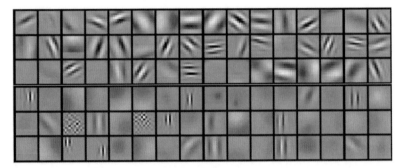

图 9-3 卷积网络第一层的滤波器。每个滤波器都作用于视野中的一小块图像区域。顶部三排中滤波器的优选刺激像视觉皮层中的简单细胞一样具有定向性。底部三排显示的优选刺激经过了扩展，并具有复杂的形状。图片来源：Krizhevsky，Sutskever and Hinton，"ImageNet Classication with Deep Convolutional Neural Networks"，figure 3。

层级的顶层，在灵长类动物中被称为"下颞叶皮层"，并且具有覆盖大部分视野的感受野。接着，顶层的单元被送入分类层，与其中的所有分类单元连接，再采用反向传播误差的方式训练整个网络，对图像中的对象进行分类。

卷积网络多年来一直在经历许多渐进式改进。一个重要的补充，是将一个区域上的每个特征聚合起来，叫作"池化"（pooling）。这种操作提供了一种平移不变性（translation invariance）的量度，类似于由休伯尔和威泽尔在初级视觉皮层中发现的复杂细胞，能够通过一个图块对整个视野中相同方向的线做出响应。另一个有用的操作是增益归一化（gain normalization），就是调整输入的放大倍数，使每个单元都在其操作范围内工作，在皮层中是通过反馈抑制（feedback inhibition）实现的。Sigmoid 输出函数也被线性整流函数（rectified linear units，简称 ReLUs）取代。在输入达到一个阈值之前这些单元的输出都为零，超过阈值之后则输出和输入呈线性增长。该操作的优点在于：低于阈值的单元被有效地排除在网络外，这更接近真实神经元中阈值的作用。

卷积网络的每一个性能的改进，其背后都有一个工程师可以理解的计算理由。但有了这些变化，它越来越接近 20 世纪 60 年代我们所了解的视觉皮层的体系结构，尽管当时我们只能去猜测简单和复杂单元的功能是什么，或者层级结构顶部的分布式表征的存在意味着什么。这说明了生物学与深度学习之间存在相得益彰的共生关系的潜力。

当深度学习遇到视觉层级结构

加州大学圣迭戈分校的帕特里夏·丘奇兰德不仅是心灵哲学家，同时也研究神经哲学。[13] 知识最终取决于大脑如何表达知识的说法，显然没有人阻止哲学家认为知识是独立于世界而存在的一种东西，用伊曼努尔·康德（Immanuel Kant）的话来说，就是"Ding an sich"（物自身）。但同样清楚的是，如果我们（和其他动物一样）要在现实世界中生存，背景知识就是必不可少的。经过训练的多层神经网络的隐藏单元之间的活动模式，与被逐次记录下的大量生物神经之间的活动模式存在显著的相似性。受到这种相似性的驱动，帕特里夏和我在1992 年编写了《计算脑》（The Computational Brain）一书，为基于大量神经元的神经科学研究开发了一个概念框架。[14]（该书现在已经出到第二版了，如果你想更多地了解大脑式的运算，这会是一本很好的入门参考。）麻省理工学院的詹姆斯·狄卡罗（James DiCarlo）最近比较了猴子视觉皮层层级结构中不同神经元和深度学习神经网络中的单元，训练它们识别相同图片中的对象，分别观察它们的响应（见图9–2）。[15] 他得出结论：深度学习网络中每层神经元的统计特性，与皮层层级结构中神经元的统计特性非常接近。

深度学习网络中的单元与猴子视觉皮层中神经元性能存在相似性，但其原因仍然有待研究，尤其是考虑到猴子的大脑不太可能使用反向传播方式来进行学习。反向传播需要将详细的错误信号反馈给神经网络每层中的每个神经元，其精度比生物神经网络中已知反馈连接的精度要高得多。但其他学习算法在生物学上似乎更合理，例如玻尔兹曼机学习算法，该算法使用了已经在皮层中被发现的赫布突触可塑性。这引出了一个有趣的问题，是否存在一种深度学习的数学理论，能够适用于一大类学习算法（包括皮层中的那些）呢？在第 7 章中，我提到了对视觉层级结构的上层分类表面的分析，其决策表面比更低层级的表面更平坦。对决策表面的几何分析可能会引出对深度学习网络和大脑更深入的数学理解。

深度学习神经网络的一个优点是，我们可以从网络中的每个单元提取"记录"，并追踪信息流从一层到另一层的转变。然后可以将分析这种网络的策略用于分析大脑中的神经元。关于技术的一个奇妙之处在于，技术背后通常都有一个很好的解释，并且有强烈的动机来得到这种解释。第一台蒸汽发动机是由工程师根据他们的直觉建造的；解释发动机如何工作的热力学理论随后出现，并且帮助提升了发动机的效率。物理学家和数学家对深度学习网络的分析也正在顺利进行着。

有工作记忆的神经网络

自 20 世纪 60 年代以来，神经科学已经走过了漫长的道路，从我们目前对大脑的了解中可以获得很多东西。1990 年，帕特里夏·高德曼 – 拉奇克（Patricia Goldman-Rakic）训练了一只猴子来记住一个地点，作为提示，该地点会短暂地被一盏灯照亮；她还训练这只猴子在一段时间的延迟之后，把眼睛移动到被记住的地点。[16] 在记录了猴子前额叶皮层的活动后，她在报告中提到，一些最初对提示做出回应的神经元在延迟期间仍然保持活跃状态。心理学家把人类的这种活动称为"工作记忆"，也正因为有了工作记忆，我们在执行任务（比如拨打电话号码）时，能够记住 7 ± 2 项内容。

传统的前馈网络将输入传到网络中，一次传播一层网络。结合工作记忆，可以使后续的输入与之前的输入在网络中留下的痕迹进行交互。例如，把法语句子翻译成英文时，网络中的第一个法语单词会影响后续英语单词的顺序。在网络中实现工作记忆的最简单方法，是添加人类皮层中常见的循环连接。神经网络中某一层内的循环连接和之前那些层的反馈连接，使得输入的时间序列可以在时间上整合起来。这种网络在 20 世纪 80 年代被探索并广泛应用于语音识别。[17] 在实践中，它在具有短程依赖性的输入方面效果很好，但当输入之间的时间间隔很长，输入的影响会随着时间的推移发生衰减，网络性能就会变差。

1997 年，赛普·霍克莱特（Sepp Hochreiter）和尤尔根·施密德胡博（Jürgen Schmidhuber）找到了一种方法来克服衰变问题，他们称之为"长短期记忆"（long short-term memory，简称 LSTM）。[18] 默认情况下，长短期记忆会传递原始信息，而不会发生衰减（这就是猴子前额叶皮层的延迟期中发生的事情），并且它也有一个复杂的方案来决定如何将新的输入信息与旧信息整合。于是，远程依赖关系可以被选择性地保留。神经网络中这种工作记忆版本沉寂了长达 20 年之久，直到它在深度学习网络中再次被唤醒和实现。长短期记忆和深度学习的结合在许多依赖输入输出序列的领域都取得了令人瞩目的成功，例如电影、音乐、动作和语言。

施密德胡博是位于瑞士南部提契诺州（Ticino）曼诺小镇的 Dalle Molle 人工智能研究所的联合主任。该小镇靠近阿尔卑斯山，周围有一些绝佳的徒步地点。[19] 神经网络领域的这位颇具创造性、特立独行的"罗德尼·丹泽菲尔德"①相信他的创造力并没有得到足够的赞誉。因此，在蒙特利尔举办的 2015 年 NIPS 会议的一次小组讨论会上，他再次向与会人员介绍了自己，"我，施密德胡博，又回来了"。而在巴塞罗那举行的 2016 年 NIPS 大会上，他因培训宣讲人没有对自己的想法给予足够的关注，而打乱对方的演讲长达 5 分钟。

2015 年，Kelvin Xu 及其同事在用一个深度学习网络识别图像中对象的同时，还连接了一个长短期记忆循环网络来标注图片。使用来自深度学习网络第一遍识别的场景中所有对象作为输入，他们训练长短期记忆循环网络输出一串英文单词，能够形容一个标注中的场景（见图 9–4）。他们还训练了长短期记忆网络来识别图像中的位置，使其对应于标注中的每个单词。[20] 该应用令人印象深刻的地方在于，长短期记忆网络从未被训练来理解标注中句子的含义，只是根据图像中的对象及其位置输出一个语法正确的单词串。再加上第 8 章里早期的话语网络示例，这更加证明了神经网络似乎对语言有种亲和力，但其中的原因我们却不得而知。通过分析长短期记忆网络也许会引出一种新的语言理论，它将阐明网络的工作原理和自然语言的性质。

生成式对抗网络

在第 7 章中，玻尔兹曼机被当作一个生成模型进行了介绍，当输出被钳制到一个它已训练识别的类型中，并且其活动模式向下渗透到输入层时，就可以产生新的输入样本。伊恩·古德费洛（Ian

---

① 美国喜剧演员，有一句非常著名的口头禅："我觉得自己没有受到尊重。"——译者注

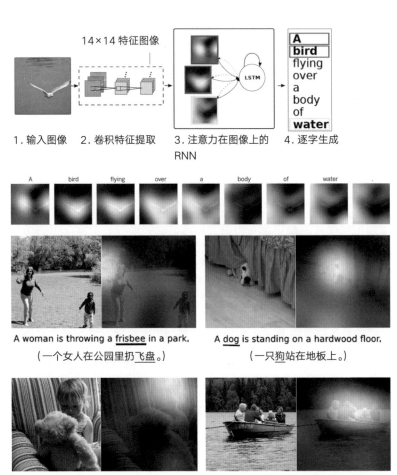

图 9-4 深度学习为图片做标注。顶部的一组图片说明了分析照片的步骤。ConvNet（CNN）在第一步中标记了照片中的对象，并将其传递给循环神经网络（RNN）。RNN 被训练输出适当的英文单词串。底部的四组图片则阐明了进一步细化的过程，即使用注意力（白色云）来表示照片中单词的指示对象。顶图来源：M. I. Jordan and T. M. Mitchell, "Machine learning: Trends, Perspectives, and Prospects," *Science* 349, no. 6245 (2015): 255–260, 图 2. 底图来源：Xu et al., "Show, Attend and Tell," 2015, rev. 2016, figure 1 and 3, https://arxiv.org/pdf/1502.03044.pdf, Coutesy of Kelvin Xu。

Goodfellow)、约书亚·本吉奥（Yoshua Bengio）和他们在蒙特利尔大学的同事们表示，可以训练前馈网络，在对抗的背景（adversarial context）下生成更好的样本。[21] 一个生成卷积网络可以通过尝试欺骗另一个卷积神经网络来训练生成优质的图像样本，后者必须决定一个输入的图像是真实的还是虚假的。生成网络的输出被用来作为一个经过训练的判别卷积网络（discriminative convolutional network）的输入，后者只给出一个单一的输出：如果输入是真实图像，就返回 1，否则返回 0。这两个网络会相互竞争。生成网络试图增加判别网络的错误率，而判别网络则试图降低自身的错误率。由这两个目标之间的紧张关系产生的图像，拥有令人难以置信的照片级的真实感（见图 9-5）。[22]

别忘了，这些生成的图像是合成的，它们中的对象并不存在。它们是训练集中未标记图像的泛化版本。请注意，生成式对抗网络是无监督的，这使得它们可以使用无限的数据。这些网络还有许多其他应用，包括清除具有超高分辨率的星系天文图片 [23] 中的噪声，以及学习表达富有情感的言语。[24]

通过慢慢地改变生成式网络的输入向量，有可能逐渐改变图像，使得部件或零碎物品（如窗户）逐渐显现或变成其他物体（如橱柜）。[25] 更值得关注的是，有可能通过添加和减去表示网络状态的向量以获得图像中对象的混合效果，如图 9-6 所示。这些实验的意义在于，生成网络对图像中空间的表征，正如我们如何描述场景的各个组成部分。这项技术正在迅速发展，其下一个前沿领域是生成逼真的电影。通过训练一个反复演绎的生成式对抗网络，与类似玛丽莲·梦露这样的演员参演的电影进行对比，应该有可能创造出已过世的演员出演的新作品。

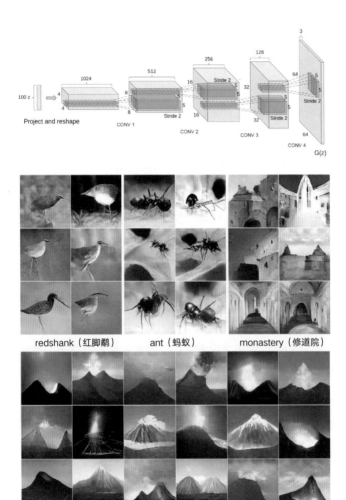

redshank（红脚鹬）　　ant（蚂蚁）　　monastery（修道院）

volcano（火山）

图 9-5 生成式对抗网络（GAN）。顶部的示意图展示了一个卷积网络，用于生成一组样本图像，经过训练后可以欺骗判别卷积网络。左边的输入是 100 维的随机选取的连续值向量，用来生成不同的图像；输入的向量随后激活空间尺度逐层变大的滤波器层。下方的图显示了通过训练来自单个类别照片的生成式对抗网络产生的样本图像。顶图来源：A. Radford, L. Metz, and S. Chintala, "Unsupervised Representation Learning with Deep Convolutional Generative Adversarial Networks," 图1, arXiv:1511.06434, https://arxiv.org/pdf/1511.06434.pdf，由 Soumiyh Chintala 提供；底图来源：A. Nguyen, J. Yosinski, Y. Bengio, A. Dosovitskiy, and J. Clune, "Plug & Play Generative Networks: Conditional Iterative Generation of Images in Latent Space," figure1, https://arxiv.org/pdf/1612.00005.pdf，由 Ahn Nguyen 提供。

戴着眼镜的男人　　　男人　　　　女人

戴着眼镜的女人

图9-6　生成式对抗网络中的向量算法。用面部图片训练的生成式网络的输入混合后，产生了输出（左图），然后通过添加或减去选定的输入向量进行输出，就创建出了混合后的图像（右图）。因为混合是在最高的表征层完成的，所以部位和姿势是无缝接合的，并不会经过变形过程中那样的平均处理。图像改编自：A. Radford, L. Metz, and S. Chintala, "Unsupervised Representation Learning with Deep Convolutional Generative Adversarial Networks," fifigure 7, arXiv:1511.06434, https://arxiv.org/pdf/1511.06434/。

这是米兰的时装周，衣着光鲜的模特们带着超凡脱俗的表情在 T 台上走秀（见图 9-7）。时尚界正在经历暗潮涌动："'很多工作正在消失，'西尔维娅·文图里尼·芬迪（Silvia Venturini Fendi）在她的时

图9-7　2018 年米兰的乔治·阿玛尼春夏男装秀。

装秀开场前说道，'机器人会承担旧的工作，但它们唯一无法取代的就是我们的创造力和思维。'"[26] 现在想象一下经过训练的新一代对抗网络，它们可以生产新款式和高级时装，式样几乎无穷无尽。时尚界可能正处于一个新时代的边缘，而许多其他依赖创意的行业也面临着相同的处境。

应对现实社会的复杂性

当前的大多数学习算法是在 25 年前开发的，为什么它们需要那么长的时间才能对现实世界产生影响呢？20 世纪 80 年代的研究人员使用的计算机和标记数据，只能证明玩具问题的原理。尽管取得了一些似乎颇有前景的成果，但我们并不知道网络学习及其性能如何随着单元和连接数量的增加而增强，以适应现实世界问题的复杂性。人工智能中的大多数算法缩放性很差，从未跳出解决玩具级别问题的范畴。我们现在知道，神经网络学习的缩放性很好，随着网络规模和层数的不断增加，其性能也在不断增强。特别是反向传播技术，它的缩放性非常好。

我们应该对此感到惊讶吗？大脑皮层是哺乳动物的一项发明，在灵长类动物，尤其是人类中得到了高度发展。随着它的扩展，更多的功能慢慢出现，并且更多层次被添加到了关联区域，以实现更高阶的表征。很少有复杂系统可以实现如此高级的缩放。互联网是为数不多的已经被扩大了 100 万倍的工程系统之一。一旦通信数据包协议建立起来，互联网就会开始进化，正如 DNA 中的遗传密码使细胞演化成为可能一样。

使用相同的一组数据训练许多深度学习网络，会导致生成大量不同的网络，它们都具有大致相同的平均性能水平。我们想知道的是，所有这些同等优秀的网络有哪些共同之处，而对单个网络进行分析并不能揭示这一点。理解深度学习原理的另一种方法是进一步探索学习算法的空间；我们只在所有学习算法的空间中对几个位置进行了抽样尝试。从更广泛的探索中可能会出现一种学习计算理论，该理论与其他科学领域的理论一样深奥，[27]可能为从自然界中发现的学习算法提供更多的解释。

蒙特利尔大学的约书亚·本吉奥[28]（见图 9-8），和杨立昆一起，接替杰弗里·辛顿，成为 CIFAR 神经计算和 NCAP 项目的主任，该项目在通过十年评估后更名为"机器学习和大脑学习"（Learning in Machines and Brains）项目。约书亚率领蒙特利尔大学的一个团队，致力于应用深度学习来处理自然语言，这将成为"机器学习和大脑学

图 9-8　约书亚·本吉奥是 CIFAR"机器学习和大脑学习"项目的联合主任。这位在法国出生的加拿大籍计算机科学家，一直是应用深度学习处理自然语言问题这个领域的领导者。杰弗里·辛顿、杨立昆和约书亚·本吉奥所取得的进展，为深度学习的成功奠定了基础。图片来源：约书亚·本吉奥。

习"项目新的研究重点。在十多年的会议中，这个由 20 多名教师和研究员组成的小组开启了深度学习的研究。过去 5 年来，深度学习在过去难以解决的许多问题上取得了实质性进展，这些进展归功于小组成员的努力，他们当然只是一个更庞大社区中的一小部分人（将在第11 章探讨）。

尽管深度学习网络的能力已经在许多应用中得到了证明，但如果单靠自身，它们在现实世界中永远都无法存活下来。[29] 它们受到了研究者的青睐，后者为其提供数据，调整超参数，例如学习速度、层数和每层中的单元数量，以改善收敛效果，还为其提供了大量计算资源。另一方面，如果没有大脑和身体的其他部分提供支持和自主权，大脑皮层也无法在现实世界中存活。在一个不确定的世界中，这种支持和自主权是一个比模式识别更难解决的问题。第 10 章将会介绍一种古老的学习算法，它通过激励我们寻求对自身有利的经验来帮助我们在自然界中生存。

10

奖励学习

中世纪流传下来这样一个故事：一位统治者为了感谢发明国际象棋的人，想要奖励他一块麦田。发明人请求在棋盘的第一格放一粒麦子，第二格放两粒，第三格放四粒，依次类推，剩余每格都放前一格两倍的麦子，直到放满 64 格的棋盘。统治者觉得这个请求并不过分，就同意了。但实际上，要满足这一请求，统治者不仅要拿出他王国里所有的麦子，还要加上全世界未来几百年的麦子产量才能凑够，因为最后一格要放的麦粒数目达到了 2^{64}（大约是 10^{19}）。[1] 这被称为"指数增长"。在国际象棋和围棋游戏中，棋盘不同布局状态的增长速度比这个故事里麦子数量增加的速度还要快得多。在国际象棋中，每一步棋平均都有 35 种摆法，而在围棋中，分支系数是 250，这就使得围棋的指数增长速度要快得多。

机器如何学会下棋

游戏的好处就在于，其规则都有明确的定义，玩家对棋盘十分熟悉，决策也不像现实世界中那样复杂，但又不失挑战性。1959 年，在商业数字计算机发展的早期，IBM 的机器学习先驱亚瑟·塞缪尔（Arthur Samuel）编写了一个擅长玩国际跳棋的程序，在宣布其诞生的当天，IBM 的股票就获得了巨大的收益。西洋跳棋则相对容易。塞缪尔的程序利用了代价函数来评估对局中不同布阵的优劣情况，这一点跟以前的游戏程序很相似。该程序是在 IBM 第一款真空管商用计算机 IBM 701 上运行的，它在一个方面的创新令人印象深刻：通过跟自己对弈，学会了下棋。

在转到位于纽约约克敦海茨的 IBM 托马斯·J. 沃森研究中心之前，杰拉德·特索罗在位于伊利诺伊大学香槟分校的复杂系统研究中心，与我一起训练神经网络玩西洋双陆棋（见图 10-1）。[2] 我们的方法是，使用专家监督来训练反向传播网络，以评估当前的布局和可能的摆法。这种方法的缺陷在于，该程序永远比不过专家，而专家的水平并未达到世界冠军的级别。然而通过自我对局，网络可能会有更出色的表现。当时自我对局面临的问题是，在比赛结束时，唯一的学习信号就是赢或输。但是当一方获胜时，应该归功于之前若干步骤中的哪些步骤呢？这被称为"时域贡献度分配问题"（temporal credit assignment problem）。

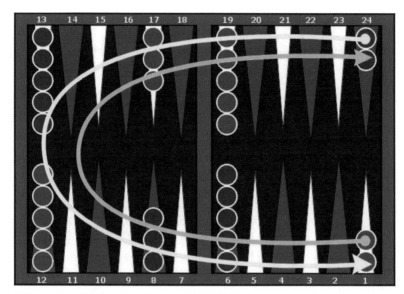

图10-1　西洋双陆棋棋板。西洋双陆棋是一种通过朝着终点按步走棋来分出胜负的游戏，红色棋子和黑色棋子的移动方向相反（如箭头所示）。图中标注了游戏的起始位置。同时掷出两个骰子，得到的两个数字表示两个棋子可以向前移动的距离。

　　有一种可以解决这种时域贡献度分配问题的学习算法，是由理查德·萨顿（Richard Sutton）于 1988 年发明的。[3]他当时正在与他的博士生导师、马萨诸塞大学阿姆赫斯特分校的安德鲁·巴托（Andrew Barto），共同解决强化学习领域中的问题。强化学习（reinforcement learning）是受动物实验中的关联学习（associative learning）所启发衍生出的一个机器学习研究分支领域（见图 10-2）。深度学习的唯一工作是将输入转换为输出。强化网络与之不同，它会与环境进行闭环交互，接收传感器输入，做出决定并采取行动。强化学习的基础，是观察动物怎样通过探索环境中的各种选择并从结果中学习，从而在不确定的条件中解决难题。随着学习能力的提高，探索过程逐渐减少，最终会直接利用学习过程中发现的最佳策略。

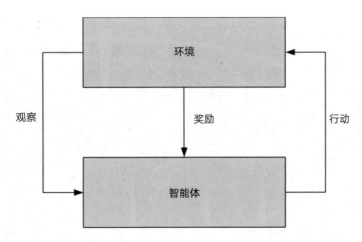

图10-2 强化学习场景。智能体（agent）通过采取行动（actions）和进行观察（observation）来积极探索环境。如果行动成功，执行器将得到奖励（rewards）。该过程的目标，是通过学习怎样采取行动来最大化可能获得的奖励。

假设你必须做出一系列决定才能达成目标。如果你已经知道所有潜在的选择和它们各自可能带来的奖励，你就可以使用搜索算法——具体来说，也就是理查德·贝尔曼（Richard Bellman）的动态规划算法（algorithm for dynamic programming），[4] 即找出能最大化未来奖励的选择集。但是随着可能的选择越来越多，问题的规模也呈指数级增长，这被称为"维数灾难"（curse of dimensionality），本章的开头已经对其进行了说明。但是，如果在选择前没有获得关于选择结果的所有信息，你就要学会即时做出最好的选择。这就是所谓的"在线学习"（online learning）。

理查德·萨顿（见图10-3）的在线学习算法依赖于期望奖励和实际奖励之间的差异（见方框10.1）。在时间差分学习（temporal difference learning）中，你需要估计出在当前状态下做出行动有可能带来的长期奖励（基于已得到的奖励而得出的较好估计），以及下一个状态中潜在的长期奖励，并将二者相比较。当前状态得到了实际奖励，因此估计会更准确。通过让之前的估计更接近改进后的估计，你做出的决定也会越来越好。存在一个价值网络，能够估算出棋盘每个位置上的未来奖励，对该网络进行的更新则被用于决定下一步的行动。在你有足够的时间来探索不同的可能性后，时间差分算法会收敛于最佳规则，指导如何在给定状态下做出决策。维数灾难是可以避免的，因为事实上，在棋盘所有可能的位置中有一小部分会被访问，但这足以为新对局中类似的棋盘位置制定出好的策略。

图10-3 2006年在加拿大埃德蒙顿阿尔伯塔大学的理查德·萨顿。他教会了我们获取未来奖励的学习方法。理查德是一位癌症幸存者，他在强化学习方面一直是领军人物，并持续不断地开发创新型的算法。他总是很慷慨地和别人交流，分享自己的见解，同领域的每个人对此都非常赞赏。他和安德鲁·巴托合著的书《强化学习导论》（*Reinforcement Learning: An Introduction*）是该领域的经典著作之一。此书的第二版在互联网上可以免费获取。图片来源：理查德·萨顿。

杰拉德·特索罗的程序名为"TD-Gammon"，内建了西洋双陆棋棋盘和规则的重要特征，但它并不知道怎么下好每一步棋。在学习的初始阶段，这些棋步是随机的，但最终某一方会赢，并得到最终奖励。西洋双陆棋的赢家是第一个将其所有棋子从棋盘上"剔除"出来的玩家。

10.1
时间差分学习

这个蜜蜂大脑的模型能够选择行动（比如落在一朵花上），以最大化未来所有的折扣奖励（discounted rewards）：

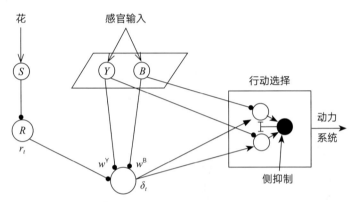

$$R(t) = r_{t+1} + \gamma r_{t+2} + \gamma^2 r_{t+3} + \cdots$$

r_{t+1} 是在时间 $t+1$ 时的奖励，$0 < \gamma < 1$ 是折扣系数。基于当前感官输入 $s(t)$ 的预测的未来奖励是通过神经元 P 计算出来的：

$$P_t(s) = w^y s^y + w^b s^b$$

来自黄色（Y）花朵和蓝色（B）花朵的传感器输入被分别以 w^y 和 w^b 加权。位于时间 t 的奖励预测误差 $\delta(t)$ 计算方法如下：

$$\delta_t = r_t + \gamma P_t(s_t) - P_t(s_{t-1})$$

r_t 代表当前的奖励。每个权重的改变如下：

$$\delta w_t = \alpha \delta_t s_{t-1}$$

α 代表学习速率。如果当前奖励大于预测奖励，且 δ_t 是正值，奖励出现之前的感官输入的权重就会增加，但是如果当前奖励小于预测奖励，且 δ_t 是负值，感官输入的权重就会减少。

图片改编自：Montague, P. R. and Sejnowski, T. J., *The Predictive Brain: Temporal Coincidence and Temporal Order in Synaptic Learning Mechanisms*, figure 6 A.

由于唯一的实际奖励发生在游戏结束时，你可能会合理地推测 TD-Gammon 将首先学习游戏结局，然后是游戏的中间部分，最后是开局。这些实际上是发生在"表格强化学习"（tabular reinforcement learning）的过程，其状态空间中的每个状态都对应着一个数值表。但它与神经网络完全不同——神经网络快速锁定输入特征中的简单可靠信号，接着锁定后期较复杂、不太可靠的输入信号。TD-Gammon 学习的第一个概念是"拿走棋子"，可以通过对表示拿走棋子数目的输入特征添加正的权重来实现。第二个概念是"击中对手棋子"——这是一个在所有阶段效果都相当不错的启发式做法，一部分输入单元对被击中的对手棋子的数目进行了编码，可以通过为这些单元加上正权重进行学习。第三个概念"避免被击中"，是对第二个概念的一种自然反应，可以通过对可能被击中的单个棋子施加负权重来学习。第四个概念是通过"积累积分"来阻止对手前进，通过对积分输入赋予正权重来学习。理解这些基本概念需要完成几千场的训练棋局。通过一万场棋局，TD-Gammon 会学习到中级概念；通过 10 万场棋局，它开始学习高级概念；经历了 100 万场棋局后，它已经学会了冠军级的概念，或者超越了 20 世纪 90 年代初人类玩家的水平。

杰拉德·特索罗于 1992 年向全世界展示了 TD-Gammon，它的表现让我和其他同行都感到非常惊讶。[5] 这个程序的价值函数（value function）是一个具有 80 个隐藏单元的反向传播网络。在 30 万场比赛之后，该程序击败了杰拉德，于是他联系了著名的西洋双陆棋世界冠军选手兼作家比尔·罗伯特（Bill Robertie），并邀请他来约克敦海茨的 IBM 跟 TD-Gammon 对局。罗伯特赢得了大部分的棋局，但是对在一些胜算较高的对局中落败不免感到惊讶，随后他宣布这是他对决过的最好的西洋双陆棋程序。TD-Gammon 展现了一些他从未见过的棋路；经过一番仔细研究，这些棋路被证明可以在总体上提升人类玩家的水平。当该程序与自己对局达到 150 万次时，罗伯特回来了，而且非常惊讶于自己居然只跟 TD-Gammon 打了个平手。它的水平突飞猛进，罗伯特觉得它已经达到了人类冠军的水平。西洋双陆棋专家基特·伍尔西（Kit Woolsey）发现，当时 TD-Gammon 对于应该打安全牌（低风险 / 低奖励）还是走险着（高风险 / 高奖励）的判断，比他见过的任何人都要准确。虽然 150 万局的训练可能看起来已经很多了，但它只代表了所有 10^{20} 个可能的西洋双陆棋板位置的无限小部分；这要求 TD-Gammon 的几乎每一步棋都能推广到新的棋板位置。

TD-Gammon 并没有像 IBM 的"深蓝"那样受到公众的关注，后者在 1997 年的国际象棋比赛中击败了加里·卡斯帕罗夫（Gary Kasparov）。国际象棋比西洋双陆棋要困难得多，卡斯帕罗夫当时是国际象棋的世界冠军。但在某些方面，TD-Gammon 是一个令人印象更加深刻的成就。首先，TD-Gammon 使用模式识别技术来教会自己如何下棋，这与人类学习的风格十分相似，而"深蓝"则通过暴力算法（brute force）获得胜利，使用特制硬件，比任何人类棋手都能预见到更多可能的棋路。其次，TD-Gammon 也很有创意，使用了人类从未见过的微妙策略和位置决策。这样一来，TD-Gammon 也提高了人类的竞技水平。这一成就是人工智能历史上的一道分水岭，因为我们从一个人工智能程序中学习到了新东西。该程序教会了自己如何在一个人类熟稔的领域中掌握一种复杂的策略，这种新策略值得人们关注和思考。

大脑的奖励机制

TD-Gammon 的核心是时间差分学习算法，它受到了动物学习实验的启发。几乎所有经过测试的物种，从蜜蜂到人类，都可以进行关联训练，就像巴甫洛夫的狗一样。在巴甫洛夫的实验中，诸如铃声之类的感官刺激之后，就会有食物出现，这会引起流涎反应。经过几次这样的配对之后，仅靠铃声本身就会导致流涎。不同物种在关联学习中对无条件刺激有不同的偏好。蜜蜂非常擅长将花的气味、颜色和形状与花蜜的奖励联系起来，并利用这种学习到的关联来找到当季盛开的相似品种的花。这种普遍的学习方式一定包含了什么重要信息。20世纪 60 年代有一段时期，心理学家们深入研究了引起关联学习的条件，并开发了解释它的模型。像斯金纳（B. F. Skinner）这样的行为主义学家曾训练鸽子识别出照片中的人类，这就让人联想起对深度学习的训练，但这其中有一个很大的区别。反向传播学习需要对输出层上的所有单元提供详细的反馈，但关联学习只提供单一的奖励信号，即正确或不正确。大脑必须弄清楚环境中的哪些特征能够帮助做出成功的抉择。

只有在奖励之前发生的刺激才被认为和奖励有关联。这是有道理的，相比奖励之后的刺激，奖励之前的刺激更有可能引发奖励。因果关系是自然界的一个重要原则。相反的情况则是条件刺激之后伴随的惩罚，例如撞到脚这一后果，能教会动物在今后避免这类刺激。在某些情况下，条件刺激和惩罚之间的时间间隔可能会相当长。20世纪 50 年代，约翰·加西亚（John Garcia）表明，如果一只老鼠被喂了甜水，并且在几小时后感到恶心，那么它在接下来的几天都会避开甜水。这就是所谓的"味觉厌恶学习"（taste aversion learning），它也会发生在人类身上。[6] 有时，恶心会被错误地关联到摄取的食物上，如巧克力。遗憾的是，巧克力只是与其他东西同时被食用，而不是引起恶心的原因；而由此产生的厌恶感可以持续多年，即使当事人已经理性地觉察到巧克力并不是问题的根源。

多巴胺（Dopamine）是脑干中一组由扩散投射神经元所携带的神经调节剂（见图 10-4），长期以来一直被认为与奖励学习有关，但人们始终不清楚它传给皮层的信号是什么。20 世纪 90 年代，我实验室的博士后研究员彼得·达扬（Peter Dayan）和瑞德·蒙塔古（Read Montague）意识到，多巴胺神经元可以实现时间差分学习。[7] 这是我科研生涯中最让人兴奋的几个时期之一，这些模型及其预测得以发

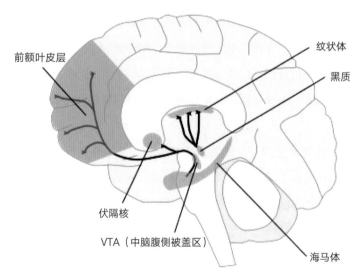

图 10-4　人脑中的多巴胺神经元。位于中脑的几个核 [VTA 和黑质（substantia nigra ）] 将轴突投射进入皮层和基底神经节 [纹状体（striatum）和伏隔核（nucleus accumbens）]。瞬态脉冲（Transient bursts）标志着奖励预测和获得奖励两者之间存在差异，可以被用于选择行动和修改预测。

表，并随后被沃尔夫拉姆·舒尔茨（Wolfram Schultz）及其同事通过猴子的单神经元记录（见图 10-5）[8] 和人类脑成像[9] 加以证实。现在已经确定，多巴胺神经元活动的瞬时变化传递了奖励预测误差信号。

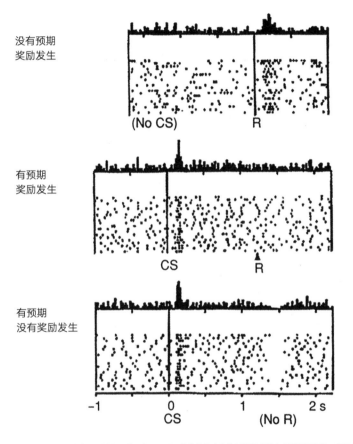

图 10-5 猴脑中多巴胺神经元的反应，证明了它能够向大脑的其他部分发出奖励预测误差。每个点都是多巴胺神经元的一次脉冲。每一条线都是单一的学习试验。每个时间段中脉冲的数量显示在记录的顶部。（上图）在学习开始时，奖励（R）是意外得到的，多巴胺在得到奖励后激发了一段脉冲。（中图）经过多次试验，当光照（条件刺激，conditioned stimulus，CS）在奖励发放前持续闪烁时，多巴胺细胞对 CS 做出了反应，但没有对奖励做出回应。根据时间差分学习，奖励后的响应被奖励前的预测抵消了。（下图）当奖励在试验中被扣留时，多巴胺神经元的激发在预期出现奖励的位置出现了回落。图片改编自：Schultz, Dayan, and Montague, "A Neural Substrate of Prediction and Reward," 1594, figure 1.

1992 年，我去柏林拜访了正在研究蜜蜂大脑快速学习的兰道夫·门泽尔（Randolph Menzel），当时我们在灵长类动物的奖励预测误差方面已经取得了一些进展。蜜蜂的学习能力在昆虫界是数一数二的。在访问一朵花几次并得到奖励后，蜜蜂就能记住这朵花。蜜蜂脑中有大约 100 万个小神经元，很难记录这些神经元的活动，因为它们非常小。门泽尔的小组发现了一种叫作"VUMmx 1"的独特神经元，它对蔗糖有反应，但对气味没有反应。然而，如果先传递气味再提供蔗糖奖励，VUMmx 1 也会对气味做出反应。[10] 时间差分学习的多巴胺模型在蜂脑中可能由单个神经元实现。VUMmx 1 释放了一种在化学上与多巴胺密切相关的神经调节剂——奥克巴胺（octopamine）。这种蜜蜂学习模式可以对蜜蜂心理学中一些微妙的方面做出解释，比如风险规避。[11] 如果让蜜蜂在"定时定量的奖励"和"在一半的时间内获得双倍奖励"之间进行选择，蜜蜂会始终选择前者，尽管奖励的平均值相同。[12] 多巴胺神经元也存在于苍蝇体内，并且已被证明包含几条用于短期和长期关联记忆的并行强化学习途径。[13]

用"感知—行动"框架提高绩效

多巴胺神经元构成了控制大脑中动机的核心系统，所有成瘾药物都是通过增加多巴胺的分泌水平起作用。当死亡的多巴胺神经元达到一定数量时，人体就会出现帕金森病的症状、包括运动性震颤，运动迟缓，后期则完全丧失任何活动的快感，即"快感缺失"（anhedonia），最终导致活动和反应能力的彻底缺失，即"紧张性抑郁障碍"（catatonia）。当意外奖励发生时，行为正常的多巴胺细胞会向皮层和其他脑部区域短暂释放多巴胺。当实际奖励低于期望时，多巴胺的释放量会减少。这正是时间差分算法的特征（见图 10-5）。

当我们需要做出决定时，都会询问多巴胺神经元。我们应该从菜单中点些什么？当我们想象每个菜品时，多巴胺细胞就会提供对预期奖励的估计。我应该和这个人结婚吗？我们的多巴胺细胞会给我们一个比理性分析更值得信赖的"直觉"建议。最难以决定的则是带有许多不相称维度的问题。在选择配偶时，要如何平衡幽默感和邋遢的生活习惯，或者在正面和负面的特质之间做出数以百计的其他权衡。我们的奖励系统将所有这些维度降低到了一个"通用货币"的范畴，即短暂的多巴胺信号。这种"通用货币"的经济力量在我们发现它之前很长一段时间，就已经被大自然所利用了。

时间差分学习算法中存在两个参数：学习速率 α 和折扣因子 γ（见方框 10.1）。某些昆虫具有很高的学习速率，比如蜜蜂，在一次访问后就可以学会将花与奖励联系起来。但哺乳动物的学习速率较低，往往要尝试多次。折扣因子（discount factor）也在很大的范围内变化。当 $\gamma = 0$ 时，学习算法是贪婪的，仅仅基于是否能立刻获得奖励做出决定；但是当 $\gamma = 1$ 时，所有未来奖励都具有相等的权重。在一个经典的实验中，被测试的幼童可以选择是立刻吃掉手里的一颗棉花糖，还是等待 15 分钟再吃，到时候就能再得到一颗棉花糖。[14] 年龄是一个强有力的预测因子，年龄较小的孩子无法延迟满足感。如果认为有必要，我们可以在短期内做出带来负面回报的选择，以交换在遥远的将来所期望获得的更丰厚的奖励。

多巴胺神经元接受来自大脑中被称为"基底神经节"部分的输入（见图 10-4），众所周知，这对于顺序学习和习惯行为的形成是很重要的。基底神经节纹状体中的神经元接受来自整个大脑皮层的输入。来自皮叶层后半部分的输入，对于学习动作的顺序以实现某个目标而言十分重要。前额叶皮层对基底神经节的输入更多的是与行动的计划顺序有关。从皮层到基底神经节再返回的循环需要 100 毫秒，每秒循环信息 10 次。这就允许通过一系列快速决策来实现目标。基底神经节的神经元也会评估皮层状态，并为它们分配一个值。

基底神经节执行的是杰拉德·特索罗在 TD-Gammon 中训练的价值函数的高级版本，后者被用来预测棋盘位置的价值。在第 1 章中描述的由 DeepMind 公司开发的 AlphaGo 所取得的惊人成就，即具备围棋世界冠军级别的能力，是基于与 TD-Gammon 相同的体系结构，但前者是后者的加强版。TD-Gammon 价值网络中的一层隐藏单元在 AlphaGo 中变成了十几层，并经历了数百万次对决，但基本的算法是一样的。这是对神经网络学习算法出色的缩放性的生动演示。如果我们继续增加网络规模和训练时间，性能还会获得多大程度的提升呢？

棋类游戏的规则比现实世界要简单得多。电子游戏世界为迈向更复杂和不确定的环境提供了一块垫脚石。DeepMind 在 2015 年已经表明，时间差分学习能够以屏幕像素为输入，学习如何在超人的水平上玩像 *Pong* 这样的雅达利（Atari）街机游戏。[15] 下一个垫脚石是三维环境中的视频游戏。《星际争霸》（*Star Craft*）是有史以来最具竞争力的视频游戏之一，DeepMind 正在使用它来开发可在该世界纵横捭阖的自主深度学习网络。微软研究院最近购买了另一种流行的视频游戏《我的世界》（*Minecraft*）的版权，并开放了它的源代码，以便其他人可以对它的三维环境进行个性化修改，从而加快其人工智能的发展进度。

能够像冠军那样下西洋双陆棋和围棋，是一项了不起的成就，玩电子游戏是下一个重要的进步，那么解决现实世界的问题呢？感知—行动周期（见图 10-2）可用于解决任何基于感官数据来计划行动的问题。行为的结果可以与预测的结果进行比较，其差值随后被用于更新进行预测的系统的状态；对先前条件的记忆可以被用来优化资源的使用，并预测潜在的问题。

加拿大安大略省汉密尔顿市麦克马斯特大学（McMaster University）的西蒙·赫金（Simon Haykin），曾经使用这个框架来提高几个重要的工程软件系统的性能，[16] 包括：认知无线电，可以动态分配通信渠道；认知雷达，能够动态地移动频带以减少干扰；还有认知电网，可以动态平衡电网电力负载。风险控制也可以在同一个"感知—行动"框架内进行管理。[17] 通过在每个软件系统中使用"感知—行动"框架来改进它们所管理的领域，可以显著地提高绩效并降低成本。

学习如何翱翔

2016 年，加州大学圣迭戈分校的物理学家马西莫·维加索拉（Massimo Vergassola）和我都在思考，是否可以利用时间差分学习，让滑翔机在高空翱翔几小时，而且像许多鸟类那样不用消耗太多能量。[18] 热膨胀空气能够将鸟类带到很高的高度，但是在热空气中，空气是湍流的，同时存在向下和向上的气流。面对如此多的冲击，鸟类是如何保持它们向上轨迹的，我们对此还没有一个清晰的认识。我们的第一步是对湍流对流过程进行一个逼真的物理模拟，并创建一个滑翔机空气动力学模型。下一步就是模拟滑翔机在湍流中的轨迹。

一开始，滑翔机还无法利用上升的空气柱，表现为向下滑行（见

图 10-6)。在将"向上"标记为奖励后，滑翔机开始学习一种策略，经过几百次试验后，它的飞行轨迹跟鸟类翱翔时所形成的紧凑的环状路径就比较相似了。滑翔机还学习了应对不同程度湍流的不同策略。通过分析这些策略，我们可以提出假设，并参考鸟类翱翔是否的确使用到了这些策略。然后，我们装备了一架翼展有 6 英尺宽的滑翔机，教它翱翔并保持高度。[19]

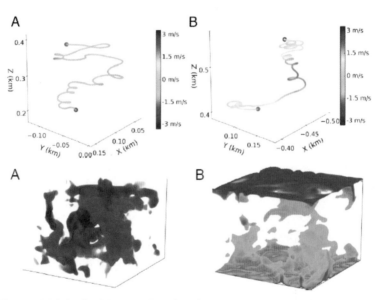

图 10-6 滑翔机学习使用热气流翱翔的模拟。（下图）在我们的瑞利－贝纳尔对流（Rayleigh-Bénard convection）三维数值模拟中垂直速度场（A）和温度场（B）的截面。垂直速度场中，红色和蓝色分别表示上升气流和下降气流的区域。温度场中，红色和蓝色分别表示高温和低温区域。（上图）未经训练的滑翔机（A）和经过训练的滑翔机（B）在瑞利－贝纳尔湍流中飞行的典型轨迹。颜色表示滑翔机经历的垂直风速。绿色和红色圆点分别表示轨迹的起点和终点。未经训练的滑翔机随机做出决定并下降飞行高度，而训练过的滑翔机在强上升气流区域以特征的螺旋轨迹飞行，如鸟类和滑翔机在热气流中飞行时所观察到的那样。图片来源：G. Reddy, A. Celani, T. J. Sejnowski, and M. Vergassola, "Learning to Soar in Turbulent Environments," top: figure 2; bottom: figure 11。

学习如何歌唱

能够展现强化学习能力的其他例子，还包括鸟类如何学习唱歌，以及孩子如何学习说话。在这两种情况下，听觉学习的初始阶段结束之后，就进入了渐进式运动性学习的后期阶段。斑胸草雀在刚出生不久就听到了它们父亲的歌声，但要几个月后才能发出自己的声音。即使当它们在运动学习阶段与父亲分离时，会经历一段听起来很刺耳的初鸣期，但这种声音会不断地改善，最终按照它们父亲特有的音调发出鸟鸣。斑胸草雀可以通过同物种的歌声判断它来自森林的何处，就像我们能够从一个人的口音得知那个人来自哪里一样。推动鸟鸣研究的假设是，在听觉学习阶段，鸟类先学习模板，然后用模板来改进运动系统在运动性学习阶段产生的声音。我们知道强化学习发生在基底神经节，而负责人类和鸣禽运动学习阶段的通路也位于那里。

1995 年，我实验室的博士后铜谷贤治（Kenji Doya）开发了"鸟鸣运动细化"的强化学习模型（见图 10-7）。该模型通过调整运动通路中的突触，使之与鸟类的发声器官（即鸣管，syrinx）模型相匹配，从而提高了它的性能，然后测试新歌是否比前一首歌更符合这个模板。如果是的话，这些变化就被保留，但如果新的歌曲匹配效果较差，那么突触就会衰减回原来的强度。[20] 我们预测，在产生音节序列的运动回路的顶端，应该只活跃在歌曲单个音节上的神经元，以便更容易地对每个音节分别进行调整。后来，麻省理工学院的米歇尔·菲（Michale Fee）实验室和其他鸟类实验室的研究结果证实了这一点，同时也证实了该模型中的其他关键预测。

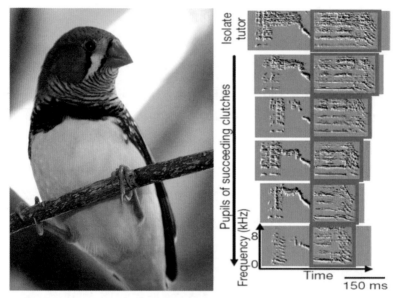

图10-7　斑胸草雀的鸟鸣。在图右侧的频谱图中，父亲的歌唱（导师，上图）教给了儿子（学生，上数第二张图），于是这种鸟鸣的声音特征代代相传。注意频谱图（时域上的频谱功率函数）中基调（红色轮廓框）的相似性。基调随着代际的增长而变短。左图来源: http://bird-photoo.blogspot.com/2012/11/zebra finch-bird-pictures.html; 右图来源: Olga Feher Haibin Wang, Sigal Saar, Partha P. Mitra, and Ofer Tchernichovski, "De novo Establishment of Wild-Type Song Culture in the Zebra Finch," figuer 4。

在加州大学旧金山分校研究鸟鸣学习的艾莉森·杜普（Allison Doupe），以及在西雅图华盛顿大学研究婴儿语言系统发育的帕特里夏·库尔（Patricia Kuhl），都证明了鸣禽学习和幼儿语言学习方面有很多相似之处。[21] 鸟儿的音节和婴儿的音素首先是作为声音被习得的（即听觉学习），而运动学习随后才以鸟类的初鸣和婴儿的咿呀学语开始。在大脑中有许多因领域而异的学习和记忆系统，这些系统必须协同工作以获取新技能。鸟类学习鸟鸣的强化学习算法以及在猴子、人类、蜜蜂等奖励系统中的时间差分学习算法，只是其中的两个例子。

人工智能的可塑性

尽管人们在视觉和听觉等认知功能的自动化方面取得了进展，但人工智能还需要在人类智能的许多其他方面取得进步。皮层中的表征学习与基底神经节中的强化学习相辅相成。人工智能学习能把精通围棋的能力运用到解决其他复杂问题上吗？大部分人类学习都是基于观察和模仿，对于学习识别新对象，我们需要的样本比深度学习要少得多。未标记的感官数据非常丰富，强大的无监督学习算法可以在进行任何监督之前使用这些数据学到一些东西。在第 7 章中，一个无监督版本的玻尔兹曼学习算法被用来初始化深度学习网络。在第 6 章中，独立分量分析——一种无监督学习算法，能够从自然图像中提取稀疏编码（sparse population codes）。在第 9 章，生成对抗网络——一个无监督的学习系统，可以创建逼真的图片。无监督学习是机器学习的下一个前沿领域。我们对大脑式计算的理解才刚刚拉开序幕。

大脑的许多学习系统和形式多样的可塑性可以协同工作。仅在大脑皮层内就有几十种可塑性，例如神经元兴奋性和增益的可塑性。突触可塑性一个特别重要的形式是稳态（homeostatic），它确保神经元在最佳动态范围内活动。当突触强度降低到零或达到极限时，会发生什么呢？这可能导致神经元永远不会获得足够的输入来达到阈值，或者接收太多的输入并始终保持高水平的活动。吉娜·特里吉亚诺（Gina Turrigiano）在大脑中发现了一种新的突触可塑性形式，它将神经元上的所有突触进行了归一化，以维持神经元活动的平衡。[22]如果平均活动速率过高，所有兴奋性突触强度都会减小；如果速率太低，所有突触强度都会增加。对于抑制性输入，情况则相反，如果活动速率太高，突触强度会增加，速率太低则减小。类似的归一化形式已经被证明能够有效地模拟大脑中神经映射的发展。[23] 由随机梯度下降（stochastic gradient descent）驱动的人工神经网络能够从稳态缩放（homeostatic scaling）中受益。

大脑在其神经元细胞膜上具有数十个电压敏感的配体门控离子通道，用以调节兴奋性和信号传导。神经元的树突、体细胞和轴突内部一定有某种基于局部活动模式的机制，来动态调节这些通道的位置和密度。有人曾提出过几种算法来实现这些机制。[24] 目前，我们对这些稳态形式的理解并没有达到突触稳态可塑性那样的深度。

更多需要被解决的问题

在蒙特利尔举行的 2015 年 NIPS 大会的 "Brains，Minds and Machines"（大脑、思维和机器）座谈会，以及 2016 年巴塞罗那 NIPS 大会的 "Bits and Brains"（比特与大脑）研讨会期间，戴米斯·哈萨比斯和我在关于人工智能未来，以及下一个优先研究重点的问题上进行了激烈的辩论。人工智能中还有许多开放的问题需要解决。最重要的就是因果关系问题，它提供了最高层次的人类推理，以及行动的意向性问题，这两者都预示着一种精神理论。我之前提到，我们所创造的深度学习系统都不能依靠自己独立生存。这些系统的自主性只有在它们包含了迄今为止一直被忽视的，类似于大脑其他部分的功能时才有可能实现，例如管理摄食、繁殖、调节激素、稳定内脏的下丘脑，以及帮助我们根据运动预测误差来调整运动的小脑。这些都是在所有脊椎动物中发现的古老结构，对生存起着至关重要的作用。

哈瓦·西格尔曼（Hava Siegelmann）是马萨诸塞大学阿默斯特分校的计算机科学家，她表明模拟计算（analog computing）是超图灵（super-Turing），也就是说，拥有能够超越数字计算机的计算能力。[25]可以根据环境进行调整和学习的神经网络也有超图灵计算能力，而普通网络从训练集中学习，然后其结构就被固定下来，在操作时不再从它们的实际经验中学习，这一点和图灵机是一样的。但是，我们的大脑必须持续适应不断变化的条件，这就使我们具备了超图灵能力。我们如何做到这一点并同时拥有以前的知识和技能，是一个尚未解决的问题。哈瓦是 DARPA 终身学习项目的项目经理。她的"终身学习计划"正在资助一些高级研究，这些研究旨在为自治系统中的终身学习创建新的集成架构。

11

火爆的 NIPS

要追寻科学思想的源头并非易事，因为科学是分布在不同时空中很多个体活动的集合。神经信息处理系统大会（NIPS 大会，见图 11–1）是本书写作的线索。到目前为止，很明显，这一会议不仅对我，也对整个科学领域产生了重大影响。[1] 当时还没成为我妻子的比阿特丽斯·哥伦布，在 1990 年的 NIPS 大会上做了关于 SEXNET 的演讲。在结婚后不久的一次 NIPS 大会上，我们还差点分手。NIPS 大会让人着迷，白天都是一些会议的常规环节，墙报展示环节设在晚上，直到后半夜各个会场仍然人声鼎沸。有次我在凌晨 3 点参加完一个环节的活动，回到房间没找到比阿特丽斯，当时我意识到自己麻烦大了。幸运的是，28 年后，我们还在一起。

图 11-1 NIPS 大会的标志。30 年前
成立的 NIPS 大会是机器学习和深度学
习领域的顶级会议。图片来源：NIPS 基
金会。

为什么 NIPS 如此受欢迎

深度学习拥有很长的历史，可以追溯到 NIPS 年度大会和研讨会，以及这些会议的前身。20 世纪 80 年代，来自世界各地的工程师、物理学家、数学家、心理学家和神经科学家在 NIPS 大会上齐聚一堂，探讨共同构建人工智能的新方法。物理学家分析神经网络模型，心理学家模拟人类认知，神经科学家模拟神经系统并分析神经记录，统计学家探索高维空间中的大数据集，工程师则负责构建具备类人的视觉和听觉的设备。人工智能就以这样的方式飞速发展起来。

1987 年在美国丹佛技术中心举办的第一届 NIPS 大会，聚集了400 位与会者。学术会议通常侧重于狭窄的研究领域，因为每个人都会说同样的术语，彼此间能顺畅地交流。但是早期 NIPS 大会的科学多样性确实令人惊叹。生物学家在面对其他生物学家做演讲时，会用生物领域的术语。[2] 数学家和物理学家交流的情况更糟糕，他们只会用方程式说话。工程师们会好一些，因为他们构建的东西不言自明。由于这些文化障碍，跨学科研究虽然被普遍寄予厚望，但事实上却很难实现。在早期的 NIPS 大会上，好像每个人都在自说自话。

1987 年 NIPS 大会的主要会议结束之后，与会者在附近的滑雪胜地 Keystone 又聚集到一起开了个研讨会，并自行组织了小组会议。在一个不那么正式的环境里，学科之间的真正沟通开始了。我清楚地记得，我们在 Keystone 的热水浴缸里泡澡的时候，一位神经学博士建议当场开展一个关于海兔的研讨会。[3] 当时我旁边那位来自美国国防部的绅士，很可能在琢磨海兔与国家安全有什么关系。然而今天，NIPS研讨会都是带有墙报展示环节的小型会议，其中一些研讨会吸引了数千名与会者。

是什么让 NIPS 长期受到追捧呢？首先，是让人激动的氛围，因为我们正处于用受生物学启发的学习算法来解决复杂计算问题的前沿。其次，就是因为爱德华·波斯纳（见图 11-2），他是加州理工学院的信息理论家，也是喷气推进实验室（Jet Propulsion Lab）的首席技术专家。他对这个领域有着长远的眼光，并建立了 NIPS 基金会对大会进行管理。

一个组织的文化往往能反映其创始人的特质。爱德华赋予了NIPS 睿智、机敏和幽默感的独特组合。他是一位擅长启发别人的老师，同时也是卓有成效的领导者。他因为支持暑期大学生研究奖学金项目（Summer Undergraduate Research Fellowships，简称 SURF）而在加州理工学院备受爱戴，该项目被称为"加州理工皇冠上的宝石"之一。爱德华招募了菲尔·索特尔（Phil Sotel）作为公益法律顾问。数十

图11-2 加州理工学院的爱德华·波斯纳，NIPS
大会的发起人。该大会在举办了 30 年后仍然颇受
欢迎，这跟爱德华的远见卓识密不可分。图片来
源：加州理工学院。

年间，会议规模和复杂程度都在不断增长。在索特尔的努力下，许多
随之而来的问题都妥善地得到了解决，因此大会得以每年顺利举行。

爱德华在我妻子还很年轻的时候就认识她了，并且通过 NIPS 单
独结识了我。所以当我在一次 NIPS 大会中突然告诉他，比阿特丽斯
和我已经订婚（engaged）了的时候，他回答说："致力于（engaged）
什么？"[①] 爱德华于 1993 年在一次自行车事故中不幸身亡，随后我接
替他成为 NIPS 基金会主席，保证大会的继续发展和繁荣。我们在每
年的 NIPS 大会上都会举办爱德华·波斯纳讲座（Ed Posner Lecture），
以表示对他的缅怀和敬意。NIPS 大会的特邀演讲嘉宾通常都不是
NIPS 主流领域内的从业者，但波斯纳讲座主要的演讲者都是来自我
们这个群体，并对该领域做出重大贡献的成员。

NIPS 大会的主席团由一群杰出的科学家和工程师组成。在此仅

---

① Engaged 一词既有"订婚"之意，也有"致力于做……"之意。——译者注

列举几位。斯科特·柯克帕特里克是一位物理学家（在第 7 章中已经介绍过），他发明了一种让计算机先"加热"再慢慢"冷却"，来解决计算难题的"模拟退火算法"。塞巴斯蒂安·特隆是一位计算机科学家（在第 1 章中介绍过），他赢得了 2005 年 DARPA 自动驾驶挑战大赛，为今天的自动驾驶汽车打开了大门。达芙妮·科勒（Daphne Koller）是一位计算机科学家，也是 Coursera（将在第 12 章介绍）的联合创始人，开创了慕课领域的先河。

大数据促成了深度学习的腾飞。不久前，一太字节（terabyte，即万亿字节）的数据还需要占用整个机架；而现在，在单个记忆棒上就可以存储一太字节的数据。互联网公司的数据中心存储的信息以拍字节（petabyte）计量，每拍字节包含 1024 太字节（1 拍字节 = 10^{15} 字节）。自 20 世纪 80 年代以来，世界上的数据量每三年翻一番。每天都有数千拍字节的数据被上传到互联网上，其总容量达到了泽字节（zettabyte，即 100 万拍字节，或 10^{21} 字节）。大数据爆炸的影响不仅体现在科学和工程领域，也延伸到了社会生活的方方面面。如果没有互联网上的数百万张图像和其他标签数据，就无法训练真正的大型深度学习网络。

世界各地的大学都在为数据科学建立新的中心、研究机构和科系。艾利克斯·萨雷（Alex Szalay）自 1998 年以来，就在斯隆数字巡天项目（Sloan Digital Sky Survey，下文简称 SDSS；http://www.sdss.org/）中收集天文数据。2009 年，凭借自己的这份经历，他在约翰·霍普金斯大学建立了数据密集工程和科学研究所（Institute for Data Intensive Engineering and Science，简称 IDIES）。SDSS 使得天文学家收集的数据总量成千倍地增长，是当今世界上被使用次数最多的天文学设施。然而，正在建设中的大型综合性天空巡天望远镜（Large Synoptic Sky Survey Telescope，https://www.lsst.org/）收集的拍字节规模的数据集，将超越斯隆数字巡天项目收集的太字节规模的数据集达 1000 倍之多。2013 年，当杨立昆在纽约大学创立数据科学中心时，每个科系都有老师带着手中的数据去拜访他。2018 年，加州大学圣迭戈分校建立了新的 Halıcıoğlu 数据科学研究所。数据科学硕士学位（Master's in Data Science degrees，简称 MDSs）正变得像工商管理硕士（MBA）一样受人追捧。

谁拥有最多数据，谁就是赢家

2012 年在太浩湖举行的 NIPS 大会上，深度学习领域的研究已经日趋成熟（见图 11–3）。在这次大会上，早期的神经网络先驱杰弗里·辛顿和他的学生们发表了一篇论文，文中指出，多层神经网络在识别图像中的对象方面性能非常出色。[4] 这些网络不仅比现有计算机的视觉技术更好，它们甚至已经处于一种完全不同的更高层次中，更加接近人类的表现水准。《纽约时报》刊登了一篇关于深度学习的文章，同时 Facebook 宣布与另一位深度学习先驱杨立昆合作成立一个新的人工智能实验室，由后者担任创始实验室主任。

Facebook 首席执行官马克·扎克伯格（Mark Zuckerberg）参与了2012 年的 NIPS 深度学习研讨会。当时安保成了令人头痛的问题，但也吸引了更多的与会者，我们不得不分流了一部分人到另外一个播放会场同步视频的房间。在之后的招待会上，我被介绍给了扎克伯格，他问了些关于大脑的问题。他对心智理论特别感兴趣。在心理学中，有一个关于心智如何工作的内隐理论，我们以它为指导来理解他人。我们给朋友发短信时，并没有意识到在打字时大脑做出的许多决定。扎克伯格问了很多问题。"我的大脑如何构建我自己的心理模型？""我的大脑如何根据经验来创建其他人的心理模型？""我的大脑如何预测其他人的未来行为？""其他物种有没有心智理论？"我最近在索尔克研究所合作组织了一个关于心智理论的研讨会，扎克伯格想要研讨会上所有的参考资料。

图 11-3　在太浩湖赌场举办的 2012 NIPS 大会是深度学习领域的一个转折点，让"神经"重新回归了"神经信息处理系统"。图片来源：NIPS 基金会。

在机器学习中，谁拥有最多的数据，谁就是赢家，显然 Facebook 所拥有的关于人们点赞、好友和照片的数据让其他人只能望其项背。利用所有这些数据，Facebook 可以创建我们的心智理论，并用它来预测我们的偏好和政治倾向，甚至有一天可能会比我们更了解我们自己。Facebook 有朝一日会成为奥威尔小说中老大哥的化身吗？[5] 你会觉得这是一个令人不寒而栗的前景，还是发现有一个能满足你需求的数字管家很方便？我们可能会问 Facebook 是否应该拥有这种权力，但在这个问题上我们也许并没有多少发言权。

尽管我们在太浩湖的赌场举办了 2012 年和 2013 年的 NIPS 大会，但与会者都避开了赌桌。他们知道赌场庄家获胜的可能性更大，更何况，他们正在做的事情比赌博更令人兴奋。赌博会让人上瘾，那是因为多巴胺奖励预测误差系统是我们大脑的一部分（在第 10 章中讨论过）。赌场已经优化了有利于博彩的条件：获得巨大回报的允诺；随机间隔的偶然小胜（奖励）—— 研究已经证明，这是保持实验室老鼠不停按下食物按钮的最佳方式；在老虎机上获胜时触发的声音和灯光；全天昏暗的灯光，将由光线驱动的昼夜节律与正常的日夜更替分开，怂恿你下注。不过从长远来看，庄家显然赢得更多。

在蒙特利尔召开的 2015 年 NIPS 大会上，3800 名国际与会者拥入了蒙特利尔会议中心。会议开场时的深度学习课程环节非常受欢迎，导致人满为患。出于防火安全方面的考虑，我们不得不遣散了一些人。高科技行业中几乎所有拥有大数据的公司都采用了深度学习技术，这一趋势正在以更快的速度扩散。在巴塞罗那举行的 2016 年 NIPS 大会开始前两周，我们将与会人数限制在 5400 名。一个从纽约飞来的人很失望地发现他无法在现场注册。2017 年在长滩举行的 NIPS 大会在注册开放 12 天后就限制注册了，与会者达到了 8000 人。如果自 2014 年以来，每年出席会议的人数按 50% 的增速持续下去，那么最终地球上的每个人都会想参加 NIPS 大会。当然，泡沫最终会破裂，但是与大多数泡沫一样，没有人知道这事儿什么时候会发生。

来自科学和工程部门的许多研究人员继续聚集在 NIPS 大会上，30 年来年年如此。不过，在巴塞罗那举行的 2016 年 NIPS 大会上，5400 名与会者中有 40% 的人是第一次参加会议。在 2016 年之前，NIPS 基金董事会都明智地决定让会议保持在单一会场举行，这对于大型会议来说很少见。其背后的初衷，是让每个人都能坐在同一个房间里，防止场地分散化。但在 2016 年，单一会场变成了双会场，因为很难再找到足够大的房间装下所有人。尽管如此，这也远远少于大多数其他大型会议中常见的 10 个会场。NIPS 的文章接受率一直保持在 20% 左右，低于大多数期刊的接受率。NIPS 在 2016 年举办了"机器学习中的女性"（Women in Machine Learning，简称 WiML）会议，[6] 为巴塞罗那带来近 600 名女性与会者（占与会者总人数的 10%），有 1000 名女性参加了 2017 年在长滩举行的会议。多样性继续成为 NIPS 大会的标志。没有任何一个领域能够独立汇集创造了深度学习的多样化人才。

也许让人感到意外的是，虽然具备了影响如此多行业的潜力，保护深度学习知识产权的专利却很少。在 20 世纪 80 年代，我们希望能让学习算法成为一个新的科学领域的基础，同时认为获得专利对此起不到什么积极的作用。毫无疑问，现在很多公司已经为深度学习的特殊应用提交了专利，因为公司不会在没有保护的情况下对新技术进行大规模投资。

为未来做准备

神经网络学习的重大突破每 30 年就会发生一次，从 20 世纪 50 年代引入感知器开始，到 20 世纪 80 年代学习多层感知器算法，再到

2010 年开始兴起深度学习。其中每个阶段都经历了一段繁荣期，在短时间内取得了飞跃性的进展，随后便是较长时期的缓慢发展。但是其中一个不同点在于，随着每次复兴，兴盛时期的影响一直有增无减。最新的增长动力来源于大数据的普及，而 NIPS 的故事早就为这一天的到来做好了准备。

第三部分

人类，智能与未来

要事年表

1971 年

诺姆·乔姆斯基（Noam Chomsky）在《纽约书评》杂志上发表了《针对斯金纳的驳斥》（The Case against B. F. Skinner）一文，这篇长文诱导一代认知科学家偏离了对学习行为的研究。

1982 年

克劳德·香农（Claude Shannon）出版了开创性的书籍《通信的数学理论》（*A Mathematical Theory of Communication*），该书为当代数字通信技术奠定了基础。

1989 年

卡弗·米德（Carver Mead）出版了著作《模拟大规模集成电路和神经系统》（*Analog VLSI and Neural Systems*），开创了基于仿生芯片的神经形态工程（neuromorphic engineering）研究领域。

2002 年

斯蒂芬·沃尔夫勒姆（Stephen Wolfram）出版了书籍《一种新的科学》（*A New Kind of Science*）。这本书探究了细胞自动机（cellular automata）的计算能力，这些算法比神经网络更简单，但是仍能完成强大的运算。

2005 年

塞巴斯蒂安·特隆的团队赢得了 DARPA 自动驾驶汽车大赛。

2008 年

托拜厄斯·德尔布吕克（Tobias Delbrück）研发了一种非常成功的脉冲视网膜芯片"动态视觉传感器"（Dynamic Vision Sensor，简称 DVS），这种传感器采用异步峰值，而不是像现在的数字摄像机利用同步帧进行图像捕获。

2013 年

白宫宣布启动美国"BRAIN 计划"，开发创新的神经技术，以加速我们对大脑功能的理解。

12

智能时代

认知计算的时代即将到来。很快我们就会拥有比人类驾驶技术更高超的自动驾驶汽车。我们的房子会识别出我们的身份，预见我们的习惯，有客人到访时会提醒我们。最近被谷歌收购的众包网站Kaggle，曾经举办过一次奖金为100万美元的用CT扫描图进行肺癌检测的竞赛，它还为美国国土安全部举办了一场奖金达150万美元的竞赛，希望寻找到能在机场安检时检测出藏匿物的技术。[1]通过认知计算，医生的助理将有能力诊断罕见疾病，提高整体医疗水平。我们已经有了数千个这样的应用，将来还会出现更多类似的应用。有些工作会被淘汰，有些则将被创造出来。尽管认知计算技术十分具有颠覆性，我们的社会还需要时间来吸收和适应，但它对人类来说并不构成生存威胁。相反，我们正在进入一个发现和启蒙的时代，我们会变得更聪明，更长寿，人类文明也会变得更加繁荣。

2015 年，我曾在由 IBM 赞助的旧金山认知计算会议上发表演讲。[2] IBM 当时正在对沃森（Watson）项目进行大规模投资，沃森是一个基于大量事实数据库集合的程序，覆盖信息的范围从历史到流行文化，包罗万象，可以使用自然语言接口的各种算法进行查询。肯·詹宁斯（Ken Jennings）曾经连续 192 天在 74 场智力竞赛节目《危险边缘》（Jeopardy!）中赢得了胜利，这是该游戏节目历史上最长的连胜纪录。2011 年，沃森在该节目中击败了詹宁斯，该事件引起了全世界的注意。

在从酒店出发到会场的出租车上，我无意中听到了后座两名 IBM 管理人员的谈话。IBM 当时正要推出一个围绕沃森的平台，该平台可使用非结构化数据库，来组织和回答健康和金融服务等专业领域的问题。沃森掌握的数据比任何人可能知道的还要多，可以回答问题并提出建议。当然，与其他机器学习程序一样，它仍然需要人类提出问题，并从给出的建议中进行选择。

IBM 早已裁撤掉了硬件部门，其计算机服务部门也早已风光不再。IBM 在沃森上花费了巨资，想要依靠其软件部门来帮忙完成 700 亿美元的营收计划。该公司在慕尼黑已为沃森物联网业务投资了 2 亿美元用来建立新的全球总部，[3] 这是 IBM 在欧洲有史以来最大的一笔投资，为的是满足 6000 多个客户不断增长的利用人工智能来改造运营业务的需求—— IBM 计划在全球投入 30 亿美元来发展认知计算，而这只是其全球计划的一部分。但许多其他公司也在对 AI 进行重大投资，现在想要断言哪些投注会赢，哪些会输，还为时尚早。

21 世纪的生活

在传统医学中，通常采用相同的治疗方法对所有患有特定病症或疾病的患者进行治疗，但现在有了认知计算，治疗已变得更加个性化，也更精确。例如黑色素瘤，过去患上这种疾病的人就等同于被判了死刑，但现在已经可以通过对患者的癌细胞进行基因测序，并针对其病症设计出独特的癌症免疫疗法，以停止甚至逆转黑色素瘤的病情发展。虽然这种疗法目前的治疗费用为 25 万美元，但当对患者癌症基因组测序的基础成本降至几千美元，并且研制所需单克隆抗体的成本仅为几百美元时，最终几乎每个黑色素瘤患者都有能力负担相关的医疗费用。从大量患者那里收集到足够多变异和疗效方面的数据后，医疗决策将变得更好，且收费更低。一些类型的肺癌也可以用相同的方法进行治疗。制药公司正在投资癌症免疫治疗研究，许多其他种类的癌症也许很快就能被治愈。如果没有机器学习方法来分析大量遗传数据，这一切都不可能实现。

我曾担任过 NIH 院长的顾问委员会成员，为推进"BRAIN 计划"提供建议。我们的报告强调了概率和计算技术的重要性，该技术能帮助我们解释由新的神经记录技术产生的数据。[4] 机器学习算法现在被用于分析同时来自数千个神经元的记录，分析来自自由移动动物的复杂行为数据，以及从电子显微镜的一系列数字图像中自动重建三维解剖回路。通过对大脑进行逆向工程，我们将揭秘自然界自身发现的许多新算法。

NIH 在过去的 50 年中资助了神经科学的基础研究，但当前的趋势是将越来越多的资助转向了能够尽快实现医疗应用的转化研究。我们当然希望能转化已经发现的技术，但如果现在不为新的发现提供资金，那么从现在开始的50年里，我们几乎或根本没有任何技术可应用于临床。这也是为什么现在就开展一些基础研究项目非常重要，例如"BRAIN计划"，该举措能够帮助我们找到在未来治疗精神分裂症和阿尔兹海默症等衰弱性脑部疾病的方法。[5]

未来的身份认证

2006年，黑客从美国退伍军人事务部一个员工家中的电脑里窃取了2650万退伍军人的社会安全号码和出生日期信息。退伍军人行政处当时是使用社会安全号码作为其系统中的退伍军人标识符，黑客甚至都不需要解密数据库。有了社会安全号码和出生日期，黑客可以盗取任何人的身份信息。

在印度，超过10亿的公民可以通过指纹、虹膜扫描、照片和12位身份号码（比社会安全号码多3位数字）信息进行唯一的身份识别。印度的Aadhaar是世界上最大的生物特征识别项目。在以往，一位想要得到一份公共文件的印度公民会经历无尽的等待，这个过程中还会涉及许多中间人，每个人都会向他索取贿赂。而如今，通过快速生物扫描，公民可以直接获得补贴食品权和其他福利待遇，许多没有出生证明的穷人现在也拥有了便携式身份认证，可随时随地在几秒钟内识别出身份。以欺骗手段获取福利的身份盗窃行为已经销声匿迹了。一个人的身份已经无法再被窃，除非小偷准备切断这个人的手指并摘除他的眼球。[6]

"印度国家登记处"是南丹·尼勒卡尼（Nandan Nilekani）[7]做了

7 年的一个项目，他是一个亿万富翁，并且是印度外包公司 Infosys 的联合创始人。尼勒卡尼庞大的数字数据库已经帮助印度在身份数字化方面超越了许多发达国家。根据尼勒卡尼的说法："一个小的增量变化乘以 10 亿，就是一个巨大的飞跃。……如果 10 亿人能够在 15 分钟内拿到手机，而不用花上一周，那么这将为经济注入一股巨大的生产力。如果有 100 万人能让资金自动进入他们的银行账户，这将是经济上巨大的生产力飞跃。"[8]

在享受拥有数字身份数据库带来的便利的同时，我们也失去了隐私，尤其是当生物识别码与其他数据库（如银行账户、医疗记录和犯罪记录）以及其他公共计划（如运输）相关联时。隐私泄露问题在美国和许多其他数据库间互相关联的国家已经很严重了，即使它们的数据是匿名的。[9]显而易见，无论我们是否愿意，我们的手机都已经在追踪我们的行踪了。

社交机器人的崛起

电影经常将人工智能描述为像人类一样走路和说话的机器人。不要指望 AI 看上去像 1984 年的科幻电影《终结者》里操着德国口音的终结者那样。不过，你会与 2013 年的科幻电影《她》中萨曼莎一样的 AI 声音交流，并和 2017 年科幻电影《星球大战：原力觉醒》中 R2-D2 和 BB-8 一类的机器人进行互动。AI 已经是日常生活的一部分。认知设备，比如亚马逊 Echo 智能音箱的语音助理 Alexa，已经能和你交谈，并很高兴能让你的生活更轻松，更有满足感，就像 2017年电影《美女与野兽》中的时钟和茶具一样。生活在一个拥有那样物种的世界里会是什么样子呢？来看看我们迈向社交机器人的第一步吧。

目前，人工智能的进展主要集中在感官和认知方面，运动和行为智能的进展还未见端倪。有时我演讲的开场白便是，大脑是已知宇宙中最复杂的设备。但我的妻子比阿特丽斯是一位医生，她经常提醒我说，大脑只是身体的一部分，而身体比大脑更复杂，尽管身体的复杂性（从运动性演变而来）是不同的。

我们的肌肉、肌腱、皮肤和骨骼能够积极地适应世界的变迁、地心引力和其他同类。从内部来说，我们的身体是化学加工的奇迹，可以将食物转化为做工精细的身体部件。它们是由内而外工作的终极3D打印机。我们的大脑从身体各个部分的内脏传感器获得输入，这些传感器不断监测身体内部活动，包括最高层次的皮层表征，就内部优先事项做出决定，并在所有相互竞争的要求之间维持平衡。从真正意义上来说，我们的身体是大脑不可或缺的组成部分，这是具身认知（embodied cognition）的核心原则。[10]

哈维尔·莫维兰（Javier Movellan）（图12-1）来自西班牙，曾经是加州大学圣迭戈分校神经计算研究所机器感知实验室的教员和联合主任。他相信，通过打造能够与人类互动的机器人，我们将比采用传统实验研究更多地了解认知。他搭建了一个机器人婴儿，当你对它微笑时，它也对你微笑，颇得路人的喜爱。哈维尔研究了婴儿与母亲的互动，他得出的结论是，婴儿会尽量从母亲那里获得更多的微笑，同时尽量减少自己的努力。[11]

哈维尔搭建的最著名的社交机器人 Rubi 看起来像是一个天线宝宝（Teletubby），有着丰富的面部表情，眉毛能够扬起表现出有兴趣，相机眼睛能够转来转去，手臂也可以抓取东西（见图 12-2）。在加州大学圣迭戈分校儿童早期教育中心，18 个月大的幼儿通过 Rubi 腹部的平板与它进行互动。

图 12-1　哈维尔·莫维兰在加州大学圣迭戈分校的机器人研讨会上接受了《科学网络》数字论坛的采访。哈维尔率先在教室里推出了社交机器人，并为社交机器人 Rubi 编写了程序，以引起 18 个月大幼儿的注意。图片来源：罗杰·宾汉姆。

　　幼儿很难取悦，他们的注意力非常短暂。他们玩几分钟玩具就会失去兴趣，把它们扔到一边。他们会如何与 Rubi 互动呢？为了安全起见，Rubi 不是按照工业强度打造的，于是第一天，男孩们就扯掉了它的胳膊。经过一些修理和加载软件补丁后，哈维尔再次进行了尝试。这一次，机器人要执行的程序是，当手臂被拉开时要放声大哭。这阻止了男孩们的"暴力"行为，并且让女孩们争相拥抱 Rubi。这是社交工程领域学到的重要一课。

　　幼儿通过指向房间内的物体（如时钟）与 Rubi 玩耍。如果 Rubi 不能在 0.5~1.5 秒的时间窗口内将视线移向物体，那么幼儿就会失去兴趣并走开。如果反应太快，Rubi 的机械性就太明显了；如果反应太慢，Rubi 又会让孩子们感到很无聊。一旦互惠关系形成，孩子们就会将 Rubi 看作是一个有感情的生命，而不是一个玩具。当 Rubi 被带走（到维修店进行升级）后，孩子们会感到不安。他们会被告知 Rubi 感到不舒服，会在家休息一天。在一项研究中，Rubi 被要求教幼儿学习芬兰语单词，他们学习的速度和学英语单词一样快；教他们学习一首流行歌曲的效果就更明显了。[12]

图 12-2　Rubi 在教室里与幼儿们进行互动。Rubi 的头可以旋转，眼睛是相机，嘴和眉毛都十分富有表现力。Rubi 头顶上浓密的光纤会随着它的心情而改变颜色。图片来源：哈维尔·莫维兰。

之前对将 Rubi 引入课堂环境的顾虑之一，是教师可能会担心自己在某一天被机器人取代。但事实恰恰相反：老师对 Rubi 表示欢迎，因为它可以作为一位辅助管理班级秩序的助手，特别是在教室里有访客时。一个能够彻底革新早期教育的实验是"千个 Rubi 项目"（thousand Rubi project）。这个想法是批量生产 Rubi，将它们放在上千个教室中，每天通过互联网从数千次实验中收集数据。教育研究的一个问题是，在一所学校适用的方案可能不适用于另一所学校，因为学校之间存在很多差异，特别是教师之间的差异。"千个 Rubi 项目"也许能够考察许多关于如何改进教育实践的想法，并且可以探究在各地服务于不同社会经济群体的学校之间的差异。虽然能够让项目开展起来的资源一直没有到位，但这仍然是一个好主意，应该有人来跟进。

双腿站立的机器人很不稳定，需要一个复杂的控制系统来防止它们翻倒。而且事实上，婴儿需要 12 个月才能学会走路而不会摔倒。在第 2 章中已经做过简短介绍的罗德尼·布鲁克斯（见图 12-3），想要打造能够像昆虫一样走路的 6 条腿机器人。他发明了一种新型控制器，可以对 6 条腿的动作进行排序，能够让机器人蟑螂向前移动并保持稳定。他那开创性的想法是，让腿部与环境进行的机械交互作用代替抽象的计划和计算。他认为，要让机器人完成日常任务，它们较高的认知能力应该基于感官运动（sensorimotor）与环境的相互作用，而不是抽象的推理。大象具有高度的社会性，有着强大的记忆力，并且还是器械天才，[13] 但它们不会下国际象棋。[14] 1990 年，布鲁克斯继续创立了 iRobot，迄今为止已经卖掉了超过 1000 万个 Roombas 扫地机器人来清洁更多的地板。

工业机器人具有坚硬的关节和强大的伺服电机，这使得它们看起来和感觉起来都很机械化。2008 年，布鲁克斯创立了 Rethink Robotics

公司，该公司设计出了一个关节柔韧，可以转动手臂的机器人 Baxter。它的每个手臂可以按要求来移动，还会自行编程以重复执行过的动作顺序，人们不必再编写一个程序来移动 Baxter 的手臂了。

图 12-3　罗德尼·布鲁克斯在观察机器人 Baxter，它正准备将一个塞盖插入桌上的一个洞中。布鲁克斯是一位连续创业者，之前创建了 iRobot，生产了扫地机器人 Roombas，现在他又创建了 Rethink，生产 Baxter。图片来源：罗德尼·布鲁克斯。

莫维兰比布鲁克斯更进一步，开发出了一种名为"Diego San"（在日本制造）的机器人宝宝[15]，其电动机是气动的（由气压驱动），对比大多数工业机器人使用的刚性转矩电机，Diego San 所有的 44 个关节都更柔软（见图 12-4）。制作它们是基于这样一个灵感：当我们拿起某件东西时，我们身体中的每一块肌肉都会在一定程度上被牵动（如果我们一次只移动一个关节，看起来就会像机器人）。这使我们能够更好地适应不断变化的负载情况以及与世界的互动。大脑可以同时自然流畅地控制身体中的所有自由度——所有关节和肌肉——而 Diego San 项目的目标是找出大脑是怎么做到这一点的。Diego San 的脸上有 27 个运动部件，可以表达各种各样的人类情感。[16] 机器人宝宝的动作非常逼真。虽然哈维尔有几个成功的机器人项目，但 Diego San 并不是其中之一。他并不知道如何使机器人婴儿的表现像人类婴儿那样流畅。

图 12-4　机器人宝宝 Diego San。气压传动装置让所有关节都能平稳移动，这样就能跟人类握手了。面部由大卫·汉森（David Hanson）和汉森机器人公司提供。关于机器人面部表情的动画，可以参考 "Diego Installed"，由哈维尔·莫维兰提供，https://www.youtube.com/watch?v=knRyDcnUc4U/。

机器已经会识别人类面部表情

你能想象当你在 iPhone（苹果手机）上看到股价暴跌，iPhone 问你为什么不高兴，会是怎样一种感觉吗？你的面部表情是情绪的窗口，深度学习现在已经可以探进这个窗口了。传统上，人们认为认知和情绪是大脑两个独立的功能。一般认为，认知是皮层功能（cortical function），而情绪是皮层下的功能（subcortical function）。事实上，有些皮层下结构可以调节情绪状态，比如杏仁核（amygdala）。当情绪水平很高，特别是感到恐惧的时候，杏仁核就会起作用，但这些结构与大脑皮层有强烈的相互作用。例如，在社交互动中，杏仁核的参与会增强人脑对该事件的记忆。认知和情绪是彼此交织的。

在20世纪90年代，我与加州大学旧金山分校的心理学家保罗·艾克曼（Paul Ekman）（见图 12-5）有过合作。艾克曼是世界著名的面部表情专家，是美剧《别对我撒谎》（Lie to Me）系列中卡尔·莱特曼（Cal Lightman）博士在真实世界中的原型，但他本人比剧中的卡尔要和善很多。艾克曼曾去过巴布亚新几内亚，试图了解前工业时代的文化是否像我们一样，能够做出情绪化的面部表情。他在研究过的所有人类社会中发现了六种普遍的情感表达：快乐、悲伤、愤怒、惊讶、恐惧和厌恶。从那以后，其他常见的面部表情也被提取了出来，但人们在对这些表情的理解上并没有达成共识。有些表达，如恐惧，在一些孤立的社会中有着不同的解释。

1992 年，艾克曼和我组织了一个由美国国家科学基金会（NSF）赞助的关于面部表情理解的规划研讨会。[17] 在那个时期，要获得对面部表情研究的资金困难重重。我们的研讨会将神经科学、电子工程和计算机视觉等方面的研究人员，连同心理学家聚集到了一起，为表情分析领域揭开了新篇章。这件事对我来说是一个启示，尽管面部表情的分析在科学、医学和经济等诸多领域都扮演着重要角色，但其重要性却一直被基金机构所忽视。

图12-5　1967 年，保罗·艾克曼和巴布亚新几内亚原住民。他找到了 6 种常见的面部情感表达的证据，包括快乐、悲伤、愤怒、惊讶、恐惧和厌恶。保罗曾为美剧《别对我撒谎》提供咨询，以保证每一集的内容有科学依据。卡尔·莱特曼博士的角色大致上是以艾克曼为原型塑造出来的。图片来源：保罗·艾克曼。

　　艾克曼开发了面部动作编码系统（Facial Action Coding System，以下简称 FACS）来监控面部 44 块肌肉的状态。由艾克曼培训的 FACS 专家需要花费一个小时来标记长度为一分钟的视频，每次标记一帧。面部表情是动态的，可以延续若干秒，但是艾克曼发现，有些表情只持续了几帧。这些"微表情"泄露了大脑被抑制的情感状态，常常能说明，有时还会揭示无意识的情绪反应。例如，在婚姻咨询环节中出现的细微的厌恶表情，就是一个预示婚姻会失败的可靠的信号。[18]

　　在 20 世纪 90 年代，我们使用了一些演员的视频录像来训练反向传播神经网络，对 FACS 进行自动化。这些训练有素的演员可以像艾克曼那样控制脸上的每一块肌肉。1999 年，由我的研究生玛丽安·斯图尔特－巴特利特（Marian Stewart-Bartlett，见图 12–6）利用反向传播训练的网络，在实验室识别面部表情的准确率达到了 96%，前提是要具备完美的照明，周正的面部角度，以及对视频进行手动时间分割。[19] 这个网络的识别效果很不错，于是 1999 年 4 月 5 日，玛丽安和我在黛安·索耶（Diane Sawyer）主持的《早安美国》（Good Morning America）节目中向公众展示了这一成果。在成为加州大学圣迭戈分校神经计算研究所的一名教师后，玛丽安接着又开发了计算机表情识别工具箱（Computer Expression Recognition Toolbox，以下简称 CERT）。[20] 随着计算机的速度变得越来越快，CERT 已经能够进行实时分析，可以标记视频流中不断变化的人类面部表情。

　　2012 年，玛丽安和哈维尔·莫维兰将面部表情的自动分析技术商业化，创立了一家名为"Emotient"的公司。保罗·艾克曼和我为这家公司担任科学顾问。Emotient 开发的深度学习网络能够以 96% 的准

图12-6 正在演示面部表情分析技术的玛丽安·斯图尔特－巴特利特。时间轴上显示的是深度学习网络的输出，正在识别面部表情中快乐、悲伤、惊讶、恐惧、愤怒和厌恶的情绪。图片来源：玛丽安·斯图尔特－巴特利特，Robert Wright/LDV Vision Summit 2015。

确率，在各种不同的照明条件下，利用非正面面部信息实时地对自然行为做出判断。在 Emotient 的一个演示中，其网络在几分钟内就检测到唐纳德·特朗普（Donald Trump）在共和党的首场初选辩论中，对一个焦点小组 ① 的情绪影响最大。相比之下，民意调查人员花了数天时间才得出了同样的结论，专家们更是在几个月之后才认识到，情感投入是争取到选民的关键。焦点小组中最强烈的面部表情是愉悦，其次是恐惧。此外，Emotient 的深度学习网络在尼尔森收视率（Nielsen ratings）调查结果发布前的几个月，就预测到了哪些电视剧将大热。Emotient 于 2016 年 1 月被苹果公司收购，玛丽安和哈维尔现在均在

---

① 焦点小组也称焦点团体、焦点群众，就某一议题，通过采访一个群体以获取其观点和评价。——译者注

苹果公司任职。

在不久的将来，你的 iPhone 可能不仅会问你为什么不高兴，还可能帮助你冷静下来。

新技术改变教育方式

13 年前，在温哥华举行的 2005 年 NIPS 大会上，我和加州大学圣迭戈分校计算机科学与工程系的同事加里·科特雷尔（Gary Cottrell）在一起吃早餐。加里属于 20 世纪 80 年代 PDP 团队最初的一批成员，也是 PDP 团队仍留在加州大学圣迭戈分校为数不多的几人之一。他是 20 世纪 60 年代最后几个仍在坚持神经科学研究团体中的一员，留着马尾辫和灰白的胡须。他读到了 NSF 发表的一项声明，要求为"学习科学中心"（Science of Learning Centers）提供提案。其中让他感兴趣的内容，是连续 5 年每年 500 万美元的预算，而且还可以再延长 5 年。他想提交一份项目申请，并询问我是否愿意帮忙。他当时说，如果成功了，他就不用再写别的基金申请了。我告诉他说，如果成功的话，这项经费能让他终身从事这一事业了。他笑了起来，之后我们开始了合作。

最终我们的申请被批准了，如我所料，尽管每年提供 300 页的年度报告很让人崩溃，但取得的科学成果非常惊人。我们的时间动态学习中心（Temporal Dynamics of Learning Center，以下简称 TDLC）共有来自全球 18 个机构的 100 多名研究人员。在由 NSF 资助的 6 个学习科学中心里，我们这个是最以神经科学和工程为导向的，我们将机器学习的最新进展纳入了这些项目中（见图 12-7）。[21] Rubi 和 CERT

是由 TDLC 资助的两个项目。我们还有一个移动脑电图实验室，让被试者可以在虚拟环境中自由漫游，同时记录他们的脑电波。在大多数脑电图实验室中，被试者必须坐着不动，眼睛都不能眨，以避免产生假象。我们使用了 ICA 来抵消运动假象，让我们能够观察被试者主动探索环境，与其他人互动时的大脑活动。

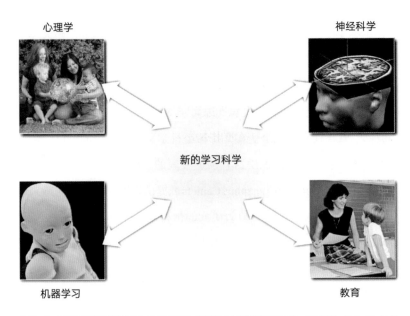

图 12-7　新的学习科学包括机器学习和神经科学，以及来自心理学和教育的见解。图片来源：Meltzoff，Kuhl，Movellan, and Sejnowski, "Foundations for a New Science of Learning," 图 1。

以下是 TDLC 研究人员开展的众多项目中的一部分。

罗格斯分子和行为神经科学中心（Center for Molecular and Behavioral Neuroscience at Rutgers）的艾普利·本纳斯奇（April Benasich）开发了一项测试，可以根据宝宝的听觉感知时间来预测婴儿是否会在语言习得和学习能力上存在缺陷；她指出，这些缺陷可以通过自适应地控制声音出现的时间和奖励反馈来纠正，以便宝宝能够发育出正常的听力、语言和学习能力。[22] 这些结果所针对的实验对象年龄跨度从 3 个月到 5 岁。即使正常发育的婴儿也会从互动环境中受益。艾普利于 2006 年创立了 AAB Research LLC，让快速听觉处理技术（rapid auditory processing technology，简称 RAPT）进入普通家庭，以提高婴儿的学习能力。

玛丽安·斯图尔特 – 巴特利特和哈维尔·莫维兰使用机器学习自动登记学生的面部表情，[23] 当学生看起来很沮丧，似乎不太理解授课内容时，教师可以收到提醒并采取措施。利用深度学习技术，这一过程如今可以自动且准确地同时记录班级中每个孩子的表情信息。在市场营销、精神病学和法医学等领域，还有很多的面部表情分析应用有待开发。

加州大学圣选戈分校的哈罗德·帕施勒（Harold Pashler）和科罗拉多大学博尔德分校的迈克尔·莫泽尔（Michael Mozer）研究了 12 年级的学生在数年内的学习表现，以扩充先前针对大学生为期数月的研究。研究结果表明，个性化的时间分散式复习比短期的填鸭式复习更能改善对学习材料的长期记忆。[24] 他们表示，当学习材料需要在学生的记忆中停留较长时间时，学习的最佳间隔时间最好设得长一些。他们在语言课程中为学生们制定了最佳复习时间表，并帮助他们取得了优异的成绩。

TDLC 的博士后研究员贝丝·罗戈夫斯基（Beth Rogowsky）、罗格斯大学的保拉·塔拉尔（Paula Tallal）和范德堡大学的芭芭拉·卡尔霍恩（Barbara Calhoun）表明，在使用口头或书面材料的学习方法之间没有统计学差异，而且，无论是即时理解还是延迟理解，偏好的学习方式和教学方法之间都不存在联系。[25]学生使用自己更偏好的方式学习不会带来任何积极的效果，这也就意味着大型企业宣传的针对个人学习方式的培训和测试材料，并不会提升课堂的学习效果。

保拉·塔拉尔在 2014 年启动的 1500 万美元的"全球学习 X 奖"（Global Learning X-Prize）中发挥了重要作用。该奖项鼓励教育创新，其目标是开发开源代码和可扩展软件，使发展中国家的儿童能够在 18 个月内掌握基本的阅读、写作和算术技能。为"全球学习 X 奖"所做研究的积极影响，将在未来数十年内在全世界引起回响。

TDLC 的科学总监安德里亚·千叶（Andrea Chiba）在 2014 年上海"学习科学国际大会"上介绍了关于所有的学习行为如何改变大脑结构的研究。[26]这令许多代表都感到惊讶，他们一直相信儿童来到世界上时就具备了一定的潜力，对那些能力不足或者年龄过大的学习者来说，教育只是一种浪费。世界各地仍然存在着巨大的人类潜力有待挖掘。

我们发现教育中最大的问题不是科学方面的，而是来自社会和文化。美国有 13500 个学区，每个学区都有自己的学校董事会，负责决定课程、教师资格和最佳实践；需要数十年才能实现这些目标，并有针对性地处理这些问题。在教师实施教学之前，他们还必须管理教室秩序，这对于低年级和市中心的学校来说尤其具有挑战性。提出要求的家长们可能不会意识到教学资源的匮乏导致了教师中的职业倦怠现象频发，而教师工会的影响也难辞其咎，后者往往阻碍了日积月累的努力。

教学从根本上来说是一项劳动密集型活动。最优质和最有效的教学方式是让经验丰富的成人教师和学生之间进行一对一交流。[27]我们背负着一个专为大众教育而设计的流水线系统，对学生按年龄进行划分，教师在大班里年复一年地传授相同的课程。这可能是一种生产汽车的好方法，在劳动力只接受基本教育就能满足社会需求的年代，这样的方法还算行得通。但是当工作岗位需要更高水平的培训和终身学习来更新工作技能时，这个系统就落伍了。诚然，作为成年人，回到学校可能是痛苦和不切实际的。我们正在经历的信息革命已经超越了劳动力世代更替的时间尺度。幸运的是，出现在互联网上的新技术可能会改变我们的学习方式。学习科学中心于 2006 年创立时，我们并没有预见到，互联网正在重构我们的学习版图。

成为更好的学习者

慕课在 2011 年突然流行起来，《纽约时报》发表了一篇热门文章，提到了一门大受欢迎的斯坦福大学人工智能在线课程。[28] 大量的学生参加慕课，他们在互联网上这一前所未有的学习行为，在全世界引起了广泛的关注。几乎在一夜之间，很多新公司获得了融资，这些公司专注于开发以及免费在线发布世界上一些最优秀的教育者的讲座。只要能连上网，人们就能随时随地观看这些讲座。除了讲座之外，课程内容还包括测验、考试、供学习者交流的论坛、助教辅导，以及自发组织的本地"见面会"，方便学生在非正式的环境中讨论课程内容。慕课的受众面已经大大增加了——2015 年，"慕课人"的数量翻了一番，从估算的 1700 万增加到了 3500 多万。慕课绕开了现有教育体系中的所有限制因素。

2013 年 1 月，在加州大学尔湾分校由美国国家科学院主办的一次会议上，我遇到了芭芭拉·奥克利。尽管她读书的时候在数学和科学方面表现欠佳，但她现在是位于密歇根州奥本山和罗切斯特山市的奥克兰大学的一名电子工程学教授。她是曾主修人文科学专业的美国陆军上尉，回到学校之前，她在白令海的拖网渔船上担任俄语翻译。后来她克服了自己在数学方面的心理障碍，获得了电子工程博士学位。在会议的晚宴上，我发现芭芭拉和我在学习方面有着相似的看法，她当时正在写一本书，书名是《学习之道》(*A Mind for Numbers: How to Excel at Math and Science*)。于是我邀请她到加州大学圣迭戈分校为高中学生和老师们举办一次 TDLC 讲座。

芭芭拉受到了学生们的热烈欢迎，很明显她是一位颇有天赋的老师。她的方法和实用性见解源于我们对大脑的了解，所以我们联手为 Coursera 开发了一门慕课，名为"学会如何学习：帮助你掌握复杂学科的强大智力工具"（见图 12-8；https://www.coursera.org/learn/

图 12-8　芭芭拉·奥克利介绍"学会如何学习"慕课。已有超过 300 万学员参加了该课程，使其成为全球最受欢迎的互联网课程。图片来源：芭芭拉·奥克利。

learning-how-to-learn/），于 2014 年 8 月推出。它目前是世界上最受欢迎的慕课，在头四年里注册的学习者超过 300 万，并且每天还会吸引 1000 个来自 200 多个国家的新学员。"学会如何学习"根据我们对大脑学习方式的了解，为你提供了成为更好学习者所需的工具。我们学习者的反馈非常积极，于是我们又开发了第二个名为"思维转换"（Mindshift）的慕课，以帮助那些想要转业或改变生活方式的人。这两门慕课课程的资料都可以在网络上免费获取。

"学会如何学习"这一课程，就如何成为更好的学习者，如何处理测试焦虑，如何避免拖延，以及我们对大脑怎样学习的认识等话题提供了实用性的建议。这是一门为期一个月的免费课程，由长度为 5~10 分钟的视频剪辑、小测验和综合测试组成，现已被翻译成 20 多种语言。课程的基石之一，就是当你正在做别的事情时，你的大脑可以在潜意识中帮你完成一些工作。亨利·庞加莱（Henri Poincaré）是 19 世纪一位杰出的数学家，他曾经描述自己如何最终解决了一个数学难题。当时他已经紧张地工作了好几个星期，但仍然一无所获。于是他度假去了。当他在法国南部踏上一辆公共汽车时，问题的解决方案突然就出现在了他的脑海中，他的大脑中有一部分区域在他享受假期的时候仍然在处理这个问题。他知道自己找到了证明问题的正确方法，并在返回巴黎时完成了它。他之前对这个问题的深入研究已经使他的大脑做好了充分的准备，这样他的潜意识就可以在他放松的时候继续处理这个问题。这两个阶段对创造力而言同等重要。

令人惊讶的是，即使在睡觉的时候，你的大脑也会在你毫不知情的情况下解决问题。但是，只有在你入睡之前仍专注于解决问题的前提下，大脑才能做到这一点。于是你早上醒来的时候，一种新的见解就会从脑海中跳出来，帮助你解决问题（尽管这种情况不会经常发生）。在休假或入睡前的高强度思考，对激活你的大脑非常重要；否则，它就有可能去处理其他问题了。这种方式并不限于数学或科学问题，如果你最近在思考一个社交问题，你的大脑就会像解决数学和科学问题一样努力解决它。

"学会如何学习"最令我们感到欣慰的成果之一，就是收到了来自快乐学习者的信件，感谢我们为他们提供了最好的课程，或者这门课如何影响了他们的职业选择。[29] 教师也写信给我们，提到他们正在将"学会如何学习"这门课的经验融入自己的课堂中。

我们最初的目标是教授高中生和大学生"学会如何学习"，但后来发现这些人的比例不到学习这门课程总人数的1%。因为学校一直以来都被要求以"共同核心"（Common Core）测试为目标进行教学，他们没时间教学生如何学习，而后者往往对学生们的学业更有帮助。要求各个学区都采用"学会如何学习"的教学模式将是一个艰难的任务，毕竟学校的运营预算是有限的。学区也不打算修改他们的课程，把"学会如何学习"纳入大规模的教学。任何大范围的尝试都涉及课程表的调整、教师再培训和新教材的开发，这个过程相当的费时费力。但不论如何，我们都需要12岁的孩子在进入高中前接触到这项课程。芭芭拉和我针对这群读者写了一本书，希望这些年轻的学生在进入会频繁遇到数学难题的中学时期之前，就能接触到我们的技巧。[30]

与学校课程"要么太多，要么没有"的学习模式不同，慕课更像是你随时可以挑选和阅读的书：学习者们更倾向于"放养式"的学习方法，有针对性地选择符合他们迫切需求的课程。慕课原本被认为是传统教室的替代品，现在它在教育领域占据了一个互补性的位置，这与其他教学场所不同。它以独特的方式满足了学习者的需求，而传统教育方式往往做不到这一点。例如，慕课已经被翻转课堂（flipped classes）这一教育方式所采纳，学生们可以在方便的课余时间观看选定的讲座，老师则会针对课程内容在课堂上引导学生们进行讨论。我们的教育体系是为工业时代设计的，学校所传授的知识曾经是你今后维持工作，以及作为一名有生产力的公民所需的基础知识。然而现在，学生刚一毕业，学校传授的那些知识就已经过时了。慕课直接进入家庭，是教育系统的最后一环。对 Coursera 进行的人口统计表明，大多数在线学习者的年龄都在 25~35 岁之间，他们当中超过一半的人接受过大学教育。这些都是在工作中需要新技能，并在网上进行自学的年轻人。我们的教育系统需要更多根本性的改变，让我们的大脑能够适应在经济信息领域中快速扩张的岗位技能需求。例如，通过互联网收集信息需要一些判断力和基本技能，即能够制定合适的搜索条件，并甄别错误的搜索路径。可惜的是，学校似乎没有时间教授基本的互联网操作技能，即使学生们能够从学习如何积极寻求信息，而不是被动接受课程中受益。

优达学城（Udacity）是由因自动驾驶汽车而名声大噪的塞巴斯蒂安·特隆创立的另一家制作慕课的教育机构。除了提供免费课程外，优达学城还与希望提升自身员工技能的公司开展了合作。优达学城打造了符合公司需求的慕课，员工们也有动力去学习这些课程。对于雇主、员工和优达学城来说，这是共赢。优达学城也提供了一系列专项课程，比如自动驾驶汽车技术（费用为 800 美元），学员学成之后可以获得纳米学位（nanodegree），如果在 6 个月内找不到工作还能收到全额退款。①31 传统学校之外的教育机构发展迅速，慕课可以为终身学习提供各种解决方案。

我们后续的一门慕课"思维转换：突破学习障碍并发掘你的潜能"（MindShift: Break through Obstacles to Learning and Discover Your Hidden Potential，https://www.coursera.org/learn/ mindshift/）已经于2017年4月推出。该课程是与芭芭拉·奥克利的一本新书同步推出的，32 基于他人的亲身经历，并使用早期的案例（包括我的）来阐明，当你想以某种方式改变你的生活时可能会面对的各种难题。就我而言，我是从物理学转到了神经生物学领域，但在另一个案例中，一位成功的音乐会独奏家放弃了他的职业生涯，转而成为一名医生。转行这一现象已经变得越来越普遍，"思维转换"的课程设计旨在降低该过程的难度。该门课程现在在世界上最受欢迎的慕课中排名第三。

另一种成为更好的学习者的方式，是利用交互式电脑游戏。类似Lumosity 这样的公司提供了在线游戏，声称可以提高玩家的记忆力和注意力。问题是，支持这种说法的研究往往凤毛麟角，或者质量不高，特别是在将培训转移到实际任务方面。但是，这一切都还处于早期阶段，更出色的研究正开始帮助我们辨别有效和无效的方法。结果往往令人大开眼界，甚至有悖直觉。

---

① 作者指的是升级版的纳米学位（Nanodegree Plus）。近期优达学城的课程政策出现变动，费用有所上调，并于2017年12月5日起不再提供升级版的纳米学位项目。——译者注

训练你的大脑

在广泛改善认知功能方面最有效的视频游戏是那些追逐僵尸，在战争中杀死坏人，以及极速赛车之类的游戏。日内瓦大学的达芙妮·芭菲莉亚（Daphne Bavelier）表示，玩《荣誉勋章：联合袭击》（*Medal of Honor: Allied Assault*）等第一人称视角的射击游戏改善了人们的感知、注意力和认知能力，尤其是视觉、多任务处理和任务转换，并且引导他们更快地制定出决策。[33] 她总结说，玩这类射击游戏可能会让年长者的大脑反应与年轻人的一样快（对于任何上了年纪的人来说都是好消息）。但是一些射击游戏也可能会有损长期记忆。[34] 每款游戏都有不同的优点和缺点，需要单独进行分析。

加州大学旧金山分校的亚当·格萨雷（Adam Gazzaley）定制了一款叫作 NeuroRacer 的三维视频游戏，能够提高你的多任务处理能力。有研究表明，大脑中神经调节剂的活动对于注意力、学习和记忆有着重要的作用。[35] 在 NeuroRacer 中，玩家沿着蜿蜒崎岖的道路驾驶汽车，同时还要留意随机弹出的各种标志。这就要求玩家调用多种认知技能，例如注意力和任务切换能力，进行多任务处理。在测试 NeuroRacer 时，亚当和同事们发现，在经过训练以后，被试者的这些技能得到了显著提高，并在工作记忆和持续关注方面达到了较高的水平，然而这些并不属于训练的一部分。此外，他们的表现还优于未经训练的 20 岁年轻人，并且在中止训练的 6 个月后，这些能力依然没有消退。[36] NeuroRacer 目前正在被用于临床试验，为患有注意力缺陷和记忆障碍的患者提供治疗。

1997 年，尚在罗格斯的保拉·塔拉尔和尚在加州大学旧金山分

校的迈克尔·梅泽尼奇（Michael Merzenich）联合创建了一家名为
"Scientic Learning"的公司，为患有语言和阅读障碍（如失读症）的
儿童提供帮助。语音理解取决于能否捕捉到快速的声学转换。例如，
听到"ba"、"ga"或"da"之间的差异取决于音节开头的毫秒范围内
的时间差异。无法检测到这些时间差异的孩子在学习中会处于劣势，
因为他们无法分辨包含这些声音的词汇。要学习阅读，孩子们必须能
够识别和区分单词中字母代表的简短声音。塔拉尔和梅泽尼奇开发
了被称为"Fast ForWord"的一系列计算机游戏，它首先通过在音节、
单词和句子中夸大声学时差来提高孩子的听觉判断、语言和阅读理解
能力。随着孩子们在各种语言和阅读水平上的提高，这种时间差异会
被缩短。[37]Fast ForWord 在教育游戏的同类产品中得到了很高的评价，
有 6000 所学校和超过 250 万名儿童使用过该系列。它们也在超过 55
个国家被用来帮助孩子学习英语这门第二语言。梅泽尼奇后来又开发
了 BrainHQ（https://www.brainhq.com），这是一款基于相似科学原理
的游戏，旨在减缓老年人的认知衰退。

你还可以通过锻炼大脑来提高运动技能。加州大学河滨分校的
亚伦·赛茨（Aaron Seitz）开发了一个能够改善视觉感知和反应时
间的计算机程序。在使用这个程序后，棒球队队员普遍反映视力变
得更好了，被三振出局的次数变少了，还创造出了更多跑垒，并在
赛季的 54 场比赛中多赢得了 4~5 场比赛。[38]赛茨开发了一款名为
"UltimEyes"的廉价应用程序，将他的研究成果对公众开放。不过
联邦贸易委员会已经停止了这款游戏的传播，直到更多的研究能进
一步证实他的说法。[39]

在玩考验反应时间的游戏时，某些认知技能上的提高倾向于转移

到其他认知技能上。但在玩许多其他特定领域游戏，如记忆游戏时，这种转移并不存在。虽然我们设计的交互式视频游戏正在变得越来越好，能够改善我们的大脑功能，增加游戏的趣味性，还能制成应用程序，但这种转移发生的条件仍然有待研究。全球范围内认知改善的潜力不可估量。

智能商业

在 2015 年 NIPS 大会开幕式上，我穿着全美运动汽车竞赛协会（NASCAR）风格的夹克欢迎与会者，上面贴着我们所有 42 个赞助商的商标（见图 12-9）。在巴塞罗那举行的 2016 年 NIPS 大会上，赞助商有 65 家，一件夹克上已经放不下了。而到了 2017 年，多达 93 家赞助商支持了在长滩举行的 NIPS 大会。这种爆炸性的增长迟早会结束，但它在社会上的回响可能会持续数十年。这些赞助公司派遣招聘人员参加 NIPS 大会，渴望聘用市场上缺乏的优秀研究人员。我的许多同事已经加入了谷歌、微软、亚马逊、苹果、Facebook、百度和其他许多初创公司。它们还从大学里抢夺人才。据塞巴斯蒂安·特隆估计，当一家像 Otto 或 Cruise 这样的自动驾驶初创公司被一家大公司收购时，相当于在每个机器学习专家身上都花费了 1000 万美元。[40]

2013 年，谷歌收购了杰弗里·辛顿的公司 DNNresearch，当时这家公司由他和他在多伦多大学的两名研究生在运营着。杰弗里·辛顿于是成了谷歌的员工。他现在可以获得比他曾在多伦多憧憬过的更庞大的计算能力，但更重要的是谷歌所拥有的海量数据。谷歌大脑（Google Brain）是杰夫·迪恩（Jeff Dean）领导的由才华横溢的工程

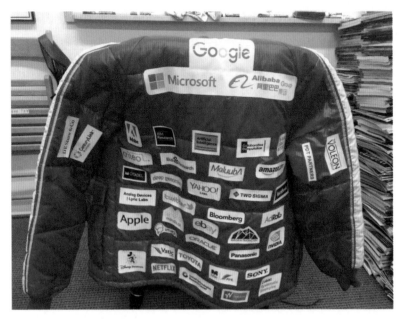

图 12-9 我在 2015 年蒙特利尔 NIPS 大会上的穿着，一件"全美运动汽车竞赛协会"风格的夹克。会议的赞助商五花八门，从顶级互联网公司到金融和媒体公司，它们都在深度学习领域进行了投资。图片来源：NIPS 基金会。

师和科学家组成的杰出人才团队。迪恩设计了谷歌所有的服务都依赖的 MapReduce 文件系统。当你让谷歌翻译一段文字时，它现在所使用的就是迪恩的谷歌大脑团队设计的深度学习技术。当你搜索一个关键词时，深度学习会对搜索结果进行排名。当你与谷歌助手（Google Assistant）进行交谈时，它会使用深度学习来识别你的话。随着与你的对话进行得更加流畅，它将使用深度学习为你提供更好的服务。谷歌已经在全力地钻研深度学习。其他高科技行业也一样，但这只是一个开始。

美国在人工智能方面正在失去领先地位，在你阅读这本书的时候，其他国家可能已经超越了我们。多伦多矢量研究所（The Vector

Institute in Toronto）于 2017 年 3 月启动，加拿大政府和安大略省政府，多伦多大学以及私营企业对其提供了 1.75 亿加元的资金支持。[41]矢量研究所的目标是成为世界领先的人工智能研究中心，培养最多的机器学习领域的博士和硕士毕业生，并成为推动多伦多市，安大略省乃至整个加拿大经济发展的 AI 超级集群的引擎。但加拿大将面临来自中国的激烈竞争，中国正在培训数千名机器学习领域的工程师，神经形态计算是其"大脑项目"的两翼之一。受 2017 年 AlphaGo 击败柯洁事件的影响——类似 1957 年苏联制造的人造卫星对美国的影响，中国已经启动了一项新的价值数十亿美元的人工智能计划，包括雄心勃勃的项目、初创企业和学术研究，目的是到 2030 年在世界范围内占据重要地位。[42]由于其拥有大量的医疗和个人数据，而且普通民众对隐私的关注相比西方民主国家要少得多，中国可以超越其他那些将私人数据保留在私有孤岛中的国家。中国还将农业和制造业作为数据收集的对象。谁拥有最多的数据，谁就是赢家，中国在数据上的资本实力相当雄厚。

中国也希望"将人工智能集成到导弹中，甚至预测犯罪行为"。[43]而与此同时，美国的政治领导人正计划削减科学和技术资金。在 20世纪 60 年代，美国在太空竞赛中投入了 1000 亿美元（该数字针对通货膨胀进行了调整），[44]创造了卫星产业，使美国在微电子和材料领域处于领先地位，并在科学和技术的国家实力上做出了政治宣言。当时的投资至今仍在发挥功效。微电子和先进材料是美国仍然具有竞争力的少数几个行业之一。中国在 AI 竞争方面的大量投资，可能会让它在 21 世纪的几个关键行业中处于领先地位。这一形势对我们来说是一种警醒。

人工智能正在加速"无形的"信息经济。经济产出的衡量标准是国内生产总值（GDP），即所有商品和服务的总价值。这项指标是为工业经济设计的，其主要产品和服务是有形的，例如食品、汽车和医疗保健。但是，信息公司中越来越多的价值并不是以这些实体产品进行衡量的。例如，微软拥有的建筑和设备价值为 10 亿美元，仅占其市场价值的 1%。[45] 其余价值则是基于软件和微软程序员的专业知识。你愿意为在智能手机上下载的信息出个什么价钱？我们需要一种考虑到各种形式信息价值的新指标，即国内无形资产总值（Gross Domestic Intangibles，简称 GDI），以强化 GDP 来衡量生产率。[46]

目前人工智能的应用还是基于 30 年前完成的基础研究。30 年后的应用将取决于当前正在进行的基础研究，但最优秀和最聪明的研究人员正在为工业界工作，并专注于近期的产品和服务。平衡这一人才流动趋势的是，最聪明最优质的学生现在都进入了机器学习领域。而在上一代人中，类似的人才会进入投资银行业。

在思考人工智能的未来时，我们需要保持目光长远，因为我们远没有具备达到人类智能水平所需的计算能力。现在，深度学习网络拥有数百万个单元和数十亿个权重。这比人类大脑皮层中的神经元和突触的数量还要少 1 万倍——人类 1 立方毫米的皮层组织就包含了 10 亿个突触。如果世界上的所有传感器都连接到互联网，并通过深度学习网络相互连接，那么有一天，互联网可能会醒来并主动说出：

"Hello，world！"（你好，世界！）[47]

13

算法驱动

2016 年 6 月，在新加坡南洋理工大学举办的 21 世纪科学挑战大会上，我参与了为期一周的讨论。讨论的话题范围很广，从宇宙论、进化论到科学政策。[1] W. 布赖恩·阿瑟（W. Brian Arthur）是一个对技术很感兴趣的经济学家，[2] 他指出，在过去，技术是由物理定律驱动的：20 世纪，我们试图用微分方程和连续变量的数学原理去理解物理世界，这些变量在时间和空间上平滑地变化。相比之下，今天的技术是由算法驱动的：在 21 世纪，我们试图通过离散数学和算法来理解计算机科学和生物学复杂的本质。阿瑟是新墨西哥州圣塔菲研究所（the Santa Fe Institute）的教员，该机构是 20 世纪涌现出的许多研究复杂系统的中心之一。[3]

算法无处不在。我们每次使用谷歌搜索时都使用了算法。[4] 每次在 Facebook 上阅读的新闻推送也都经过了算法的自动筛选，这些新的推送参考了我们的阅读历史记录，会影响我们情绪的反应。[5] 随着经过深度学习训练的语音识别和自然语言能力被嵌入我们的手机中，算法正在以越来越快的速度侵入我们的生活。

算法是在执行计算或解决问题时，遵循一组包含离散步骤或规则的过程。"算法"（algorithm）这个词来源于拉丁文"algorismus"，以 9 世纪的波斯数学家 al-Khwarizmi 的名字命名，在 17 世纪受到希腊语中"arithmos"（意为"数字"）这个词的影响，最终由"algorism"转变为"algorithm"。算法虽然有着古老的起源，但其地位直到最近才通过数字计算机提升到了科学和工程领域的前沿。

用算法把复杂问题简单化

20 世纪 80 年代，解决复杂度问题的新方法开始萌芽，其目标是寻找新的途径来理解在生物体中发现的系统，这些系统比物理和化学系统还要复杂。与遵循艾萨克·牛顿运动定律的火箭运动的简单性不同，并没有一种简易的方式来描述树木如何生长。于是，计算机算法被一大群传奇的先驱用来探索这些古老的生命体问题。

斯图尔特·考夫曼（Stuart Kauffman）是一名医生，对基因网络很感兴趣。基因网络中被称为"转录因子"的蛋白质能定位基因，并影响它们是否被激活。[6] 他的模型是自组织的，基于二元单元网络，这个网络和神经网络在某些方面很相似，但速度要慢得多。克里斯托弗·兰顿（Christopher Langton）在 20 世纪 80 年代后期创造了"人造生命"这个术语，[7] 由此引发了一系列的尝试，旨在理解活细胞的复杂性和复杂行为形成发展的原理。尽管我们在细胞生物学和分子遗传学方面所取得的进展，已经能够揭示细胞内分子机制高度演化的复杂性，但生命的奥秘对我们来说仍然是个不解之谜。

算法为创造出比现有世界更为复杂的世界提供了新的机会。事实上，20 世纪发现的算法确实让我们重新思考了复杂性的本质。20 世纪 80 年代的神经网络革命，就是由类似的理解大脑复杂性的尝试所驱动的。虽然我们的神经网络模型比大脑的神经回路简单得多，但我们开发的学习算法使得探索一般原理成为可能，例如信息在大量神经元中的分布原理。不过，网络功能的复杂性是如何由相对简单的学习规则产生的呢？是否存在一种更简单的系统，既体现了复杂性，又更易于分析呢？

理解、分析复杂系统

另一个以科学的严肃态度对待复杂性的传奇人物是斯蒂芬·沃尔夫勒姆（见图 13-1）。他年轻时是个神童，20 岁就从加州理工学院获得了物理学博士学位，创造了该学位最年轻毕业生的纪录，并于 1986 年在伊利诺伊大学成立了复杂系统研究中心。沃尔夫勒姆认为神经网络过于复杂，于是决定转变研究方向，开始探索细胞自动机。

细胞自动机通常只有少数几个随时间变化的离散值，这取决于其他细胞的状态。最简单的一种细胞自动机，是一组一维的细胞阵列，每个细胞的值为 0 或 1（见方框 13.1）。"生命的游戏"（Game of Life）也许是最著名的细胞自动机了，它是由普林斯顿大学的数学教授约翰·康威（John Conway）在 1968 年发明的，并由马丁·加德纳

图 13-1 斯蒂芬·沃尔夫勒姆在他位于马萨诸塞州康科德的家中，站在由算法生成的地板上。沃尔夫勒姆是复杂性理论的先驱，他曾经提出，即使是简单的程序也会生成现实级别的复杂性。图片来源：斯蒂芬·沃尔夫勒姆。

（Martin Gardner）通过他在杂志《科学美国人》（*Scientific American*）的 "数学游戏" 专栏中推广开来（见图 13-2）。整个空间是一个二维的细胞阵列，细胞只有 "开" 或 "关" 的状态，对规则的更新仅取决于 4 个最近的相邻细胞。在每个时间步骤中，所有细胞的状态都会更新。阵列中会生成复杂的模式，其中一些模式还有自己的名字，例如 "滑翔机"，它会横跨阵列并与其他模式发生碰撞。初始条件对于找到显示复杂模式的配置至关重要。

生成复杂系统的规则有多普遍呢？沃尔夫勒姆想要了解可能导致复杂行为的最简单的细胞自动机规则，于是他开始从所有规则中寻找。规则 0~29 产生的模式总是会回归枯燥的行为：所有的细胞都会以重复模式或嵌套分形模式结束。但是，规则 30 产生了展开模式，规则 110 不断变化并演变出了复杂模式（见方框 13.1）。[8] 最终证明，

细胞自动机

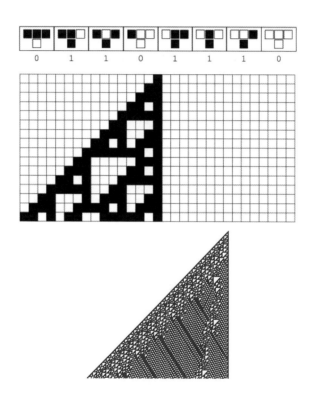

规则 110。细胞自动机的运行规则是：细胞的颜色依据自身和直接相邻的细胞的颜色而改变。例如，对于图片顶部 3 个细胞的黑色和白色的 8 种可能组合，规则 110 指定了其下方细胞的颜色。这条规则的演变能够每次对一行细胞进行更新，从第一行的单个黑色细胞开始，更新 15 次后，就产生了中间的那幅图，而更新了 250 次后，则产生了底部的那幅图。简单的初始条件演变成了一个无限延续的非常复杂的模式。这其中的复杂性来自哪里？想了解更多细节，请参阅：http://mathworld.wolfram.com/Rule 110.html。

规则 110 能够实现通用计算；也就是说，所有可能的细胞自动机中，最简单的一些已经具备了可以计算任何可计算函数的图灵机的能力，所以它在原则上与任何计算机一样强大。

图13-2　生命的游戏。一个 Gosper 滑翔机枪（图片顶部）的快照，它发出一系列按对角线飞行的滑翔机图标，从"母船"（顶部）飞往右下角。图片来自维基百科：Gun（cellular automaton），有一个滑翔机枪运动的 GIF 动画。

该发现的一个意义在于，我们在生命体中发现的显著复杂性，可以通过对分子间化学相互作用的最简空间进行采样，从而实现演化。而演化过程中出现的复杂的分子组合，应该是能够预料到的，不应该被当作是什么奇迹。但细胞自动机可能不是早期生命的优秀模型，究竟哪些简单的化学系统能够产生复杂的分子结构，仍然是一个悬而未决的问题。[9] 也许只有特殊的生物化学系统才有这种特性，这有助于减少可能产生生命的潜在相互作用种类的数量。

生命的一个重要特性，是细胞的自我复制能力。匈牙利裔美国数学家约翰·冯·诺依曼，曾经于 20 世纪 40 年代在普林斯顿高级研究所使用细胞自动机探索过这种能力。冯·诺依曼的工作对数学的许多领域都产生了重大影响，特别是他关于博弈论的开创性工作（在第 1

章中提到过）。在寻找可以完全自我复制的最简单的细胞自动机过程
中，冯·诺依曼发现了一个复杂的细胞自动机，具有 29 个内部状态和
一个大型的记忆体，可以实现自我复制。[10] 该发现具有重大的生物学
意义，因为能够自我复制的细胞中，也有许多内部状态和记忆以 DNA
的形式存在。从那以后，更简单的、能够自我复制的细胞自动机陆续
被发现。

大脑的逻辑深度

　　1943 年，沃伦·麦卡洛克（Warren McCulloch）和沃尔特·皮茨
（Walter Pitts）证明了，用类似感知器的简单二进制阈值单元构建一台
数字计算机是可行的，只要将感知器按照计算机的基本逻辑门那样连
接起来就可以了。[11] 我们现在知道，大脑有模拟和数字的混合特性，
它们的神经回路通常不计算逻辑函数。但是麦卡洛克和皮茨于 1943
年发表的论文在当时受到了很多关注，特别是启发了冯·诺依曼对计
算机的思考。他创建了第一批有存储程序的数字计算机，这对于当时
的数学家来说是一个很不寻常的项目，尽管当冯·诺依曼于 1957 年去
世时，高级研究所并没有继续他的研究，还销毁了他的计算机。[12]

　　冯·诺依曼对大脑也非常感兴趣。1956 年，作为耶鲁大学举办
的西利曼（Silliman）讲座嘉宾，[13] 他在讲座中思考了大脑如何用这
种不可靠的组件进行可靠操作的问题。当数字计算机中的晶体管出现
错误时，整个计算机可能就会崩溃，但是当大脑中的某个神经元失灵
时，大脑的其他部分却会适应这种失灵，并照常工作。冯·诺依曼认
为，冗余（redundancy）可能是大脑能够稳定运转的原因，因为每一

个操作都有许多神经元参与。冗余在传统上是基于备份的，以防主系统出现故障。但我们现在知道，大脑的冗余是基于多样性，而不是重复。冯·诺依曼对逻辑深度也表示了担忧：在累计误差破坏结果之前，大脑可以完成多少逻辑步骤？与可以完美地执行每个逻辑步骤的计算机不同，大脑具有许多噪声源。一个大脑可能达不到完美的程度，但是因为它有许多神经元并行工作，所以每一步能够完成的计算都比一台计算机进行一次计算所能完成的要多得多，因而逻辑深度也要浅一些。

尝试所有可能的策略

想象一下充满了所有可能算法的空间。这个空间中的每一点都是一个算法，可以做某件事，而且其中一些算法是非常有用且高效的。过去，这些算法是由数学家和计算机科学家们手工创造的，就像行会里的工匠那样。斯蒂芬·沃尔弗勒姆通过穷举搜索（exhaustive search）对搜寻细胞自动机算法的过程进行了自动化，从最简单的自动机开始，其中一些产生了高度复杂的模式。沃尔弗勒姆定律（Wolfram's law）是对这种见解的一个总结。该定律指出，你不必在算法空间中搜索很长一段路径，就可以找到一种能解决一类有趣问题的算法。这就像使用机器人程序在互联网上玩类似《星际争霸》的游戏一样，尝试所有可能的策略。根据沃尔弗勒姆定律，算法空间中应该有大量算法可以赢得游戏。

沃尔弗勒姆专注于细胞自动机的空间，这是所有可能算法空间中一个小的子空间。但是，如果细胞自动机是非典型算法，比其他类算法更具有普遍性呢？我们现在已经在神经网络空间中确认了沃尔夫勒姆定律。每个深度学习网络都是通过学习算法找到的，该算法是一种发现新算法的元算法。对于大型网络和大量数据，从不同的起始状态学习可以产生如星系般庞大的网络数量，它们在解决问题上都能达到相同效果。这就产生了一个问题，即是否存在一种比梯度下降更快的方法能够找到算法空间的区域。梯度下降这种方法速度慢，还需要使用大量的数据。有一个暗示揭示了这种可能性，即每个生物种类，都是由生命算法空间中的一个点附近的变体 DNA 序列创建的个体云。自然界通过自然选择设法从一个"个体云"跳跃到另一个云，这种跳跃式过程被称为"间断性平衡"（punctuated equilibria）[14]，同时每个物种也经历着随机突变的局部搜索。遗传算法被设计用来进行这样的跳跃，大致是基于自然界如何演化出新的有机体[15]。我们需要用数学来描述这些算法云。可谁知道算法的空间是什么样子呢？还有很多我们尚未发现的算法"星系"，但我们可以通过自动探索的方式来找到这些星系——终极边境。

我实验室的博士后研究员克劳斯·施蒂费尔（Klaus Stiefel）跟进了这一过程中的一个简单例子。他在 2007 年使用了一种算法，在计算机中生成了具有复杂的树突树（dendritic trees）的模型神经元。[16]树突就像天线一样从其他神经元收集输入。可能的树突树的空间是巨大的，而施蒂费尔的目标是指定所需的功能，并在树突树的空间中搜索能够计算出该功能的模型神经元。一个有效的功能是决定输入放电尖峰的到达顺序：当一个特定的输入在另一个输入之前到达时，神经元应该输出一个放电尖峰，但是如果该输入随后到达，神经元应该保持沉默。这种模型神经元是通过使用遗传算法搜索所有可能的树突树发现的，且该解决方案看起来就像皮层锥体神经元，一个突触位于底部的薄树突（基底树突），另一个突触位于神经元顶部的厚树突（顶树突；见图 14-6）。这也许解释了为什么锥体细胞有顶端和基底的树突。如果没有对所有可能突触的空间进行深入搜索，我们可能就无法将这种结构和上述功能联系起来。通过从其他功能开始重复此搜索，可以自动编译以树突形状列出相应功能的目录，并且当发现新的神经元时，可以在目录中通过其树突形状查找其潜在的功能。

斯蒂芬·沃尔夫勒姆离开学术界后创立了沃尔夫勒姆研究所，后者开发了 Mathematica 程序，该程序支持大量的数学结构，并被广泛应用于实际。Mathematica 是用沃尔夫勒姆语言编写的，这是一种通用的融合多种范式的编程语言。该语言也为沃尔夫勒姆阿尔法（Wolfram Alpha）提供支持，它是第一个实用的、基于符号方法的关于大千世界的问答系统。[17] 学术领域的货币，是发表的文章。如果你是一个自立的绅士派科学家，你就有能力绕过简短的文章，出版有足够空间来彻底探索新领域的书籍。这是多个世纪以来的常态，只有富人或富人赞助的学者，才有条件成为科学家。

沃尔夫勒姆在 2002 年写了《一种新的科学》（A New Kind of Science）一书。[18] 该书重 5.6 磅，长达 1280 页，其中有 348 页记录了相当于 100 份新科学论文的附录。这本书被媒体大肆宣传，但引发了复杂系统界褒贬不一的评论，其中一些人认为其中并没有完整地引用他们的工作。这种反对意见并没有抓住此书的要点，即把以前的工作置于新的语境下。卡尔·林奈（Carolus Linnaeus）开发了一种现代化的植物和动物分类法，即"二名法"（Binomial Nomenclature），如大肠杆菌（Escherichia coli）。该命名法是达尔文进化论的重要先导，为早期的分类学做了铺垫。沃尔夫勒姆开辟的这一研究方向在新一代研究人员中已经有了一批追随者。

在 20 世纪 80 年代，沃尔夫勒姆对神经网络可能对现实世界产生的影响表示怀疑，而且事实上，这些神经网络在之后 30 年的确没有产生太大的影响。然而，过去 5 年的进步已经改变了这一点：沃尔夫勒姆和其他许多研究人员承认他们低估了网络的成就。[19] 但是谁能预测神经网络的性能会扩展到什么程度呢？支持 Mathematica 的沃尔夫勒姆语言现在也支持深度学习应用，其中一个应用，是最早对图像中的对象提供在线识别技术的应用程序。[20]

是斯蒂芬把我介绍给了比阿特丽斯·哥伦布。1987 年我去圣迭戈时，比阿特丽斯正在加州大学圣迭戈分校攻读博士学位。他打电话说，他的朋友比阿特丽斯会参加我的 PDP 讲座（之后又分别给我们打电话询问事情的进展）。几年后，我搬到圣迭戈，后来又和比阿特丽斯订了婚。1990 年我们在加州理工学院举行完婚礼后，去了贝克曼礼堂参加了一个婚礼研讨会，比阿特丽斯身着婚纱，发表了一个演讲——《婚姻：理论与实践》（Marriage: Theory and Practice）。斯蒂芬自信满满，不无骄傲地介绍了他当时是如何介绍我们认识的。不过比阿特丽斯提出，如果他想邀功，也必须承担相应的责任，对此，他谨慎地表示了反对。

14

芯片崛起

我们正在目睹电脑芯片行业一个新格局的诞生。该领域的竞争主要在于如何设计和制造新一代的芯片，能够运行学习算法——不管是深度学习、强化学习还是其他的学习算法——比在通用计算机上的模拟学习算法快上几千倍，能耗也更低。新的超大规模集成电路芯片采取并行处理结构，带有内存，能够缓解在过去 50 年里主导计算的顺序冯·诺依曼构架中内存和中央处理器之间的瓶颈。在硬件层面，我们还在探索阶段。每种具有特殊用途的超大规模集成电路芯片都有不同的优点和局限性。运行人工智能应用的大型网络需要巨大的运算能力，因此，构建高效的硬件有着巨大的赢利空间。

主要的电脑芯片公司和初创公司都在开发深度学习芯片上投入了大量资金。比如，2016 年，英特尔用 4 亿美元并购了 Nervana，这是一家来自圣迭戈的初创公司，主营设计深度学习的专用超大规模集成电路芯片。Nervana 前 CEO 纳维恩·饶（Naveen Rao）现在负责领导英特尔新设立的 AI 产品部，直接报告给英特尔的 CEO。2017 年，英特尔用 153 亿美元并购了 Mobileye，该公司专注于生产自动驾驶汽车的传感器以及计算机视觉系统。英伟达（Nvidia）开发了能够优化图形应用程序和游戏的专用数字芯片，称为图形处理器（graphics processing units，GPUs），目前正在销售更多为深度学习和计算设计的专用芯片。而谷歌则设计生产了一种更为高效的专用芯片——张量处理单元（tensor processing unit，TPU），以助力为其互联网服务的深度学习。

不过研发专用软件和发展深度学习应用同样重要。谷歌开源了它的深度学习项目 TensorFlow，尽管该做法并没有看起来那么无私。比如让安卓系统免费开源，就给了谷歌对全世界绝大多数智能手机操作系统的控制权。现在除了 TensorFlow，还有其他一些开源选择，比如微软的 CNTK，亚马逊和其他大型互联网公司支持的 MVNet，以及其他深度学习程序，比如 Caffe、Theano 和 PyTorch。

神经形态芯片

2011 年，我在挪威的特罗姆瑟组织举办了由 Kavli 基金会赞助的 "绿色环境中高性能计算的发展"（Growing High Performance Computing in a Green Environment）研讨会。[1] 我们估计，使用当前的微处理器技术，百亿亿次级（exascale）计算［比千万亿次级（petascale）计算强大 1000 倍］需要 50 兆瓦的功率，比运行纽约市地铁所需的功率还多。因此，下一代超级计算机可能不得不使用像英国跨国半导体公司 Arm Holdings（ARM）为手机开发和优化的那种低功耗芯片。很快，在大多数计算密集型应用中使用通用数字计算机将不再可行，专用芯片将占主导地位，因为它们已经被嵌入手机中了。

人类大脑中有大约 1000 亿个神经元，每个神经元都与其他数千个神经元相连接，总计达 1000 万亿个（10^{15}）突触连接。大脑运转所需的功耗大约是 20 瓦，占整个身体运转所需功率的 20%，尽管大脑仅占身体质量的 3%。相比之下，一台远不如大脑强大的千万亿次级超级计算机，功耗却为 5 兆瓦，是大脑功耗的 25 万倍。大自然是怎么创造出这一高效奇迹的呢？首先，神经元接收和发送信号的部分被微缩至分子水平。另外，神经元是在三维空间上连接的（微芯片表面的晶体管仅在二维平面上相互连接），这样就可以使所需空间最小化。由于大自然很久以前就进化出了这些技术，想要追赶大脑的能力，我们还有很多工作要做。

深度学习是高度计算密集型的，该过程目前在中央服务器上完成，计算结果会被传送到手机等周边设备。最终，周边设备应该是自主运行的，这就需要完全不同的硬件——比云计算轻得多，耗电也更少。幸运的是，这样的硬件已经存在了，即受大脑启发设计出的神经形态芯片。

视网膜芯片

1983 年，我在匹兹堡郊外一个度假村里举行的研讨会上第一次见到了卡弗·米德（Carver Mead）（见图 14-1）。那时杰弗里·辛顿创建了一个小组来探索神经网络研究的发展趋势。米德因其在计算机科学领域的重要贡献而闻名。他第一个认识到，随着大规模集成电路芯片上的晶体管变得越来越小，芯片将越来越高效，计算能力也应该会持续增长很长一段时间。他还创造了"摩尔定律"这个术语，根据戈登·摩尔（Gordon Moore）的观察，芯片上的晶体管数量每 18 个月会翻一番。1981 年，卡弗发明了硅编译器，从此成为业界传奇。硅编译器是一种自动在芯片上设计系统级功能模块和布线的程序。[2] 在硅编译器诞生之前，每款芯片都是由工程师基于经验和直觉手工制作出来的。从本质上讲，米德的解决方案是让计算机自己设计芯片。这是我们迈向纳米工程的起点。

图 14-1　1976 年的卡弗·米德。正是在那段时期，他在加州理工学院创造了第一个硅编译器。卡弗是一位有远见的人，他的洞察力和引领的技术进步对数字和模拟计算产生了重大影响。桌上的电话暗示了照片的拍摄时间。图片来源：加州理工学院。

　　米德是一位颇有远见的人。我们曾一起在匹兹堡郊外参加一个研讨会。尽管大家挤在楼上一个小房间里的桌子边上讨论，但是正在进行着的是一场关于超级计算机的会议。当时 Cray 和 Control Data 等主流超级计算机公司正在设计专用硬件，比我们实验室的计算机快了数百倍，售价高达 1 亿美元。Cray 超级计算机速度如此之快，不得不用氟利昂进行液体冷却。米德告诉我，超级计算机公司还不知道，通用微处理器将会占领它们的市场，这些公司很快就会销声匿迹。虽然比超级计算机中的专用芯片慢得多，但得益于因缩小基本器件尺寸所带来的成本压缩和性能改进，个人计算机中的微处理器进化得比超级计算机中的还要快。现在手机中的微处理器的计算能力是 20 世纪 80 年代 Cray XMP 超级计算机的 10 倍，现在的高性能超级计算机拥有数十万个微处理器核心，每秒进行的浮点运算达到了千万亿次级别，比已经消失的 Cray 超级计算机快 100 万倍。考虑到通货膨胀，两者的成本大致是相同的。

在 1983 年的那次研讨会上，米德向我们展示了一个硅视网膜，它使用了与超大规模集成电路芯片相同的制造技术，但使用了模拟而非数字电路。在模拟电路中，晶体管上的电压可以连续变化，而数字电路中的晶体管只能采用"开"或"关"两个二进制值中的一个。人的视网膜上有一亿个光感受器，与相机将信息从光子桶（photon buckets）传动到记忆体的方式不同，视网膜具有多层神经处理功能，可将视觉输入转换为高效的神经编码。视网膜的所有处理过程都是模拟的，直到其编码信号到达神经节细胞，神经节细胞将这些信号沿着 100 万个轴突，以"全或无"的放电脉冲形式传送到大脑。脉冲信号的"全或无"特征就像数字逻辑，但放电脉冲的时间是一个模拟变量，没有时钟同步，因此放电脉冲序列是一种混合编码。

在米德的视网膜芯片中，处理过程的分级部分是通过使用位于阈值拐点以下，从"关"到接近"关"状态的电压来完成的。与之相反，在数字模式下运行时，晶体管迅速跳到完全"导通"的状态，这需要消耗更多的功率。因此，模拟超大规模集成电路芯片仅消耗数字芯片所需能耗的一小部分，从纳瓦到微瓦，而不是从毫瓦到瓦，能量效率提升了数百万倍。米德是神经形态工程的创始人，他致力于构建基于大脑式算法的芯片，在 1989 年，他表明嵌入在昆虫和哺乳动物眼睛神经环路中的神经算法，可以有效地复制到芯片上。[3]

视网膜芯片是米德的明星研究生米莎·马霍沃德（Misha Mahowald）于 1988 年创造的一项令人印象深刻的发明（见图 14-2）。[4] 她在加州理工学院读本科时主修的是生物学。在研究生阶段，她从事的是电子工程领域的工作。这两个领域的结合所带来的洞见帮助她获得了四项专利。1992 年，她的博士论文描述了在芯片上的实时双目匹配，这

图 14-2　1982 年，加州理工学院的米莎·马霍沃德作为卡弗·米德的学生，创造了当时世界上第一个硅视网膜。她对神经形态工程的贡献是开创性的。图片来源：托比·德尔布吕克。

是第一个真正使用集群行为完成艰巨任务的芯片。为此她获得了加州理工学院的米尔顿和弗朗西斯·克拉泽奖（Milton and Francis Clauser Prize）。1996 年，她的名字还被列入了国际技术女性（Women in Technology International，WITI）名人堂。

晶体管在阈值附近的物理特性，与生物膜中离子通道的生物物理特性之间存在密切的对应关系。马霍沃德与牛津大学的神经科学家凯万·马丁（Kevan Martin）和罗德尼·道格拉斯（Rodney Douglas）合作开发过硅神经元，[5] 并随同他们一起搬到了苏黎世，帮助他们在苏黎世大学和瑞士联邦理工学院建立了神经信息学研究所（见图 14-3）。然而后来，在经历了抑郁症的折磨之后，米莎于 1996 年结束了自己的生命，时年 33 岁。一位杰出的新星就此陨落。

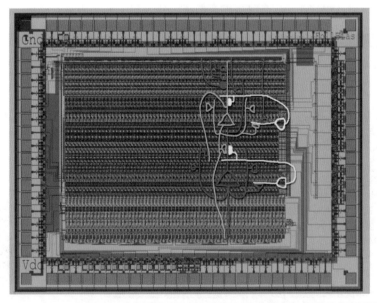

图 14-3 硅神经元。该模拟大规模集成电路芯片具有类似于神经元中离子通道的电路，能够实时对神经回路进行仿真操作，正如米莎·马霍沃德在芯片上绘制的卡通图所示。图片来源：罗德尼·道格拉斯。

卡弗·米德于 1999 年从加州理工学院退休后搬到了西雅图，2010年我去拜访过他。在他家的后院，可以看到飞机飞过水面有序地降落到 Sea-Tac 机场。他的父亲是一位工程师，在大溪水电项目的一座发电厂工作，该项目是位于加州中部内华达山脉圣华金河上游系统的一个大型水电项目。从早期的水电技术向微电子技术的飞跃，仅仅花了一代人的时间，真令人难以置信。卡弗的爱好是收集用于悬挂电线的古董玻璃和陶瓷绝缘子。如果你选对了地点，就会像寻找散落的印第安箭头一样轻松地找到它们。卡弗目光长远（他拥有一台激光陀螺仪，曾经被用来测试量子物理学的新方法），[6] 而他之所以如此高效，是因为他致力于打造不仅能够正常运转，还可以被你拿在手中把玩的东西。

神经形态工程

1990 年，作为在加州理工学院休学术年假的仙童杰出学者，我喜欢参加实验室会议，尤其是克里斯托弗·科赫（Christof Koch）（一位和我有着共同兴趣的计算神经科学家）和他的同事的会议，以及 Carverland，即卡弗·米德的研究小组的会议。Carverland 有一个令人惊叹的项目——硅耳蜗，它具有和我们耳中的耳蜗相类似的频率调谐电路。其他研究人员正在研究硅突触，包括模仿突触可塑性的硅机制，以便可以在硅芯片上实现长期的权重变化。来自 Carverland 研究小组的学生从那时开始走出实验室，进入了世界各地的工程学院。

1993 年，克里斯托弗·科赫、罗德尼·道格拉斯和我成立了由 NSF 赞助的神经形态工程研讨会，每年 7 月在科罗拉多州特柳赖德

（Telluride）市举行为期三周的会议。这个研讨会是国际性的，参会的学生和教师来自不同的背景和国家。与大多数讲座多于实践的研讨会不同，特柳赖德研讨会的房间里挤满了用微芯片来构建机器人的学生。不过有一个问题，将视网膜芯片连接到视觉皮层芯片，再将皮层芯片连接到电机输出芯片，这一步骤需要用到大量的连线。

用放电脉冲（spikes）连接模拟大规模集成电路芯片则要好得多，我们的大脑通过白质的长距离轴突传输信息也是利用了这种方式，这些白质构成了我们一半的大脑皮层。但将视网膜芯片和皮层芯片通过上百万根线连接起来却完全行不通。幸运的是，快速的数字逻辑可以用来使每根导线多路复用，让许多视网膜细胞能够与同一导线上的多个皮层细胞进行通信。这一过程是通过发送芯片，把每一个原始脉冲的地址发送给接收芯片来实现的，接收芯片解码地址，并路由到与它相连接的相应单元，即所谓的"地址事件表示"（address event representation）。

托拜厄斯·德尔布吕克（见图 14-4）是卡弗·米德的研究生之一，[7] 他现在在苏黎世大学神经信息学研究所工作。2008 年，他开发了一种非常成功的脉冲视网膜芯片，叫作"动态视觉传感器"（Dynamic Vision Sensor，以下简称 DVS）。这个芯片可以简化一些视觉任务，例如跟踪移动物体，或用两台摄像机对物体进行深度定位（见图 14-4，下图）。[8] 传统的数码相机是基于图像帧的，录制视频的过程就是存储一系列间隔大约 26 毫秒的图像。这种做法会丢失帧与帧之间的信息：设想一个旋转的托盘，转速是每秒 200 转，盘上有一个光点随盘转动；该光点会在每一帧中旋转 5 次，但是数码相机的回放效果看起来像一个静态环（见方框 14.1）。相比之下，德尔布吕克

图14-4 动态视觉传感器（DVS）。（上图）托拜厄斯·德尔布吕克拿着他在苏黎世大学神经信息学研究所发明的 DVS 相机。这种相机采用了专用芯片，可以异步发射脉冲，而不是像数码相机那样按帧采集图像。（下图）相机的镜头将图像聚焦在模拟超大规模集成电路芯片上，芯片会对每个像素上光强度的增加或减少进行检测。脉冲沿着"开启"（on）导线发出正增量，并沿着"关闭"（off）导线发出负增量。输出脉冲由电路板处理，电路板会显示出例如方框 14.1 中的脉冲图案。你的视网膜是一台非常先进的 DVS 相机。来自视网膜的脉冲图案在大脑中发生了转换，但该模式仍然保留了脉冲——你的大脑中并不存在任何完整的图像，即使你是以这种方式感知世界的。上图来源：托拜厄斯·德尔布吕克。下图来源：三星。

💬 14.1
动态视觉传感器的工作原理

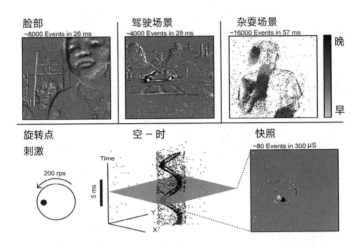

在上图 DVS 摄像机的图像帧中，白点是来自"开"（on）通道的脉冲，黑点是来自"关"（off）通道的脉冲。灰色表示没有脉冲。在左上方的图片中，可以检测到两个脸部，因为它们在 26 毫秒的帧间隙内发生了轻微的移动。在右上角的（杂耍）图片中，斑点的到达时间由灰度表示，因此就能看到物体的移动轨迹。在左下方图片中的旋转盘以每秒 200 转（rps）的速度旋转。在底部中间的图片中，轨迹是向上移动的螺旋。右下方螺旋短暂的 300 微秒切片中，只有 80 个脉冲，通过测量黑色和白色脉冲的位移，并除以时间间隔，很容易计算出速度。请注意，具有 26 毫秒取帧周期的普遍数码相机无法跟随以 200 赫兹旋转的点，因为旋转周期为 5 毫秒，并且每个帧都显示了一个环。DVS 相机的唯一输出是一串脉冲，就像视网膜一样。这是表现场景的有效方式，因为大部分像素在大多数时间都保持不变，而每个脉冲都携带着有用的信息。

图片来源：P. Lichtsteiner, C. Posch, and T. Delbruck, "A 128 × 128 120 dB 15 µs Latency Asynchronous Temporal Contrast Vision Sensor," IEEE Journal of Solid-State Circuits 43, no. 2 (2008): 图 11。资料来源：托拜厄斯·德尔布吕克。

的脉冲摄影机可以以微秒级的精度跟踪移动点，并且只需很少量的脉冲，因此速度很快，而且效率很高。作为第一款基于脉冲和触发定时的新一代传感器，DVS 相机具有很大的潜力，可以改善包括自动驾驶汽车在内的许多应用的性能。2013 年特柳赖德研讨会的其中一个项目，就是用它来阻挡来自桌面的进球（见图 14–5）。

脉冲神经元为计算领域打开了新的机会。例如，神经元群体中放电脉冲的时间可用于调整存储的信息类型。1997 年，亨利·马克拉姆（Henry Markram）和德国的伯特·萨克曼（Bert Sakmann）报道说，通过对突触的输入信号和突触后神经元的输出信号的重复配对，他们能够对突触强度进行增减。[9] 如果突触输入放电发生在突触输出放电之前的 20 毫秒窗口内，突触会保持长期增强，但如果突触输入放电的重复配对发生在突触输出放电之后的 20 毫秒窗口内，则突触会保持长期衰减（见图 14–6）。据报道，"放电时序依赖可塑性"（Spike-timing-dependent plasticity，简称 STDP）曾经被发现于许多物种大脑中的不同部位，这种可塑性可能对事件序列在脑中形成长期记忆起着重要的作用，但同样重要的是，它很好地解释了赫布的假定（在第 7 章中已经进行了讨论）。[10]

赫布可塑性的普遍观点是，当一个神经元的输入和输出同时出现放电脉冲时，突触的强度会增加，这是一种重合检测的形式。但是赫布实际上说的是，"当细胞 A 的轴突接近到足以激发细胞 B，并反复或持续参与放电激发细胞 B 时，细胞的一些生长过程或代谢变化会发生在其中一个或两个细胞中，使得细胞 A（作为激发细胞 B 的细胞之一）激发细胞 B 的效率增加"。[11] 如果细胞 A 对激发细胞 B 有贡献，那么细胞 A 必须在细胞 B 中的"受激发脉冲"之前发射一个"激发脉

图14-5 2013年，特柳赖德神经形态工程研讨会中的神经形态守门员。(上图)Fopefolu Folowosele(左侧)在测试神经形态守门员(右侧)。其他学生和他们的项目可以在背景中看到。(下图)德尔布吕克的 DVS 相机能驱动油漆搅拌棒转动。这个守门员的动作比学生要快得多，并且成功地守住了每一个射门。我也尝试过，但是未能进球。图片来源：托拜厄斯·德尔布吕克。

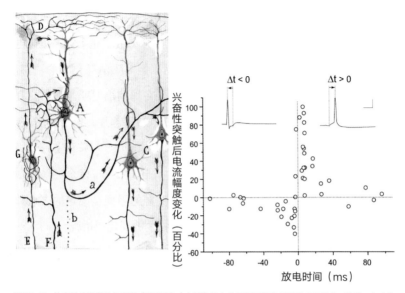

图14-6 放电时序依赖的可塑性（STDP）。（左图）伟大的西班牙神经解剖学家圣迭戈·拉蒙–卡哈尔（Santiago Ramóny Cajal）绘制的皮层中的锥体神经元。神经元 A 的输出轴突通过突触与神经元 C 的树突接触（如箭头所示）。（右图）与左侧图中类似的两个神经元被用电极穿刺并施加刺激，使两个神经元产生的尖峰之间存在时间延迟。当神经元的输入放电与输出放电重复配对时，如果突触前神经元放电在突触后神经元放电之前 20 毫秒的窗口内到达，则突触强度（垂直轴）增加。如果顺序相反，则强度降低。左图来源：Ramóny Cajal, S. Estudios Sobre la Degeneración y Regeneracióndel Sistema Nervioso(Moya，Madrid，1913–1914)，图 281。右图来源：G. Q. Bi and M. M. Poo, "Synaptic Modifications in Cultured Hippocampal Neurons: Dependence on Spike Timing, Synaptic Strength, and Postsynaptic Cell Type," Journal of Neuroscience 18 (1998): 10464–10472,图 7。资料来源：蒲慕明。

冲"。正如赫布所描述的，这种情况提示了一种因果关系，而不仅仅是相关性。尽管赫布没有对降低突触强度的条件进行描述，但当输入放电脉冲发生在输出放电脉冲之后时，输入脉冲就不太可能导致输出神经元发生脉冲。如果从长远来看，突触强度的增强和降低必须达到平衡，那么这时断开突触是讲得通的。

在特柳赖德神经形态研讨会上，模拟超大规模集成电路倡导者和数字超大规模集成电路设计师之间存在着一场持续不断的争论。模拟超大规模集成电路芯片有许多优点，例如所有电路并行工作时功耗非常低，但也存在缺点，例如由于晶体管的多样性，在设计图上相同的晶体管产生的电流可以相差 ± 50%。相比之下，数字超大规模集成电路虽然比较精确，速度更快，设计更容易，但需要消耗更多的功率。德尔门德拉·莫德哈（Dharmendra Modha）在加利福尼亚州阿尔马登市（Almaden）IBM 研究所的团队开发了一款数字芯片，包含 4096 个处理核心和 54 亿个晶体管，被称为 "True North"。[12] 尽管该芯片可以被配置来实现模拟 100 万个突触神经元，并连接 2.68 亿个突触，却仅仅需要消耗 70 毫瓦的功率。但是这些突触的强度是固定的，这种不变性限制了对许多重要特征的实现，如强度的弱化或增强。

具有脉冲神经元的网络还有另一个缺点，即梯度下降。脉冲时间是不连续的，而梯度下降要求神经元的输入输出值在时间上是连续的。这就限制了可训练脉冲网络的复杂性。梯度下降在训练"输出随输入连续变化"神经元的深度网络方面取得了巨大成功，神经元的输出函数是可微分的，这是反向传播学习算法的基本特征。尽管在不可微分脉冲网络中，脉冲的发生不具有连续性，但是我实验室的博士后研究员本·哈（Ben Huh）最近克服了这个缺点，他找到了一种方法，能够让脉冲神经元的循环网络模型使用梯度下降，在长时间序列上执行复杂的任务。[13] 这一成果打开了深度脉冲网络的大门。

摩尔定律的终结

正如摩尔定律预测的那样，自 20 世纪 50 年代数字计算机发明以来，计算机的能力增加了超过 1 万亿倍。从来没有技术能以如此高的数量级呈指数增长，计算机已经融入了几乎所有制造设备，从玩具到汽车。计算机可以自动调节现代望远镜的自适应光学系统，以最大限度地提高其分辨率；它们可以分析现代显微镜捕获的光子，以超分辨率定位分子。当今的每一个科技领域都依赖于超大规模集成电路芯片。

卡弗·米德预测，这些芯片的升级是基于缩小元件间线宽的可能性，但是目前的宽度已经达到了物理极限：导线中的电子太少，可能会泄漏或被随机电压阻挡，甚至使数字电路都不再可靠。[14] 摩尔定律要终结了吗？我们需要完全不同的体系结构来继续提高处理能力，这种结构能够不依赖于数字设计的完美精度。正如混合动力汽车将电动机的效率与汽油发动机的续航结合起来一样，混合数字和神经形态设计正在兴起，能够将神经形态芯片的计算低功耗与通信数字芯片的高带宽相结合。

摩尔定律的表述仅仅是基于芯片的处理能力。随着并行架构在随后 50 年内的不断发展，摩尔定律应该被考虑了能量和吞吐量的定律所取代。在俄勒冈州波特兰举办的英特尔 2018 NICE 大会上，来自美国和欧洲的研究人员展示了三款新的神经形态芯片：来自英特尔的 Loihi 研究芯片，以及由欧洲人类大脑项目支持的两款第二代芯片。随着大规模并行体系结构的发展，能够在这些体系结构上运行的新算法也陆续被创造出来。但是这些体系结构中的芯片需要交流信息，这也是第 15 章所要讨论的内容。

15
信息科学

　　我从来没有想过，有一天我会成为无所不知的人，而事实上，我和现在任何能上网的人都做到了。信息在互联网上以光速传播，从互联网上获取信息比从书架上的书里获取信息更方便。我们生活在各种形式的信息爆炸的时代。科学仪器，从望远镜到显微镜，正在搜集越来越庞大的数据集供机器学习进行分析。美国国家安全局使用机器学习来过滤他们从各处搜集到的信息。经济活动走向了数字化，许多公司对有编程技能的人才的需求量与日俱增。在世界从工业经济向信息经济转变的同时，教育和职业培训也必须适应这一变化。这一切已经对我们的世界产生了深远影响。

用字节丈量世界

1948 年，在 AT&T 公司位于新泽西州默里山（Murray Hill）的贝尔实验室里，克劳德·香农（Claud Shannon，见图 15-1）提出了一种非常简单却很微妙的信息理论，来理解有噪声的电话线里的信号传输问题。[1] 香农的理论推动了数字通信的革命，并为移动电话、数字电视以及互联网的诞生奠定了基础。打电话的时候，你的声音被编码为"比特"，通过无线电波和数字电缆传送到接收端，接收端再将比特解码并转化为声音。信息论给通信信道（图 15-2）的带宽确定了上限，逼近香农极限的不同编码也被设计了出来。

图 15-1 克劳德·香农与电话交换网络（照片拍摄于 1963 年前后）。他发明信息论时仍在 AT&T 贝尔实验室任职。图片来源: Alfred Eisenstaedt/The LIFE Picture Collection/Getty Images。

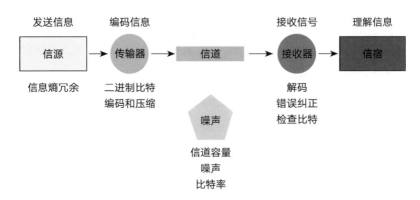

图15-2 香农的通信系统模型。该消息被编码成二进制比特，并沿着一条可能是电话线或无线电波的信道向下传输，在终端被接收和解码。以"每秒比特数"为单位的信道容量取决于系统中的噪声量。图片来源：http://dennisdjones.wordpress.com，Dennis Jones，丹尼斯·琼斯。

尽管世界上的信息形式丰富多样，有一种测量方式却能够精确测量一个数据集中信息的大小。信息的单位是二进制比特，每个比特只能有 0 或 1 两种值。一个字节包含 8 个比特。高质量照片的信息内容以兆字节或者说百万字节计数。手机的存储信息以吉字节（GB）或称千兆字节计数。网络上的数据以拍字节（PB）或称百万吉字节计数。

用数学思维解决通信难题

在 IEEE（电气和电子工程师协会）的年度国际研讨会上，IEEE 信息理论学会（ITS）都会颁发"克劳德·香农奖"，这是表彰这一领域杰出研究成果的高级荣誉。在 1985 年英国布莱顿举办的该学会的会议上，"香农奖"被颁发给了南加州大学的所罗门·哥伦布（Solomon Golomb，图 15-3），他在移位寄存器序列（shift register sequences）方面的工作为现代数字通信奠定了基础。[2] 移位寄存器序列是一种生成 0 和 1 的长伪随机序列的算法。每次你用手机打电话时，都使用了移位寄存器序列。哥伦布展示了如何使用移位寄存器序列对信号进行高效编码，然后可以在接收器处传输和解码。如果将手机和其他通信系统产生移位寄存器序列的次数累加起来，得到的数字将是惊人的：超过千秭次，即 10^{27} 次（1,000,000,000,000,000,000,000,000,000）。[3]

图 15-3 所罗门·哥伦布在 2013 年获得了美国国家科学奖章。他对移位寄存器序列进行的数学分析使人类能够与深空探测器通信，当时他在位于帕萨迪纳（Pasadena）的加州理工学院喷气推进实验室（JPL）工作；移位寄存器序列后来被嵌入到手机通信系统中。每当你使用手机的时候，都在使用他的数学代码。图片来源：南加州大学。

我曾问过所罗门·哥伦布（也是我的岳父）他是如何得到如此优雅的方案来解决通信问题的。他说这是来自他在数论方面的训练，这是数学中最抽象的部分之一。当他在巴尔的摩的 Glenn L. Martin 公司做暑期实习生时，就曾接触过移位寄存器序列。1956 年，在哈佛大学获得数论专业（一种高度抽象的数学领域）的博士学位后，他到了加州理工学院喷气推进实验室（Jet Propulsion Laboratory，以下简称 JPL）工作。在那里，他担任通信组的负责人，并从事空间通信工作。

深空探测器被发送到太阳系的远端，但返回的信号微弱且嘈杂。移位寄存器序列和纠错码大大改善了与空间探测器通信的效果，相同的数学原理更是为现代数字通信奠定了基础。

　　哥伦布在 JPL 的时候曾聘请过另一位杰出的信息理论家安德鲁·维特比（Andrew Viterbi），并将他介绍给了从麻省理工来 JPL 休学术年假的厄文·雅各布（Irwin Jacobs）。几十年后的 1985 年，维特比和雅各布联手创建了高通，从此彻底改变了手机技术。该公司使用移位寄存器序列将信息分布在很宽的频带上进行传播，这比使用单一频率的通信方式更高效。该想法的一个简单版本可以追溯到海蒂·拉玛（Hedy Lamarr）（见图 15-4），她是一位电影演员兼发明家，于 1941 年与他人共同分享了跳频（frequency hopping）技术的专利，这是她在第二次世界大战期间为军方开发的安全通信系统。[4] 哥伦布离

图15-4　海蒂·拉玛于 1940 年在米高梅拍摄的宣传照。她是第二次世界大战期间舞台和银幕上的明星，也是跳频技术的联合发明人之一。该技术与军方和许多手机中使用的扩频通信有关。

开 JPL 加入南加州大学后，爱德华·波斯纳（就是创建了 NIPS 的爱德华·波斯纳）接管了他的团队，但哥伦布仍然在继续为他的前 JPL 团队提供支持和建议。

移位寄存器序列背后的数学是数论中比较深奥的部分。当哥伦布从哈佛大学获得博士学位时，他的博士生导师和当时的大多数数学家都相信，纯数学永远不会有任何实际的应用。剑桥学者哈代（G. H. Hardy）在其颇具影响力的著作《一位数学家的辩白》（*A Mathematician's Apology*）[5] 中分享了这种观点。他宣称"好"的数学必须是纯粹的，而应用数学是"无趣的"。但数学就是数学，并没有纯粹和应用之分。一些数学家可能希望他们的数学是纯粹的，但他们无法阻止它解决现实世界中的实际问题。事实上，哥伦布的职业生涯主要是通过找到重要实际问题，并且能够使用"纯数学"中恰当的工具解决它们而被定义的。

哥伦布还发明了数学游戏。他的书《多格骨牌》（*Polyominoes*）[6] 引入了包含许多个正方形的各种形状，扩展了只有两格正方形的多米诺骨牌。马丁·加德纳（Martin Gardner）在《科学美国人》的"数学游戏"专栏中推广了多格骨牌。四格骨牌（Tetrominoes），是由四个方块组成的形状，俄罗斯方块的灵感就来源于此。俄罗斯方块是一款会令人上瘾的游戏，四格骨牌从上面像雨点一样落下来，需要将它们引导至底部的插槽。多格骨牌至今仍然是一种流行的棋盘游戏，并且在数学的一个子领域里引发了一系列有趣的组合问题。

哥伦布也是研究《圣经》的学者，会说几十种语言，包括日语和普通话。比阿特丽斯曾经带给他道格拉斯·霍夫斯塔特（Douglas R. Hofstadter）的著作《哥德尔、艾舍尔、巴赫：集异璧之大成》（*Gödel,*

Escher, Bach: An Eternal Golden Braid）的初版。他打开卷首，标题说这是古希伯来语《创世记》的前 20 行。"首先，它是颠倒的。"他说，然后把书转过来，"其次，这是古撒玛利亚语，而不是古希伯来语。第三，这不是《创世记》的前 20 行，只是前 20 行每行的前 7 个字。"他继续读下去，并翻译了这段经文。

克劳德·香农参加了 1985 年在布莱顿举行的 ITS 座谈会，哥伦布在会上做了一场香农讲座。这是香农继 1972 年自己的那次讲座后，参加的唯一一次香农讲座。

预测是如何产生的

在通信系统中，无论是空间上还是时间上，变化都具有很高的信息价值。没有变化的信号和强度均匀的图像一样，几乎不提供任何信息。向大脑发送信号的传感器主要用来检测变化，我们已经在第 5 章的视网膜和第 14 章中托拜厄斯·德尔布吕克的 DVS 相机中看到了一些例子。一旦在视网膜上稳定下来，图像会在几秒钟后消失。[7] 尽管我们没有意识到这一点，我们的眼睛每秒钟都会发生若干次微小跳动，即微跳动（microsaccades），每秒钟都会发生几次，每次跳动都会刷新我们大脑内部针对外部世界所搭建的模型。当外部世界的某些事物发生移动时，视网膜会及时向上报告，它们的报告还更新了大脑的外界模型，如图 15–5 所示。大脑的模型包含多个层级结构，传入的感官信息和模型期望值之间的比较发生在多个层次上。[8] 明亮的闪光或巨大的噪声，通过自下而上地突显差异，立刻引起了你的注意。但是你通过对记忆自上而下的比较，注意到桌面上的某些东西在更高的层级上发生了变化。所有这些在大脑中实时发生的事情，都会让人想起卡弗·米德的口头禅，"时间是它自己的代表"。[9]

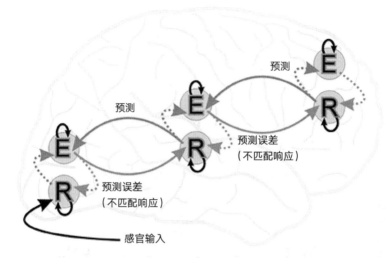

图 15-5 具有层级结构的预测编码框架。感知取决于对早期感官事件提取的规律性的先验预期。在这个框架中，由较高层级皮层产生的当前感知信号的预测来自 E 和 R 群体之间的相互作用，并且被反馈到下面的层级（E 是误差单元，R 是表征单元）。只有预测误差会向前传播。这是对亥姆霍兹无意识推理的实现。图片来源：Gábor Stefanics, Jan Kremláček, and István Czigler, "Visual Mismatch Negativity: A Predictive Coding View," Frontiers in Human Neuroscience 8 (2014): 666, 图 1. doi:10.3389/fnhum.2014.00666。

预测编码可以追溯到赫尔曼·冯·亥姆霍兹，他将视觉解释为无意识推理，或自上而下生成视觉信息以消除噪声，填充不完整的信息，并解释视觉场景。[10] 例如，一个熟人的照片在我们视网膜里是有单眼深度线索的，因为我们熟悉那个人的实际大小，并且具备视网膜中大小如何随着距离变化的经验。在更高的认知水平上，詹姆斯·麦克莱兰和大卫·鲁姆哈特发现，当字母位于单词中时，被试者能够比在没有语境的非单词环境中更快地将它们识别出来。[11] 他们的并行处理模型展现出了类似的行为，这使得两位研究人员相信，他们正在沿着理解信息如何在我们的大脑中呈现的正确轨道上前行。

深度理解大脑

　　2013 年 4 月 2 日由白宫发起的美国"BRAIN 计划"（见图 15-6）的目标，是创造新的神经技术，以加速我们对大脑这台"终极信息机器"功能和障碍的进一步理解。正如 NIPS 会议将许多学科的研究人员聚集在一起创建有学习能力的机器一样，"BRAIN 计划"正在将工程师、数学家和物理学家引入神经科学领域，以改进探测大脑的工具。随着我们对大脑，尤其是关于学习和记忆机制的了解更加深入，

图 15-6　在 2013 年 4 月 2 日白宫宣布"BRAIN 计划"之前，参加会议的相关机构和研究所的代表们。（从右至左）科维理基金会首席科学官全美永（Miyoung Chun），她起草了"BRAIN 计划"白皮书；威廉·纽索姆（William Newsome），NIH 关于"BRAIN 计划"咨询委员会的联合主席；弗朗西斯·柯林斯（Francis Collins），NIH 院长；杰拉德·鲁宾（Gerald Rubin），霍华德·休斯医学研究所珍妮莉娅研究园区（Janelia Research Campus of the Howard Hughes Medical Institute）主任；科拉·马雷特（Cora Marrett），美国国家科学基金会主任；巴拉克·奥巴马（Barack Obama），时任美国总统；艾米·古特曼（Amy Gutmann），总统生命伦理委员会主席；罗伯特·康恩（Robert Conn），科维理基金会主席；阿尔提·普拉巴卡尔（Arati Prabhakar），DARPA 主任；阿兰·琼斯（Alan Jones），阿兰脑科学研究所所长；我，索尔克研究所。图片来源：托马斯·卡里尔（Thomas Kalil）。

我们将更好地理解大脑功能的原理。

虽然在分子和细胞水平上对大脑有了深入的了解，但我们还没有在更高层次上对大脑的结构有一个同等的认知。我们已经知道，不同类型的信息被分散到皮层的不同部分进行储存，却不清楚如何快速检索所有分散的信息以解决复杂的问题，例如我们能够通过存储在皮层不同部位的人脸的图像，识别出一个人的名字。这个问题与大脑中意识的起源密切相关。

我的实验室最近发现了人类大脑在睡眠期间的整体活动模式，可以让我们了解大脑皮层中广泛分布的信息是如何联系在一起的。在恢复性慢波睡眠和快速眼动（REM）睡眠之间的睡眠阶段，高度同步的被称为"睡眠锭"（sleep spindles）的时空振荡，主导着皮层的活动。这些 10 到 14 赫兹的振荡会持续几秒钟，并在夜间发生数千次。有实验证据表明，在我们睡觉时睡眠锭参与了记忆的巩固。通过来自人脑皮层的记录，莱尔·穆勒（Lyle Muller）、西德尼·卡什（Sydney Cash）、乔瓦尼·皮安托尼（Giovanni Piantoni）、多米尼克·科勒（Dominik Koller）、埃里克·哈格伦（Eric Halgren）和我共同发现，睡眠锭在皮层中是一种无处不在的，扫过皮层所有部分的电活动的循环行波（图 15-7）。[12] 我们称它们为"莱娅公主波"（Princess Leia Waves），因为它们看起来跟这位公主的发型很像（图 15-8）。我们推测，睡眠锭可能是皮层将白天获得的新信息，与先前分布在皮层中的记忆相整合的一种方式，加强了它们之间的长距离连接。这是"BRAIN 计划"推动的系统神经科学层次的众多研究项目之一。

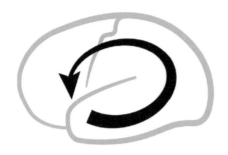
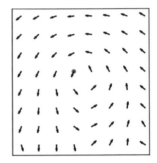

图 15-7 在人类大脑皮层中的循环电子行波。这是在睡眠锭期间,从皮层表面上用 8×8 网格电极记录下来的图像。睡眠锭涉及记忆巩固。(左)睡眠锭是沿着箭头所示方向穿过皮层侧视图的循环行波,每 80 毫秒完成一个循环。这一过程在夜间会重复数次。(右)小箭头表示循环期间,在皮层表面 64 个记录点上行波移动出现最大增量的方向。图片来源:L. Muller,G. Piantoni,D. Koller,S. S. Cash,E.Halgren and T. J. Sejnowski,"Rotating Waves during Human Sleep Spindles Organize Global Patterns of Activity during the Night" Supplementary 7,subject 3,TPF。左图:图 2B,右图:图 1。

图 15-8 凯莉·费雪(Carrie Fisher)饰演的莱娅公主,巩固了对 1977 年史诗级科幻/奇幻电影《星球大战》的记忆。她的发髻很像睡眠锭期间穿过皮层的循环流场(对比图 15-7)。

大脑的操作系统

数字计算机和神经网络的体系结构不同。在数字计算机中，内存和 CPU 在空间上是分开的，并且内存中的数据必须依照顺序移动到 CPU 中。在神经网络中，处理过程在内存中并行进行，这就消除了内存和处理器之间的数字瓶颈，并且允许大规模并行处理，因为网络中的所有单元都在同时工作。神经网络中的软件和硬件之间也没有区别。学习是通过修改硬件来进行的。

从 20 世纪 80 年代开始，当计算机集群被装配在一个机架中时，数字计算机已经变得可以大规模并行了。最早的并行计算机之一是 Connection Machine，由丹尼·希利斯（Danny Hillis）于 1985 年设计出来，并由 Thinking Machines 公司出售。希利斯是一位工程师和发明家，他在麻省理工学院接受培训时，人们已经清楚地认识到，要让人工智能解决非常复杂的现实世界问题，就需要更多的计算能力。20世纪 90 年代，根据摩尔定律，计算机芯片上的晶体管数量持续增加。我们有可能将许多处理单元放置在同一芯片上，许多芯片放置在同一电路板上，许多电路板放置在同一机箱中，以及把许多机箱放在同一个房间里，结果是，如今地球上最快的计算机拥有数百万个内核，并且每秒可以实现数千万亿次操作。百亿亿次级计算，相当于每秒 10亿乘 10 亿次的操作，即将实现。

对神经网络进行模拟，可以最大限度地利用这种大规模并行硬件。多个核芯可以通过编程为同一个网络模型并行工作，这就大大加快了处理速度，但也会导致处理器之间的通信延迟。为了减少这些延迟，一些公司正在构建专用数字协处理器，这将极大地加速网络模拟，使语音和视觉等认知任务成为单一强大的指令。使用深度学习网络芯片的智能手机将变得更加智能化。

数字计算机具有将我们与硬件分开的操作系统（方框 15.1）。当我们在笔记本电脑上运行文字处理程序，或在手机上使用应用程序时，操作系统会处理程序的细节，例如将按键信息放到内存的哪个位置，以及如何在屏幕上显示程序输出。我们的意识在大脑的操作系统上也运行着类似的应用程序，大脑操作系统将信息的内容、位置，以及存储方法与意识隔离开来。我们并不知道大脑是如何储存我们一生积累的大量经验的，也不知道这些经验如何塑造我们的行为。虽然有可能明确地解释一些经验，但我们所理解的这部分只是冰山一角。我们的大脑如何管理这些信息仍然是个谜。如果我们能够弄清楚大脑的操作系统是如何工作的，就可以基于相同的一般原则来组织大数据。相应地，意识也可以被解释为运行在大脑操作系统上的应用程序。

生物学与计算科学

信息爆炸已经将生物学转化为量化科学。对于传统生物学家，除了统计学入门课程之外，通常只需要一点额外的数学培训就能够分析他们的数据，这些数据很少，也很难获得。在 2002 年由长岛冷泉港实验室举办的分子遗传学研讨会上，我感觉自己就像一条离了水的鱼，因为我是唯一一个做计算主题演讲的人。在我前面演讲的是分子遗传学家勒罗伊·胡德（Leroy Hood），他在加州理工学院工作了多年。1987 年我在加州理工学院休学术年假时，惊讶地发现胡德的实验室多得几乎占据了整栋大楼。后来，他搬到了西雅图，并在 2000 年联合创

☐ 15.1
电子计算机的操作系统

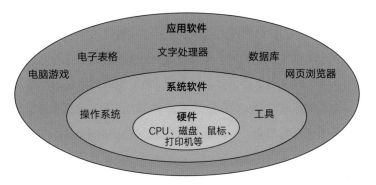

　　操作系统对在计算机的硬件上运行的程序进行控制。如果你使用的是个人电脑（PC），那么操作系统通常是 Windows；如果你使用的是 iPhone，用的则是 iOS 系统；大多数服务器运行的都是某种版本的 UNIX。操作系统在程序需要时分配内存；它也可以在幕后跟踪程序，使用称为"守护程序"（daemons）的进程在后台运行，并跟踪打印机和显示器等设备。操作系统可以在任何硬件上工作，使得你的应用程序可以移植到不同的计算机上。

立了系统生物学研究所。这一新的领域旨在试图了解细胞内所有分子相互作用的复杂性。

胡德在演讲中提到，有一天他心血来潮，想知道为什么他实验室工资系统里的计算机科学家比生物学家要多。他推断说，原因在于生物学已成为一门信息科学，计算机科学家对如何分析信息的了解要远远超过生物学家，而生物学家已被现代技术，例如基因测序，所产生的大量数据所淹没。胡德的演讲简直是为我做了最好的铺垫，我当时的演讲题目是关于信息如何在大脑中神经元之间的突触上储存的。

今天，系统生物学吸引了许多计算机科学家和物理学家共同分析和理解 DNA 测序产生的信息，以及由 RNA 和蛋白质控制的细胞信号。一个人类细胞的 DNA 中有 30 亿个碱基对，含有细胞生存、复制和分化所需的所有信息。一些碱基对是制造蛋白质的模板，基因组的其他部分包含一个可以调控基因的抽象代码，这些基因在发育过程中能够指导身体和大脑的构建。大脑的构建有可能是宇宙中难度最高的构建项目，它是由 DNA 中嵌入的算法引导的，这些算法协调了大脑数百个不同部位的数千种不同类型神经元之间的连接。

人工智能能拥有媲美人类大脑的操作系统

由基础科学研究发展出来的科技，通常需要 50 年才能实现商业化。20 世纪初，由相对论和量子理论带来的重大发现，到 20 世纪的后半期才推动了 CD 播放器、GPS 以及电子计算机的诞生。20 世纪 50 年代发现的 DNA 以及基因序列影响了当今医药和综合农业领域的应用，这些应用到今天仍在影响经济的发展。"BRAIN 计划"以及世界上其他大脑研究项目带来的发现，会启发 50 年后的应用，这些应用现在看上去还如科幻小说一般遥不可及。[13] 我们可以期待，到 2050 年，人工智能会拥有能和我们大脑相媲美的操作系统。哪些公司、哪些国家会掌握这种科技，取决于它们现在所做的投资和所下的赌注。

16
生命与意识

　　当弗朗西斯·克里克的母亲问年轻的克里克他想探究什么样的科学问题时，他告诉她，自己只对两个问题感兴趣：生命的奥秘和意识的奥秘。[1] 克里克显然对重要的事物有着敏锐的感觉，但他当时可能没有意识到这些问题的困难程度。他的母亲并不知道，几十年后的1953 年，她的儿子和詹姆斯·沃森会发现 DNA 的结构，这种松散的线状体最终将揭开生命的一个重要谜团。但克里克（图 16-1）并不满足于这一成就。

　　克里克在 1977 年加入索尔克研究所后，重新拾起长久以来对意识的兴趣。他决定关注视觉意识（visual awareness）问题，因为人们已经对大脑的视觉功能区有了深入的了解，而了解视觉感知（visual perception）的神经基础也将为探索其他方面意识的神经基础

图16-1 弗朗西斯·克里克和他的妻子奥迪尔、女儿杰奎琳在英国剑桥的康河上划船（拍摄于 1957 年前后）。图片来源：索尔克生物研究所。

铺平道路。[2]

20 世纪 80 年代，生物学家对意识研究投入的热情日渐消退，但这丝毫没有影响克里克。视觉感知充满了难以理解的幻想和谜团，为了解释它们在解剖学和生理学上的机理，克里克推出了新颖的"探照灯假说"（searchlight hypothesis）。[3] 神经节细胞从视神经投射到丘脑，后者又将脉冲传递到视觉皮层。但为什么神经节细胞不能直接投射到大脑皮层呢？克里克指出，从皮层到丘脑区域的反馈投射就像探照灯一样，可能会突出显示部分图像，以供进一步处理。

视觉意识

在理解意识的工作中，克里克最亲密的伙伴是加州理工学院的神经科学家克里斯托弗·科赫，他们一起发表了一系列探索"意识的神经关联"（neural correlates of consciousness，简称 NCC，负责产生意识觉知状态的大脑结构和神经活动）的论文。[4] 对于视觉意识，这意味着要发现大脑不同部位神经元的放电特性与视觉感知之间的相关性。克里克和科赫提出了假设，认为我们并不知道在初级视觉皮层中发生了什么[5]——这是大脑皮层第一个从视网膜接收输入的区域；我们只知道在视觉皮层层级结构的最高层发生了什么（见图 5-11）。这种假设的可能性来自对双眼竞争的研究，即对两只眼睛呈现两种不同的图案，例如对一只眼睛显示垂直条纹而对另一只眼睛显示水平条纹：然而，我们看到的并非是两幅图像的混合图像——事实上，视觉感知每隔几秒就会在不同图像之间突然发生翻转。初级视觉皮层中对每只眼睛做出反应的是不同的神经元，不管哪个图像是被有意识地感知到的。然而，在视觉的较高层级上，许多神经元只对感知到的图像产生响应。因此，仅因一个神经元对感知放电，就说它是感知的神经关联，未免太过草率。显然，在分布于视觉层级中众多互相协调工作的活跃神经元中，我们只知道其中的一些子集表征了什么。

视觉感知的过程

2004 年，加州大学洛杉矶分校医学中心的科研人员检测了一组癫痫患者的脑部，试图探索癫痫发作的病因。在检测过程中，病人被要求观察一系列名人照片。植入大脑记忆中心的电极可以记录患者对照片的响应脉冲。其中一名患者大脑的一个神经元对几幅哈莉·贝瑞的照片和她的名字（图 16-2）做出了强烈的反应，但对比尔·克林顿、朱莉娅·罗伯茨的照片或其他名人的名字却无动于衷。[6] 同时，该实验也发现了对其他名人、特定对象，以及悉尼歌剧院等建筑物能做出反应的神经元。

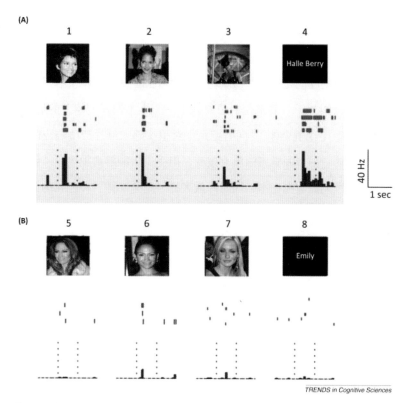

图 16-2　哈莉·贝瑞细胞。从患者的海马体中单个神经元记录下的对照片的反应。每张照片下显示了来自 6 次单独试验的放电脉冲（蓝色标记点），以及平均值（直方图）。（A）哈莉·贝瑞的照片和她的名字引发了一波脉冲；（B）而其他女演员的照片和她们的名字却没有。哈莉·贝瑞出演了 2004 年的动作超级英雄电影《猫女》（图 3）。图片来源：A. D. Friederici and W. Singer, "Grounding Language Processing on Basic Neurophysiological Principles," Trends in Cognitive Sciences 19, no. 6 (2015): 329–338, 图 1。

由加州大学洛杉矶分校的伊扎克·福瑞德（Itzhak Fried）和克里斯托弗·科赫领导的研究小组发现的神经元，在 50 年前首次可以记录猫和猴子大脑中的单个神经元时，就已经被预测到了。研究人员认为，在大脑皮层视觉区域的层级结构中，神经元的层级越高，响应特性就越具体。很有可能的情况是，顶层的单个神经元只会对一个人的照片产生响应。这被称为"祖母细胞假说"（grandmother cell hypothesis），祖母细胞是一个假想的脑中神经元，可以让你认出你的祖母。

更为戏剧性的是这样一组实验，给患者展示结合了两个熟习个体照片的融合图片，并要求他们想象其中一个人（偏好个体）的形象，弱化另一个（竞争个体），同时记录仅对单一熟人照片产生响应的神经元的活动。尽管视觉刺激没有改变，但受试者能够增加表征"偏好个体"神经元的放电速率，同时降低表征"竞争个体"神经元的放电速率。然后，实验者通过控制融合图片中两种照片的比例（根据神经元的放电比例）来闭合环路，受试者便可以通过想象两个个体面孔的比例①来控制输入。该实验表明，认知过程不是一个简单的被动过程，而是依赖于记忆和内部注意力控制的主动参与。

尽管有了这样令人惊讶的证据，祖母细胞假说仍然不太可能完全解释视觉感知的过程。根据该假说，当细胞处于活跃状态时，你会感应到你的祖母，所以它不应该被任何其他的刺激产生响应。测试中只有几百张照片，所以我们的确不知道"哈莉·贝瑞细胞"有多么强的选择性。其次，电极碰巧记录到大脑中唯一的哈莉·贝瑞神经元的可能性很低；可能性更大的情况是，大脑中有成千上万个这样的细胞，肯定还有许多对其他著名面孔、你认识的人、你能识别的每一个对象

---

① 这种比例是通过对不同神经元的放电速率的比例来定量的。——译者注

做出响应的神经元的副本。尽管大脑中有数十亿个神经元，但并不足以给人们认识的每一个对象和名称分配一个大型的专用神经元群组。最后，响应只是与感官刺激相关，但并不一定表明其中存在着因果关系。神经元的输出，及其对下游行为的影响（参考第 5 章介绍的投射场）也同样重要。不过，响应的选择性是惊人的。记录开始之前，病人被要求给定一个最喜欢的名人，所以可能哈莉·贝瑞在病人的脑中被过度表征了。

在小鼠、猴子和人类中同时记录数以百计的皮层神经元，为神经元如何共同感知和决策提供了另一种理论。[7]在猴子的记录中，刺激和依赖任务的信号广泛分布于大量神经元中，每一个神经元都会为刺激和任务细节特征的不同组合做出响应。[8]不久之后，我们将有可能记录数百万个神经元并操纵它们的放电速度，区分不同类型的神经元和它们彼此相连的方式。[9]这可能会引出超越祖母细胞的理论，让我们能够更深入地理解神经元群体的活动如何引发思考、情绪、计划和决策。当然，神经元表征面孔和对象的方式可能不止一种。随着新的记录技术的出现，我们应该很快就会知道答案。

自 20 世纪 80 年代以来，我们已经在经过训练的含有一层隐藏单元的神经网络模型中了解到，并且最近在深度网络中也认识到，神经网络中每个输入的活动模式呈高度分散性分布，其方式在性质上类似于皮层中神经元群组的各种响应（图 9-2）。[10]分布表征可以用来识别相同对象的多个版本，而且针对同一组神经元，也可以通过对它们的输出添加不同的权重来识别许多不同的对象。对神经网络中的单个隐藏单元进行分析，就像神经生理学家记录视觉皮层中的神经元一样，有时会发现一个靠近顶层的模拟神经元对其中一个对象产生了特定的偏好。但是，因为剩下的神经元携带了表征对象的冗余信号，所以当这样的单元被切除时，神经网络的性能并不会发生明显的变化。神经网络在受到损害的情况下仍能保持稳健的性能，是网络与大脑本身的架构与数字计算机的架构之间的主要区别。

需要多少皮层神经元才能区分例如脸部之类的许多相似对象呢？从成像研究中，我们知道人脑的几个区域对人脸能够做出反应，有些区域具有高度的选择性。但是，在这些区域内，任何单个面孔的信息都广泛分布在许多神经元中。加州理工学院的曹颖（Doris Tsao）在猴子的大脑皮层神经元中，记录到对面部的选择性响应，并表明可以通过结合来自 200 个面部细胞（所有面部选择性神经元的相对较小的子集）的输入来对面部特征进行重建。[11]

视觉感知的时机

视觉意识的另一方面，是大脑努力记录发生在特定时间的事件，例如闪光。视觉皮层中神经元对闪光视觉刺激产生响应的时间延迟从 25 毫秒到 100 毫秒不等，这些延迟通常发生在皮层同一区域内。尽管这样，我们仍可以确定时间差在 40 毫秒内发生的两次闪光的次序，以及时间差小于 10 毫秒的两次声音的次序。让问题更加复杂的是，视网膜中的处理也需要一定的时间。这一时间并不是固定的，而是取决于闪光的强度，所以即便微弱闪光和强烈闪光同时发生，微弱闪光中来自视网膜的首个脉冲的到达时间与强烈闪光相比，也会有一个延迟。这就引出了一个问题，即为什么视觉感知似乎具有一致性，虽然从整个皮层活动的时间和空间分布模式来看并不明显。

当我们进行跨模态（cross-modal）比较时，同时性问题变得更加令人困惑。你看到一个人在砍树，假设你离得足够近，即使声速比光速慢得多，你也可以同时看到并听到每次斧头对树木的砍击。而且随着与树的距离不断增加，同时性的幻觉仍然维持着，[12] 直到视觉和听觉信号到达你的大脑的时间差大于 80 毫秒时，我们就不再认为声音与砍击的动作同时发生（此时的距离大约为 100 英尺）。

探索与时间相关的视觉行为的研究人员发现了另一种被称为"闪光—滞后效应"（flash-lag effect）的现象。该现象可以表现为飞过头顶的飞机闪烁的尾灯和机尾看起来不太一致——闪光的位置似乎落后于机尾。另一种常见的现象是在足球比赛中，当一名跑动中的运动员看起来像在足球（闪光）前面时，这可能会引起助理裁判员的越位判罚——这名助理裁判员并未做出幻觉补偿①。这一现象可以在实验室中通过用视觉刺激（如图 16-3 所示）来进行研究。在闪光滞后效应中，闪光和位于同一位置的移动物体之间似乎发生了错位。

对这种现象存在一种主流的解释——在直觉上更说得通，而且有一些来自大脑实验记录的证据——是大脑预测了运动点将在短时间之后出现在哪个位置。但是感知实验已经表明，这并不能解释闪光滞后效应，因为闪光时间引起的感知取决于闪光后 80 毫秒内发生的事件，而不是闪光之前发生的事件（先前发生的事会被大脑用来做出预测）。[13] 这种对闪光滞后效应的解释，意味着大脑是"后发性的"而非"预测性的"；也就是说，大脑不断修改历史，使有意识的现在与未来保持一致。这是我们的大脑如何基于嘈杂和不完整的数据产生似

① 闪光滞后幻觉表现为主体对突现客体的位置判断滞后。——译者注

是而非感觉的一个例子，这一现象也经过魔术师的探索，被用于魔术表演中。[14]

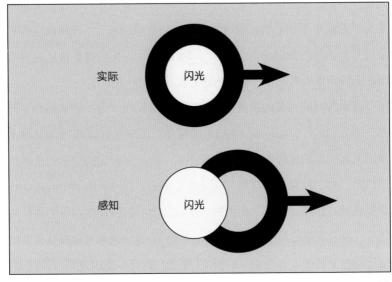

图16-3 闪光滞后效应。(上图) 一个圆环从左向右移动（黑色）。当它通过视野的中心时，灯光会短暂闪烁（黄色）。(下图) 被试者报告，在闪光时圆环似乎偏移到了右侧。图片来源：大卫·伊格尔曼。

视觉感知的部位

大脑成像可以在我们感知事物时为我们提供大脑活动的全局图。根据实验证据，研究人员提出了一个非常有吸引力的假设，即当皮层前部（这部分对计划和制定决策非常重要）的大脑活动达到阈值水平，并开启反馈回路时，我们才会有意识地注意到某些事情。[15] 虽然具有一定的启发性，但这些观察结果并不具有说服力，因为它们并不构成因果关系，而只是表明了相关性。如果"意识的神经相关"是意识状态的原因，那么应该可以通过改变"意识的神经相关"来改变意识状态。曹颖在她 2017 年的实验中证实了这一点；通过刺激猴子的视觉皮层中的脸部识别功能区，她能够干扰它对脸部的辨别能力。[16] 当对人类进行类似的实验时，被试者报告说，脸部看起来好像正在融化。[17]

最近，诸如光遗传学[18] 等新技术已经能够被用于选择性地操纵神经元的活动，从而对 NCC 的因果关系进行测试。如果认知状态与高度分散的活动模式相对应，这样的测试难度可能会很大，但原则上，这种方法可以揭示意识中的感知和其他特征是如何形成的。[19]

视觉搜索的机理

视觉搜索任务依赖于自下而上的感官处理，以及自上而下由期望驱动的注意力处理（图 16-4A）。这两种类型的处理在大脑中相互交织着进行，难以区分。但最近，人们开发了一种新颖的搜索任务来尝试将它们分开。[20] 参与者坐在空白的屏幕前，他们的任务是用目光扫视屏幕，找到一个隐藏目标的位置。当他们的目光停留在目标附近时，会听到奖励音。隐藏目标的位置在每次试验中都会发生变化，并且服从高斯分布（一种钟形曲线，由其峰值和宽度定义），但在一个试验环节内保持不变，然而参与者并不了解这一信息（图 16-4D）。

在试验环节开始时，参与者并没有任何先验知识来指导他们的搜索。一旦获得奖励，他们就可以使用该反馈来协助下一次试验。随着试验的进行，参与者通过制定隐藏目标分布的预期，来指导未来的搜索，以提高成功率。经过大约十几次的试验后，参与者的视觉注意力缩小到了目标出现概率高的区域。图 16-4D 显示了在所有参与者身

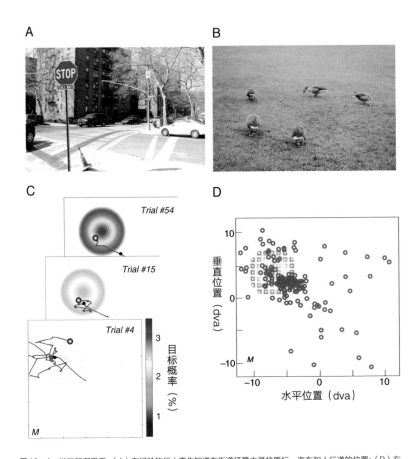

图 16-4 学习朝哪里看。(A)有经验的行人事先知道在街道场景中寻找路标、汽车和人行道的位置;(B)在一片草地上觅食的鸭子;(C)屏幕的表征图像与试验期间学习的隐藏目标分布区域进行的叠加,以及来自参与者 M 的三次试验的目光轨迹样本。每个试验中第一次目光停留的区域用黑色记号标记。最终获得奖励的注视位置以带阴影的灰色点进行标记。(D)对目光注视过的屏幕区域的采样,从在早期试验中遍布了整个屏幕(浅灰色圆圈;前五个试验),缩小到接近高斯整数分布大小和位置的区域 [正方形,颜色与后面试验 C 中给出的概率成比例(红色圆圈;试验 32-39)]。图片来源:L. Chukoskie, J. Snider, M. C. Mozer, R. J. Krauzlis, and T. J. Sejnowski, "Learning Where to Look for a Hidden Target", 图 1。

上出现的这种效应的特征。随着实验不断推进,搜索区域的范围开始大幅缩小。令人惊讶的是,尽管被试者在几次试验后的第一次扫视总是能到达隐藏目标分布的中心,但他们中许多人并没有办法描述出是如何做到这一点的。

　　这些实验表明，大脑无意识的控制是由经验引导的。通过消除视觉输入，可以独立地研究无意识过程。这项搜索任务涉及的大脑区域包括视觉皮层和上丘，它们分别控制着视野中对象的立体形貌分布，以及分别将视线指向视觉目标，与眼动系统的其他部分紧密合作。学习过程也涉及基底神经节，这是脊椎动物大脑的一个重要组成部分，能通过强化学习来学习按顺序发生的动作。[21] 预期和收到的奖励之间的差异，表现为中脑部位的多巴胺神经元放电频率的瞬时增加，从而能够调节突触可塑性，并在无意识层面影响决策和计划的制定（已在第 10 章中讨论过）。

创造意识比理解意识更容易

　　在去世之前，弗朗西斯·克里克还邀请我到他家中讨论屏状体（claustrum），这个皮层下的神秘细胞薄层接收来自许多皮层区域的投射，然后再反向投射回去。尽管克里克当时已身患绝症，但仍然专注于完成他的最后一篇论文，即屏状体因其中心地位而负责意识统一的假说。只有少数研究人员曾研究过屏状体，他几乎给他们中的每个人都打过电话，寻求进一步的信息。这次拜访是我最后一次见到他。弗朗西斯于 2004 年 7 月 28 日去世时，仍然在努力撰写他最后一篇论文[22]的手稿，试图完成他对意识起源的研究。

　　在他和詹姆斯·沃森于 1953 年发现 DNA 结构的 50 年后，人类基因组测序的项目完成了。克里克告诉我，他从来没有想过人类能够完成这一壮举。50 年后，我们距离探清意识问题还有多远呢？届时，我们将拥有与我们互动的机器，就像我们现在通过语音、手势和面部表情与他人互动一样。创造意识要比完全理解它来得容易。

我怀疑，我们是否可以通过首先了解无意识的处理过程——我们看到、听到和行动时认为理所当然的一切——来加快进度。我们已经在理解激励系统方面取得了进展（激励系统对我们如何做决定产生了强烈的影响）；还有注意力系统（这些系统有助于指导我们在现实世界中搜寻信息）。随着对管理感知、决策和规划的大脑机制的深入了解，理解意识这个问题可能会像《爱丽丝漫游奇境记》中的柴郡猫一样消失，只留下一个大大的笑容。[23]

17

进化的力量

　　研究生命起源的莱斯利·奥格尔（Leslie Orgel，图 17–1，右）是一位毕业于牛津大学的化学家，他是我在索尔克研究所多年的同事，也是我见过的最聪明的科学家之一。每周五的教员午餐时与他的讨论总是让我意犹未尽。生命的起源可以追溯到数十亿年前，众所周知，那时的地球与今天大不相同，环境条件十分苛刻，大气中的氧气很少，并不适宜生命存活。古细菌早于细菌出现在地球上，但在古细菌之前出现的又是什么呢？我们现在已经知道，DNA 普遍存在于所有细胞中，那在 DNA 形成之前就存在的遗传物质又是什么呢？ 1968 年，莱斯利·奥格尔和弗朗西斯·克里克推测，由细胞中的 DNA 衍生而来的 RNA 可能是 DNA 的前身，但这就要求 RNA 能够自我复制。关于这一推测的证据，来自可以催化 RNA 反应的基于 RNA 酶的核酶[1]

（ribozyme）。今天该领域的大多数研究人员都认为，所有生命都来自早期的"RNA 世界"，这一点是完全有可能的。[2] 但 RNA 又是从哪里来的呢？遗憾的是，我们并没有什么证据可以继续追溯下去。

图 17-1 1992 年，索尔克研究所的弗朗西斯·克里克（左）和莱斯利·奥格尔（右）分别在意识的起源和生命的起源领域进行着开拓性的研究。图片来源：索尔克研究所。

大自然比我们聪明

一直以来，人们普遍接受的所谓"真理"，总是不断地被惊人的发现所颠覆。我们抬起头，看到太阳在围绕地球转动，但实际上是地球在绕着太阳转。进化论让我们认清了人类的发展历程，尽管到了今天，很多人仍然难以接受这一理论。许多年后，我们的后代将回顾我们生活的这个时代，并认为我们对智能的直觉，是过于简化了的，这种直觉阻碍了人工智能后续 50 年的进步。正如奥格尔的第二定律所述，进化比你聪明。

我们的意识觉知只是冰山一角，我们大脑的大部分活动依然神秘莫测，无法进行自我反思。我们用"注意力"和"意图"这些词来描述我们的行为，但这些都是含糊的概念，隐藏了大脑活动过程的内在复杂性。基于直觉大众心理学的人工智能的发展迟迟得不到令人满意的成果。我们的眼睛能看到东西，但没人知道其背后的原因。"我思故我在"，但思考背后的机制仍是一个谜。大自然向我们揭示大脑如何运转，并不会给我们带来生存上的优势。奥格尔的第二定律仍然成立。

正如第 2 章所指出的那样，我们拥有高度发达的视觉系统，但这并不能让我们成为视觉领域的专家。[3] 许多人甚至都没有意识到，我们的眼部存在一个眼中央凹，其能提供的清晰视角只有 1 度的弧度，相当于以一臂为半径，拇指长度为弧长所对应的角度；而我们在眼中央凹之外什么都看不到，几乎相当于法定盲人[①]。我曾经向我的母亲指出这一点，她说她不相信我，因为她前后左右都看得很清楚。由于我们可以迅速重新定位视觉目标，所以产生了一种在目光所及之处都能看得很清楚的错觉。你知道当你凝视一个目标时，目光会以每秒三次的频率在目标上游移吗？余光（peripheral vision）可能具有较低的空间分辨率，但对亮度和运动的变化非常敏感。在视觉皮层中，与识别目标的主要回路相区别的另一个主要回路，就负责识别视线在空间中的移动。

---

① 法定失明是一种视力丧失程度，在法律上被定义来确定可接受福利的资格。——译者注

当计算机视觉领域的先驱开始设计视觉功能时，他们的目标是从图像中创建出一个完整的世界内部模型，而这个目标已经被证明是难以实现的。但是，一个完整而准确的模型对于大多数实际目的来说可能是不必要的，而且考虑到目前的摄像机取样率很低，这似乎更不可能实现。

根据心理物理学、生理学和解剖学的证据，帕特里夏·丘奇兰德、神经心理学家拉马钱德兰（V. S. Ramachandran）和我得出的结论是，大脑只表征世界上有限的一部分目标，即执行手头任务所需的那部分。[4] 这也使得强化学习更容易减少所需要的、可能有助于获得奖励的感官输入的数量。视觉的明显模块化（与其他感官处理流相比，视觉信息有更高的分离度）也是一种错觉。视觉系统集成了来自其他渠道的信息，包括来自奖励系统的指示场景中目标价值的信号。机动系统通过积极地重新定位传感器来寻找信息，例如移动目光，以及在某些物种中，通过移动耳朵来收集可能导致奖励行为的信息。

大脑通过对环境的逐步适应而发生进化；大自然无法从零开始，而必须通过修改各个零部件来维持现有物种的生存。约翰·奥尔曼（John Allman）在他的著作《进化脑》（Evolving Brains）[5] 一书中阐述了在城市人类尺度上逐渐发生的进化，并回顾了一次他去圣迭戈老电厂锅炉房的经历。他注意到，在一组真空管旁边有一排排复杂的小型气送管，旁边是不同年代的计算机控制系统。由于该电厂需要连续供电，因此无法在每次对技术进行更新换代时，都直接关闭旧系统并将其改装为新系统。于是旧的控制系统就被留在了原位，而新的控制系统被集成到了其中。同样，随着大脑的不断变化，大自然并不能抛弃旧的大脑系统，而是根据当前的发展计划进行调整，偶尔也会增加一层新的控制。基因复制，是引入能够变异出新功能的基因副本的最佳途径。全基因组复制的情况曾经也发生过，而这可能会导致一个全新物种的诞生。

认知科学的兴起

20 世纪 30 年代，研究学习行为的心理学家把行为看作将感官输入转化为运动输出的过程，并自称为"行为主义者"。关联学习是行为主义的研究重点，许多学习规律在通过用不同的奖励机制训练动物时被陆续发现。哈佛大学的 B. F. 斯金纳是这一领域的领导者，他撰写了几本畅销书籍来解释他的发现对社会造成的影响。[6] 当时有关行为主义的大众出版物非常受欢迎。

1971 年，著名语言学家诺姆·乔姆斯基（图 17-2）在《纽约书评》（图 17-3）上发表了一篇全面抨击行为主义的文章，矛头直指斯金纳。[7] 下面是他的论点中关于语言方面的一段摘录：

图 17-2 1977 年的诺姆·乔姆斯基。他于 1971 年在《纽约书评》上撰写了文章《针对斯金纳的驳斥》。乔姆斯基的论文对一代认知心理学家产生了深远的影响。他们开始将符号处理作为认知的概念框架，而大脑发育和学习在认知和智力中的重要作用则在他们的眼中大打折扣。图片来源：Hans Peters/Anefoto。

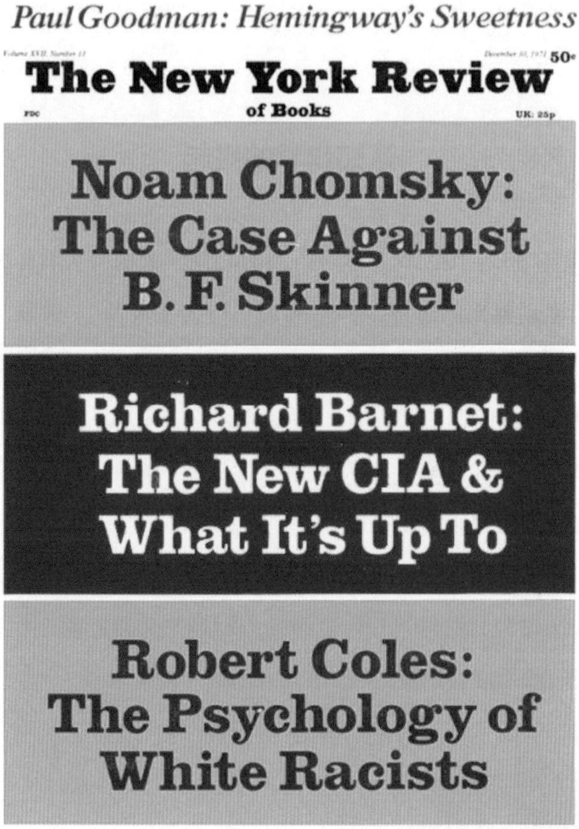
Paul Goodman: Hemingway's Sweetness

50¢

The New York Review of Books

UK: 25p

Noam Chomsky: The Case Against B. F. Skinner

Richard Barnet: The New CIA & What It's Up To

Robert Coles: The Psychology of White Racists

图 17-3 诺姆·乔姆斯基于 1971 年在《纽约书评》中抨击斯金纳的标题。乔姆斯基的文章影响了一代科学家，诱导他们放弃了对行为的学习，并采用符号处理作为解释认知的方式。但使用符号方法，人工智能从未出现能够达到认知水平的表现。斯金纳在强化学习领域引领着正确的方向，但却受到了乔姆斯基的嘲讽；当今最引人注目的 AI 应用是基于学习，而非逻辑。图片来源：《纽约书评》。

把一些我从来没有听过或说过的英语句子，而不是中文句子说成属于我的“语录”（只因为我说前者的“概率”更大），这是什么意思？斯金纳主义在讨论中涉及这一点时，一直诉诸“相似性”或“泛化”，但始终没有精确地描述新句子与熟悉的例子如

何"相似",或从例子中如何"泛化"的方式。这种失败的原因
很简单。就目前所了解的信息而言,相关属性只能用描述有机体
内部假定状态的抽象理论(例如语法)来表达,而这种理论被从
斯金纳的"科学理论"中先验地排除了。由此导致的直接后果就
是,只要讨论涉及事实世界,斯金纳主义就必然会陷入神秘主义
(不能解释的"相似性"和无法描述的"泛化")。尽管在语言中
情况可能更为清楚,但没有理由认为,人类行为的其他方面也会
落入斯金纳用先验限制了的"科学"体系之中。[8]

以今天的角度,我们可以看到乔姆斯基明白了问题的关键,但他
并不了解学习的力量。深度学习已经向我们展示了,像大脑本身的神
经网络那样,模型神经网络能够做到被乔姆斯基解释为"神秘主义"
的那种"泛化",并且可以经过训练,选择性地识别多国语言并进行
翻译,为图像生成在语法上无可挑剔的标题。最具讽刺意味的是,机
器学习已经解决了自动解析语句的问题,尽管计算语言学家做出了艰
苦的努力,但乔姆斯基的句法"抽象理论"从来没有解答过这个问
题。当与斯金纳开创的强化学习结合起来时,机器学习就可以解决需
要做出一系列选择以实现目标的复杂问题。这是解决问题的实质,也
是智能的基础。

乔姆斯基的文章充满了鄙视,其影响也远远超过了对斯金纳的
抨击:它挑战了,甚至驳斥了将学习作为理解认知的一种方式。这在
20 世纪 70 年代对认知心理学产生了决定性的影响。乔姆斯基所持观
点的核心在于,根本无法想象(至少对乔姆斯基而言)关联式学习能
够产生一种像语言那样复杂的认知行为。但请注意,这个论点是基于

无知——仅因为世界顶尖的语言学家说他无法想象某件事，并不能否定这件事发生。但乔姆斯基的言辞与 70 年代的时代精神产生了共鸣，因此颇受追捧。到了 20 世纪 80 年代，对认知进行符号处理已成为主流方法，并为一个名为"认知科学"的新领域打下了基础——认知科学是认知心理学、语言学、哲学和计算机科学的混合体。神经科学则像是认知科学的小兄弟，在 20 世纪 90 年代认知神经科学兴起前，一直或多或少地受到忽视。

不能把语言问题只留给语言学家

此后，乔姆斯基还多次使用了同样的修辞论证，其中最著名的是他基于"刺激匮乏"（poverty of the stimulus）对先天语言能力的论证，[9]其中断言婴儿在听觉上获取不到足够的语言范例来学习句法的规则。但是，婴儿并不是一台从外界得到一串无形符号的计算机。事实上，一个婴儿沉浸在一个充满丰富感官体验的世界中，并会以惊人的速度了解世界的本质。[10] 这个世界充满了与声音有关、意义非凡的体验，这些体验始于子宫，是一种无监督学习。在这一基础上，语言开始形成，首先是咿咿呀呀，然后是单个词汇，以及后来语法正确的单词序列。先天习得的并不是语法，而是能够从经验中学习语言，表现出在丰富的认知语境中吸收话语的高阶统计特性的能力。

令乔姆斯基无法想象的是，如果加上对环境的深度学习和用毕生的经验磨炼出的深度学习的代价函数，像强化学习这样的弱学习系统也可以产生认知行为，包括语言。在 20 世纪 80 年代，这一点对我来说并不明显，尽管我应该认识到，如果像话语网络这样的小型网络可以处理英语发音，那么很可能在对言语的表征中，学习网络——无论是模型网络还是皮层网络——都对语言有着天然的亲和力。乔姆斯基的立场是基于想象力的匮乏，但从逻辑来说符合了奥格尔的第二定律：进化比你聪明，而这个"你"也包括像乔姆斯基这样的专家。事实上，当一位专家告诉你自然界的某些事情是不可能的时候，你应该保持谨慎——不管这个论证有多么合理或者令人信服。

在 20 世纪后半叶，乔姆斯基对语序和句法的强调成为语言学的主导方式。但即使是一个"词袋"（bag of words）模型的神经网络，抛弃单词顺序，也能在判定文章（如体育报道或政论）的主题方面表现出色，并且通过参考直接相邻的文字关系，性能还可以得到进一步的提升。我们通过深度学习获得的经验是，即使词序包含一些信息，但基于单词含义及词间关系的语义更重要。词汇在大脑中被丰富的内部结构所表征。随着我们对在深度学习网络中词汇如何表达语义有了更深入的了解，我们可能会开启一门新的语言学。就像大自然没有理由向我们揭示视觉的工作原理一样，也没有理由认为，我们对语言工作原理的直觉会更好。

我们来考虑一下，在对自然语言任务进行训练的模型网络中，单词的内部结构可能是什么样子。虽然网络可能是针对特定问题进行训练，但网络表征输入的方式可被用于解决其他问题。一个很好的例子就是训练一个网络，来预测句子中的下一个单词。在经过训练的网络中，单词的表征方式具有内部结构（以网络中所有单元的活动模式的形式），可以用来在单词对之间进行类比。[11] 例如，当这些活动模式被投影到一个平面时，连接国家和首都的矢量都是一样的。在没有任何关于首都城市意味着什么的监督信息的前提下（图 17-4），网络学会了自动组织概念并隐式地学习它们之间的关系，这就表明，可以使用无监督学习从文本中提取国家和首都的语义。

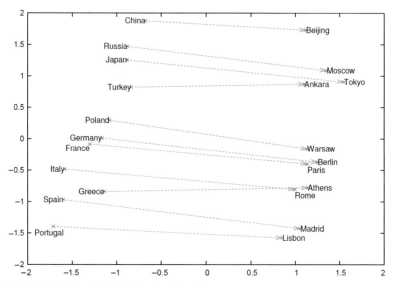

图17-4 网络中单词的内部表征被用来训练预测句子中的下一个单词。每个单词都是网络活动的矢量，可以如上所示投影到二维平面上。箭头将国家连接到它们的首都。由于所有这些箭头彼此平行并且长度大致相同，所以单词对也以类似的方式表示。例如，如果你想查找不同国家的首都，可以将此箭头添加到该国家的矢量中，并检索出其首都的矢量。资料来源：T. Mikolov, I. Sutskever, K. Chen, G. Corrado and J. Dean, "Distributed Representations of Words and Phrases and Their Compositionality"，图2。图片来源：杰夫·迪恩。

我在麻省理工学院的一次演讲中，开门见山地说道："语言太重要了，不能只留给语言学家去研究。"[12] 我的意思是，我们不应该只停留在行为层面描述语言。我们应该理解语言背后的生物学原理和潜在的生物学机制，以及智人的语言能力是如何演变的。使用无创大脑成像，以及直接对癫痫患者的大脑活动进行记录，已经使这一想法成为可能。对大脑研究来说，同等重要的是通过比较人类大脑与黑猩猩和其他高等灵长类大脑的差异，来理解语言是如何形成的；相比在早期经过更加漫长的过程获得感觉运动技能，使用语言的能力发生在进化的某个瞬间。强大的基因工具将使我们能够剖析大脑的发育，并理解进化如何通过在发育中不断修正来形成我们先天的语言学习能力。

语言可以通过诉诸似是而非和源自无知的争论被用来进行误导和控制，这种无知会产生远远超出科学范畴的负面影响。历史上充斥着煽动者，当他们在想象力方面的匮乏被暴露出来，最终就会难逃被抛弃的命运。幸运的是，大脑存在的时间比语言要长很多，如果我们依赖于早在语言出现之前就进化出来的那部分大脑，肯定会从中受益。[13]

难预测的行为规律

回想起来，行为主义和认知科学在 20 世纪对行为的研究采取了相反的方式，但都犯了同样的错误，即忽视了大脑的重要性。行为主义者不希望被反思误导，所以他们认为不去大脑中寻求指导，实际上是一种荣耀。他们认为，通过仔细控制黑匣子的输入和输出，可以发现任何偶然事件的行为规律。"功能主义"的认知科学家拒不认可行为主义，并且相信他们可以发现思维的内在表征方式，但是因为他们也相信大脑如何实现这些表征的细节无关紧要，[14] 因此他们所开发的内部表征是基于不可靠的直觉和大众心理学。大自然比这两派都要聪明。

黑匣子的内部状态非常复杂，因此要发现内部表征和行为规律非常困难。如果有一天我们确实发现了行为规律，很可能会对它们进行功能性的描述，尽管这个描述可能和量子力学对于物理学家一样，是违反直觉的。想要发现行为规律，我们需要尽可能依赖大脑。深度学习网络是通过关注大脑结构的某些一般特征，以及大脑功能的一般原理来取得进步的范例。我毫不怀疑强硬的功能主义者会提出抗议，但我们需要前进，而不是墨守成规。在此过程的每一步中，添加来自大脑架构的一系列新特征都提升了深度学习网络的功能：皮层区域的层次结构，深度学习与强化学习在大脑中的耦合，循环皮层网络中的工作记忆，以及关于事实和事件的长期记忆，等等。我们还可以从更多的大脑计算原理中学习，并充分利用它们。[15]

　　研究知觉、记忆和决策的神经科学家通常在他们的实验中使用基于试验的任务，在这些任务中，实验动物接受训练以对刺激产生期望的反应。经过数月的训练后，这些刺激驱动的反应变成了反射，而不是反思，这可以揭示习惯行为，而不是认知行为背后的机制。思考不是一种反射，它可以在没有任何感官刺激的情况下发生，但传统的实验设计方式忽略了在没有感官输入的情况下进行的自发活动。我们需要新的方法来研究与感官和运动无关的内部活动，其中包括有意识思考和无意识处理。出现了这样一种新的情况：大脑成像实验揭示了当人被放入扫描仪并被要求"休息"时，所自发产生的静息状态。当无所事事时，大脑就会走神，思维表现为模式不断变化的大脑活动，这是一种我们可以观察到但尚未理解的大脑活动。

　　脑成像，尤其是无创性功能磁共振成像（fMRI）开辟了研究社交和决策的新途径，催生了一个名为"神经经济学"的新领域。[16] 因为人类并不是经典经济学中经常假设的理性行为者，我们的判断和动机来自复杂的大脑内部状态，因此我们需要根据实际而非理想化的人类判断和动机，来建立一个行为经济学。[17] 正如第10章所述，多巴胺神经元通过表现奖励预测误差，对动机产生了强大的影响。针对社交互动的大脑成像，能够以纯粹的行为实验无法实现的方式探究人类的动机。我们的目标是用基于先前经验的概率决策理论，来取代基于逻辑的理性决策理论。

神经网络的寒冬

神经网络的早期历史，其实就是一个不大但颇具影响力的团队，如何能够将研究方向带离正轨的案例。在《感知器》这本书尾声部分，马文·明斯基和西摩尔·帕普特（图 17-5）表达了这样的观点：感知器学习算法并不能扩展到多层感知器：

图 17-5　照片拍摄于 1971 年马文·明斯基和西摩尔·帕普特出版了《感知器》一书后不久。其中对简单网络出色的数学分析，让一代追求基于多层网络学习的人工智能方法的研究人员，感到不寒而栗。图片来源：麻省理工学院。

这个扩展问题不仅仅是技术问题，也是战略问题。尽管（甚至是因为）它有着严重的局限性，感知器已经显示出了研究价值。它具有很多引人注目的特点：线性，有趣的学习理论，适用于并行计算的简单框架。但没有理由认为，这些特点中的任何一种会延续到多层次版本。尽管如此，我们仍然认为这是一个重要的研

究课题，以阐明（或否决）我们对"其扩展是无所作为的"的直
觉判断。我们也许会发现一些强大的收敛定理，或者相反地，我
们会找到无法为多层机器研发有趣的"学习理论"的原因。[18]

毫无疑问，其结果导致了网络学习领域的寸草不生。在明斯基
和帕普特的书中，这种毫无根据的"直觉"（除此之外，这倒是一本
好书）对神经网络学习的发展产生了令人不寒而栗的影响，让一代人
的研究就此停滞不前。尽管我个人从这种停滞中受益，因为它使我的
事业成为可能。但是我有机会在明斯基职业生涯后期，站在幕后洞察
一切。

我被邀请参加 2006 年达特茅斯人工智能会议"AI@50"。该会议
回顾 1956 年在达特茅斯举行的开创性的人工智能夏季研究项目，并
展望人工智能的未来。[19] 1956 年该项目的十位先驱中的五位出席了这
次会议：约翰·麦卡锡（John McCarthy，斯坦福大学），马文·明斯基
（麻省理工学院），特伦查德·摩尔（Trenchard More，IBM），雷·所
罗门诺夫（Ray Solomonoff，伦敦大学）和奥利弗·赛弗里奇（Oliver
Selfridge，麻省理工学院）。无论从科学还是社会学的角度来说，这都
是一次引人入胜的会议。

卡内基－梅隆大学的金出武雄（Takeo Kanade）在他的演讲"人
工智能视野：进步与非进步"（Artificial Intelligence Vision: Progress
and Non-Progress）中指出，以今天的标准来看，20 世纪 60 年代的计
算机内存很小，并且一次只能保存一张图像。金出武雄在他 1974 年
的博士论文中指出，尽管他的程序可以在一个图像中找到一辆坦克，
但是在其他图像中，如果坦克处于不同的位置并且光照不同，则很难

得到同样的结果。但是，当他早期的学生毕业时，因为电脑更强大，他们设计的程序可以在更普遍的条件下识别坦克。今天，他学生的程序可以识别任何图像中的坦克。不同之处在于，今天我们可以访问数以百万计的图像，可以对各种姿态和光照条件进行取样，而且计算机的功能更是强大了数百万倍。

麻省理工学院的罗德尼·布鲁克斯在他的题为"智能与身体"（Intelligence and Bodies）的演讲中，讲述了他在建造爬行和漫步机器人方面的经验。智能在大脑中进化以控制运动，并且身体逐渐发展为通过智能与世界互动。布鲁克斯放弃了机器人专家使用的传统控制器，并将行为，而非计算，作为设计机器人的参考。随着我们对如何搭建机器人的了解更加深入，会更清楚地认识到身体是意识的一部分。

在"为什么自然语言处理现在是统计自然语言处理"（Why Natural Language Processing is Now Statistical Natural Language Processing）的演讲中，欧仁·查尼阿克（Eugene Charniak）解释说，语法的一个基本作用是在句子中标记词类。人类接受这方面训练后，会比现有的解析程序做得更好。计算语言学领域最初试图应用诺姆·乔姆斯基在20世纪80年代首创的生成语法（generative grammar）方法，但结果令人失望。最终被证明可行的办法是，聘请布朗大学的学生为《华尔街日报》上千篇文章的词类进行手写标注，然后应用统计技术，根据相邻单词来确定特定单词的词类。这一过程需要大量的例子，因为大多数单词有多重含义，每个单词对应许多不同的上下文。目前，在句子中对词类进行自动标记，已经成为可以利用机器学习来解决的问题。

这些成功的故事有一个共同的轨迹。过去，电脑速度很慢，只能用少数几个参数来探索一个玩具模型。但是这些玩具模型无法适用于现实世界的数据。当拥有了大量数据，并且计算机速度也更快时，就可以创建更复杂的统计模型，并提取更多特征和特征之间的关系。深度学习使这一过程实现了自动化。深度学习可以从非常大的数据集中提取特征，而不需要让领域专家为每个应用程序手动创建这些特征。随着计算取代了劳动力并不断变得更廉价，计算机将能够执行更多劳动密集型的认知任务。

在会议结束时的总结性发言中，马文·明斯基一开始就表示，他对演讲和 AI 的研究方向感到失望。他解释道："你们不是在解决通用智能的问题。你们只是在解决具体的应用问题。"这次会议应该是对我们所取得的进展的一次庆祝，但是却被他的指责打击了。我做的演讲是关于强化学习的进展，并展示了 TD-Gammon 通过训练，能在西洋双陆棋中表现出冠军水平的显著成果。不过我的演讲并没有给他留下深刻的印象，他始终认为，那只是一个游戏罢了。

明斯基的"通用智能"意味着什么呢？他在其著作《心智社会》（ The Society of Mind ）[20] 中提到，前提是通用智能来自简单个体之间的相互作用。明斯基曾经说过，有关他的理论的最大想法，是来源于试图创建一台拥有机械手臂、摄像机和计算机的机器，可以用儿童的积木构建一个结构（图 2–1）。[21] 这听起来很像一个应用。一个具体的应用会迫使你专注于并深入到问题的根源，而抽象理论化的方法则不能。演讲人在达特茅斯会议上所报告的成就，来自对具体问题的深入了解，为更全面的理论理解铺平了道路。也许，一个更好的通用智能理论有一天会从这些狭隘的 AI 成就中浮现出来。

我们的大脑不只是凭空产生抽象的想法。它们与我们身体的所有部位密切相连，而我们的身体又通过我们的感官输入和运动效应器与外界密切相连。生物智能因此而具体化。更重要的是，我们的大脑在与外界互动的同时，经历了一个漫长的成熟过程。学习是一个与发育同时进行的过程，并且在我们达到成年后仍然会持续很长一段时间。因此，学习对于通用智能的发展至关重要。有趣的是，人工智能中最难解决的问题之一是常识，显然这是儿童并不具备的，只有在长期与外界接触后，大多数成人才会获得常识。人工智能中经常忽略的情绪和同理心也是智能的一个重要方面。[22]情绪是个整体信号，可以使大脑为不能由局部大脑状态决定的行动做好准备。

AI@50的最后一天举行了宴会。在晚餐结束时，1956年达特茅斯人工智能夏季研究项目的5名回归成员简要介绍了会议和人工智能的未来。在问答期间，我站起来，转向明斯基说道："神经网络社区有一种看法：你是上世纪70年代需要为神经网络萧条负责的魔鬼。你是魔鬼吗？"明斯基发起了一场关于我们如何不理解我们网络的数学局限性的长篇大论。我打断了他："明斯基博士，我问的是一个是或否的问题。你是，还是不是？"他犹豫了片刻，然后喊道："是的，我是魔鬼！"

1958年，弗兰克·罗森布拉特制造了一个模拟计算机，被设计用来模拟感知器，因为当时数字计算机在模拟计算密集度高的网络模型时速度很慢。到了20世纪80年代，计算机的计算能力大大提升，让我们能够通过模拟小型网络来探索学习算法。但直到2010年，才有足够的计算能力将网络规模扩大到可以解决实际问题的程度。

明斯基在1954年从普林斯顿大学获得数学博士学位，他的论文是关于用神经网络进行计算的理论和实验研究。他甚至用电子部件构建出了小型网络，以了解它的行为。当我还是普林斯顿大学物理系的博士生时，就听说数学系里没有人有资格评审他的论文[23]，所以人们把它发给了普林斯顿高等研究院的数学家们，据说他们能与上帝交谈。回复的评论是，"如果这在今天不是数学，未来总有一天会是。"这足以为明斯基赢得他的博士学位。而神经网络确实引发了一类新的数学函数，这些函数激发了新的研究，并正在发展为数学的一个新分支。年轻的明斯基超越了他的时代。

从深度学习到通用人工智能

马文·明斯基于 2016 年去世，他坚信神经网络无法实现通用的人工智能。斯蒂芬·沃尔夫勒姆在一篇关于他与明斯基友谊的文章中关切地写道："虽然我认为没有人能在当时就预见到，但我们现在知道，马文早在 1951 年就已经在研究的神经网络，正在朝着他所希望的那种令人叹为观止的 AI 能力发展的正确道路上前进。可惜这个过程太久了，马文几乎没能看到它的实现。"[24]

明斯基去世后不久，DeepMind 的研究人员艾历克斯·格雷夫斯（Alex Graves）和格雷格·韦恩（Greg Wayne）通过添加动态外部存储器，实现了基于深度学习的通用人工智能的下一步。[25] 活动模式在深度循环神经网络中只能被暂时存储，这就很难对推理和推断进行模拟。通过在网络中添加一个稳定的存储器，可以像数字计算机内存一样灵活地写入和读取，研究人员展示了一个训练好的强化学习网络，可以回答需要推理的问题。例如，一个这样的网络对伦敦地铁路线做出了合理的规划，另一个则回答了关于家谱中成员关系的问题。动态记忆网络（Dynamic Memory Networks）也能够掌握 20 世纪 60 年代曾对 MIT AI Lab 提出挑战的"积木世界"任务（图 2–1）。这就带我们回到了第 2 章开始的地方。

弗朗西斯·克里克于 2004 年去世，此后不久，莱斯利·奥格尔在 2007 年也去世了，这标志着索尔克研究所一个时代的终结。现在这些科学巨人已经不在我们身边了，而新一代的学者仍在向前迈进。我在索尔克研究所工作了 30 年，相当于它一半的寿命。我们的大家庭组建于 1960 年，所有的教职工都在同一条小船上。"索尔克号"很小，小到每个人都认识对方。但即使在今天，我们有了 1000 人的团队，它仍然会带给我们一种家的感觉，也证明了这个机构文化的持久性。

我们是一个伟大的生物链（可以回溯到细菌出现之前）中的一员。现在我们已经到了理解大脑以及它们是如何发展的边缘，这将会是一个奇迹，能够永远改变我们对自己的看法。

18

深度智能

遗传密码

　　西德尼·布伦纳（Sydney Brenner）在南非出生并接受教育，随后参与了剑桥大学早期的分子遗传学研究工作（图 18-1）。他曾与弗朗西斯·克里克在分子生物学实验室（LMB）共用一个办公室。如果是你，在发现 DNA 的结构并解开了遗传密码之后，会在下一个项目里做什么？克里克决定把重点放在人类的大脑上。布伦纳开始研究一种新模式生物——线虫（C. elegans），这是一种生活在土壤中的蛔虫，有 1 毫米长，只有 302 个神经元。长期追踪体内的每个细胞，了解个体如何从一个胚胎逐渐发育成熟的研究，使得这些线虫成了许多突破性发现的源头。布伦纳因为这项研究，在 2002 年和罗伯特·霍维茨

（H. Robert Horvitz）、约翰·苏尔斯顿（John E. Sulston），共同分享了诺贝尔生理学或医学奖。布伦纳也因他的机智而闻名。他在诺贝尔获奖者演讲中，赞扬了线虫："我今天的演讲题目是'大自然对科学的恩赐'（Nature's gift to Science）。内容并不是关于一个科学期刊对另一个期刊的致敬①，而是关于生命世界的多样性如何启发和服务于生物研究领域的创新。"[1] 看上去西德尼·布伦纳似乎见证了"创世记"。

图18-1　西德尼·布伦纳是生物学界的传奇人物。他研究遗传密码，DNA 中碱基对被转录成蛋白质的方式，并因其对模式生物的开创性研究工作而获得诺贝尔奖。这张照片来自 2010 年《科学网络》对他的采访，http://thesciencenetwork.org/ programs/the-science-studio/sydney-brenner-part-1。

布伦纳 2009 年在索尔克研究所做过三场系列讲座，主题是"阅读人类基因组"（Reading the Human Genome）[2]，讲座很精彩，没有借助任何幻灯片或道具。他注意到，除了电脑，还从没有人曾经阅读过整个人类基因组，一个个地检查碱基对，于是便将其作为自己的目标。在这个过程中，他发现了不同的基因和物种的 DNA 序列之间有

_____

① 《自然》（Nature）和《科学》（Science）杂志都是学术领域的顶级期刊，此处为一语双关。——译者注

趣的相似之处。

布伦纳在全球多个研究机构都有教职。他在新加坡有一个实验项目；也是日本冲绳理工学院的创始校长；弗吉尼亚州阿什本（Ashburn）附近霍华德·休斯医学研究所珍妮莉亚研究园区的高级研究员；还是我在拉荷亚索尔克研究所领导的克里克－雅各布理论与计算生物学中心（Crick-Jacobs Center for Theoretical and Computational Biology）的高级研究员。以上只是其中的几个头衔。在戴维·马尔获得了他的博士学位后，布伦纳聘请马尔在 LMB 从事计算研究工作，后来布伦纳还通过自己的南非朋友兼同事西摩尔·帕普特，在 MIT AI Lab 为马尔安排了一个职位。分子遗传学和神经生理学之间的关系很深，而布伦纳在这两个领域都处于中心位置。

布伦纳有一次去拉荷亚的时候，我和他吃了顿晚饭，其间我告诉他，多年前我在哈佛医学院做博士后的时候听过一个故事——弗朗西斯·克里克死后到了天堂。圣彼得看到这个坚定的无神论者感到很惊讶，但弗朗西斯去天堂是想问上帝一个问题。他被带到了田野中的一个木棚里，里面散落着各种轮子和齿轮，都是失败的试验品。弗朗西斯看到上帝围着皮质围裙站在工作台边，正在修补一个新的有机体。"弗朗西斯，"上帝说，"见到你真是太高兴了。我可以为你做些什么？""在我的一生中，"弗朗西斯说，"我都想知道这个问题的答案：为什么苍蝇有成虫盘？"[3]"亲爱的弗朗西斯，"上帝回答道，"这真是个惊喜！从来没有人问过我这个问题。我已经将成虫盘放入苍蝇体内数亿年了，还从来没有听到过任何抱怨。"

听完这个故事，布伦纳没说话。我猜想，讲这么一个关于他好友的笑话，或许有些冒犯。"特里，"他说，"我可以告诉你我第一次碰到这个故事的那个场景。弗朗西斯和我坐在办公室里，他当时正在读一本关于发育生物学的书，突然高举双手道：'上帝才知道苍蝇为什么会有成虫盘！'"

我惊呆了。找到你几十年前就听过，并复述了无数次的故事的源头的机会，有多少呢？我让布伦纳告诉我最初的版本。他说故事的标题是"天堂里的弗朗西斯·克里克"；他的故事版本与我的版本有着相同的基本结构，但细节却不尽相同[4] —— 就像进化过程一样，故事的基本核心不变，但许多细节却改变了。

我于 2017 年 1 月探望了在新加坡的布伦纳，庆祝他的 90 岁生日。他因为健康问题不再旅行，还需要坐在轮椅上，但仍和我之前每次见到他时那样有活力。西奥多西厄斯·多布赞斯基（Theodosius Dobzhansky）曾经说过，撇开进化论，生物学中的任何东西都讲不通。[5] 布伦纳于 2017 年 2 月 21 日在新加坡南洋理工大学举行了一场关于细菌进化的精彩演讲，该演讲属于系列讲座《10个10：进化编年史》（10-on-10: The Chronicle of Evolution）①。[6] 2017 年 7 月 14 日，我也在这个系列讲座中做了关于大脑进化的主题演讲。在演讲的开头，我对多布赞斯基的那句话做了些许改动：没有 DNA，生物学中的任何东西都讲不通。[7]

每个物种都有智能

许多物种都进化出了智能，以解决它们在环境中面对的生存问题。在海洋中进化的动物与在陆地上进化的动物相比，面临着许多不

---

① 在 10 个月里进行的 10 个讲座，涵盖 10 个对数时间刻度的话题。——译者注

同的问题。视觉感知使我们能够感知周围的世界，我们还发展出了视觉智能来解释这些视觉信号。研究非人类动物在自然环境中的行为的动物行为学家们，已经在这些动物身上发现了人类并不具备的能力和技巧，如回声定位：蝙蝠主动发出听觉信号来探测它们所处的环境，并对回声进行分析。这创造了外部世界的内部表征，所有表象都与我们的视觉体验一样生动。蝙蝠具有听觉智能，它能分辨来自飞舞的昆虫（可以捕捉）和来自障碍（需要躲避）的信号。

纽约大学的哲学家托马斯·内格尔（Thomas Nagel）在 1974 年写了一篇题为《成为一只蝙蝠是什么感觉？》（What Is It Like to Be a Bat?）的文章，并得出结论，如果没有回声定位的直接经验，我们就无法想象蝙蝠世界是什么样的。[8] 但缺乏这种经验并没有妨碍我们发明雷达和声呐技术（这些技术使我们能够积极探索看不到的世界），也不会阻止盲人通过适应声音的反射来摸索周边的环境。我们也许不知道成为一只蝙蝠是什么感觉，但我们可以打造类蝙蝠的智能系统，协助自动驾驶汽车使用雷达和激光雷达导航。

我们人类是大自然中学习方面的佼佼者。我们可以更快地学习更广泛的主题，记住更多的东西，通过不断繁衍所积累的知识更是胜过任何其他物种。我们创造了一种名为"教育"的技术，以增加我们在有生之年能够学到的东西。现在，儿童和青少年在教室里度过了自己的成长期，不断学习着世界上他们从未直接体验过的事物。作为相对近期的人类发明，阅读和写作需要很多年才能掌握。但是，这些发明使得积累的知识能够传递给下一代，比如写书、印制再到阅读这个流程，仅靠口口相传是积累不了那么多知识的。正是写作、阅读和学习，而非说话，使现代文明成为可能。

进化的起源

　　我们的进化起源是什么？我在 1998 年协助建立的拉荷亚人类起源研究组，最初是作为一个小组定期举行会议，讨论可能帮助我们回答这个问题的许多证据，这些证据来自古生物学、地球物理学、人类学、生物化学、遗传学，还有比较神经科学。它逐渐吸引了很多国际会员，并在 2008 年成为加州大学圣迭戈分校 / 索尔克人类起源学术研究和培训中心（UCSD/Salk Center for Academic Research and Training in Anthropogeny，简称 CARTA）。[9] 正如 NIPS 召集了所有领域的科学和工程团队来了解神经计算一样，在探索我们人类来自哪里，如何走到现在，培养新一代思考者来寻找这些古老问题的答案方面，CARTA 也吸取了来自所有科学领域的见解。[10]

　　600 万年前，人属的谱系从黑猩猩的谱系中分离出来（图 18-2）。黑猩猩是一种非常聪明的物种，但黑猩猩的智能与我们的完全不同。在试图教授黑猩猩语言基础知识的尝试中我们发现，它们仅能学会几

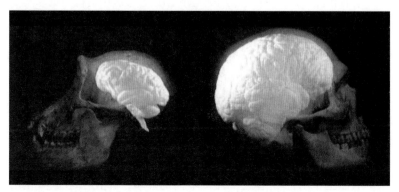

图 18-2　黑猩猩的大脑和体积更大的人脑之间的比较，人脑已经进化出显著增大的，有更多褶皱的大脑皮层。
图片来源：Allman, Evolving Brains, p. 164。由约翰·奥尔曼（John Allman）提供。

百个符号，用来表达简单的需求，尽管以这种方式衡量它们的智能显得有些不太公平。如果我们不得不在黑猩猩的队伍中生存下去，我们又会有多好的表现呢？所有的物种都和我们一样以自我为中心吗？

在人类和黑猩猩之间存在的差异，可以在我们的 DNA 中找到。我们很久之前就知道，人类的 30 亿个 DNA 碱基对中，与黑猩猩不同的只占 1.4%。当黑猩猩的基因组被首次测序后，我们以为自己将能够阅读生命之书，发现人类与黑猩猩有什么不同。很遗憾，此书大约有 90% 的内容我们都没有能力读懂。[11] 我们的大脑与黑猩猩的大脑非常相似；神经解剖学家已经在两个物种中确定了相同的脑区。与人类和黑猩猩在行为中的显著差异相比，这两个物种大脑之间的大部分差异处于分子水平，并且十分微妙。这再一次证明了，大自然比我们聪明。

人类终将解决智能难题

莱斯利告诉我，奥格尔的第一法则指出，细胞中的每一个基本反应都会演化出一种酶，来催化这种反应。这种酶不仅加速了反应，而且还可以通过与其他分子的相互作用来调节反应，从而使细胞更加高效，适应性更强。自然以一个巧妙的反应路径开始，通过添加酶和备份路径逐渐改善这个路径。然而所有这些在缺失核心过程的情况下是无法工作的，这个核心过程对于细胞来说就是 DNA 的维护和复制，而 DNA 在细胞生物化学领域中扮演着"蜂王"的角色。

单细胞生物已经适应了许多不同的环境，并在生态中演化出适合他们自己的生态环境的位置。例如，细菌已经适应了极端的环境——从海底的高温液体喷口到南极洲的冰层，以及更多温和的环境，比如我们的胃肠中有数千种细菌。像大肠杆菌这样的细菌（图18-3）已经发展出了按照梯度游向食物来源的算法。由于细菌太小，在几微米的体长里不能直接检测到梯度，于是就使用了趋化性，这涉及周期性地翻滚并随机游动。[12] 这看起来可能会适得其反，但通过在高浓度的地方将游动时间延长，细菌可以准确地按浓度梯度爬行。它们的智能是一种原始智能，但细菌比最聪明的生物学家还要聪明。这群最聪明的生物学家尚未弄清楚细菌是如何在如此多样的环境中生存的。在多细胞动物中可以发现更复杂的智能形式。

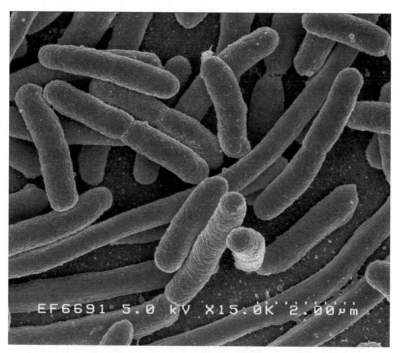

图18-3 大肠杆菌的扫描电子显微镜片。细菌是地球上最多样、生命力最强、最成功的生命形式。通过研究它们，我们可以学到很多关于自主智能的知识。图片来源：NIAID, NIH。

　　我们已经看到，作为强化学习基础的时间差分学习算法可能导致高度复杂的行为，而人类大脑皮层的深度学习更加深了其的复杂性。自然界有一系列的智能行为，可以让人工系统从中学习。跨越计算机科学和生物学的算法生物学是一个新的科学领域，寻求使用算法的语言来描述生物系统所使用的问题解决策略。[13] 我们希望，确定这些生物算法将会启迪新的工程计算范式，并能让我们对生物网络有系统级的理解。这是一段新旅程的起点，最终能够解释跨空间和时间尺度的生物系统中嵌套的复杂性：基因网络、代谢网络、免疫网络、神经网络和社交网络——全部都是网络。

　　深度学习取决于对一个代价函数的优化。自然界的代价函数是什么呢？与进化过程中的代价相反的概念被称为适应度，但这个概念只在具体的约束条件下才有意义，无论约束条件是来自环境，还是来自要被优化的系统。在大脑中，有一些调节行为的固有成本，例如对食物、温度、安全、氧气和生育的需要。在强化学习中，需要采取行动来优化未来的奖励。但除了保证生存的奖励之外，从人类令人眼花缭乱的行为中可以看出，还有各种各样其他的奖励可以被优化。是不是一些潜在的通用代价函数导致了这种多样性呢？

　　我们仍在寻找暴露智能最高形态秘密的核心概念。我们已经确定了一些关键原则，但是却没有一个概念框架能像 DNA 解释生命本质那样，优雅地解释大脑如何运转。学习算法是寻找统一概念的好地方。也许，我们在理解深度学习网络如何解决实际问题方面取得的进展，将引出更多线索。也许我们可能会在细胞和大脑中发现使进化成为可能的操作系统。如果我们能解决这些问题，就可能会有想象不到的收获。自然可能比我们每一个人都更聪明，但作为一个物种，我并不认为人类无法解决智能难题。

我工作的索尔克生物研究所是一个与众不同的地方。从外面看，它就像一个混凝土堡垒，但是当你进入中央庭院时，会看到一大片石灰岩延伸到太平洋，两侧高耸的塔架让这美轮美奂的景色定格在你的眼前（图1）。[1] 我的实验室在南楼，位于庭院外（照片左侧）。你在入口处左边会看到一面墙大小的电子显微镜下的海马体照片，它看起来像一盘意大利面的横截面；入口通向茶室，那里是计算机神经生物学实验室的心脏。

世界上最杰出的一些科学家，包括弗朗西斯·克里克——他很喜欢与学生和同事交流——都曾围着圆形的白色茶桌讨论各种科学问题（图2）。事实上，茶室还出现在了克里克的著作《惊人的假说》(*The Astonishing Hypothesis*) 中：

> 特里·谢诺夫斯基在索尔克研究所的团队，一个星期里几乎每天下午都会举行非正式的茶会。这些茶会是讨论最新实验结果，抛出新的想法，或只是聊聊科学、政治或新闻的理想场合。有一天我去喝茶，并向帕特·丘奇兰德和特里·谢诺夫斯基宣布，我发现意愿诞生的位置了！它位于或靠近前扣带回。与安东尼奥·达马西奥讨论此事时，我发现他也有同样的想法。[2]

图1 位于加州拉荷亚市的索尔克生物研究所,可以俯瞰太平洋。这座由路易斯·卡恩设计的标志性建筑是一座科学的圣殿,也是我每天上班的地方。图片来源: Kent Schnoeker,索尔克生物研究所。

我尤其记得,克里克在 1989 年与比阿特丽斯·哥伦布一起喝茶的那天。他告诉我,比阿特丽斯想从事神经网络的研究工作,我应该雇用她。[3] 比阿特丽斯当时是加州大学圣迭戈分校的一名医学博士生,曾与克里克一起短暂工作过一段时间。她曾想把神经网络作为她的博士论文项目,但这违反了生物系的规定。我接受了克里克的建议,我们彼此都从对方那里学到了很多。自我们于 1990 年在加州理工学院的 Athenaeum 宴会厅举行婚礼以来,我一直在向她学习。

从我在约翰·霍普金斯大学任教开始,茶桌就一直陪伴着我。我于 1981 年在托马斯·詹金斯生物物理系从事的第一份工作中,为我的新实验室购买的第一件家具就是茶桌。该科系就像一个历史悠久的大家庭,而我是年轻的宠儿,他们让我有信心在新的方向发展,对此我永远心存感激。在哈佛医学院神经生物学系担任博士后研究员期间，我养成了喝下午茶的习惯，并保留至今。在一个庞大而多样的科系里，这是一种让大家保持联系并了解实验进展的方法。我在索尔克研究所的实验室是一个微型大学，拥有来自科学、数学、工程和医学等不同专业背景的学生，下午茶时间是我们大集体团聚的时间。

图2　2010 年索尔克研究所计算神经生物学实验室（CNL）的茶室。日常茶会一直是本书描述的许多学习算法和科学发现的社交孵化器。图片来源：索尔克生物研究所。

我很幸运。我的父母很重视教育，早年就十分信任我；我生活在前所未有的经济增长和遍地机会的时代，这开阔了我的视野；我的导师和合作者慷慨地分享了他们的见解和建议；我有幸与一代极其优秀的学生一起工作。我特别感谢杰弗里·辛顿、约翰·霍普菲尔德、布鲁斯·奈特（Bruce Knight）、斯蒂芬·库夫勒、迈克尔·斯蒂麦克（Michael Stimac）和约翰·惠勒（John Wheeler），同样也感谢我的岳父所罗门·哥伦布，他们在我职业生涯的各个转折点帮助我选择了正确的方向。比阿特丽斯具有批判性思维，我从她那里学到了如何避免群体思维。仅仅因为每个人都相信某种解释，并不能证明它就是真理。有时需要花费整整一代人的时间，才能从群体中剔除一个普遍持有的信念。

同时，我还要感谢在本书的写作过程中帮助过我的其他人。与长期合作者帕特里夏·丘奇兰德和《科学网络》的创始人罗杰·宾汉姆（Roger Bingham）在网上进行的探讨，为本书的写作提供了灵感。约翰·多伊尔（John Doyle）对控制理论的洞见启发了我对大脑操作系统的讨论。与凯里·施塔勒（Cary Staller）在瑞士克洛斯特斯和达沃斯附近山上的徒步旅行，帮我理清了对算法空间的理解。芭芭拉·奥克利教我如何接触到课堂以外的受众。凯里和芭芭拉都帮助我塑造了讲述深度学习故事的方式。还有很多人为本书提供了宝贵的反馈和建议，他们包括：Yoshua Bengio，Sydney Brenner，Andrea Chiba，Gary Cottrell，Rodney Douglas，Paul Ekman，Michaela Ennis，Jerome Feldman，Adam Gazzaley，Geoffrey Hinton，Jonathan C. Howard，Irwin Jacobs，Scott Kirkpatrick，Mark 和 Jack Knickrehm，Te-Won Lee，James McClelland，Saket Navlakha，Barbara Oakley，Tomaso Poggio，Charles Rosenberg，David Silver，James Simons，Marian Stewart-Bartlett，Richard Sutton，Paula Tallal，Gerald Tesauro，Sebastian Thrun，Ajit Varki，Massimo Vergassola，Stephen Wolfram（他也为本书的书名提供了建议），以及 Steven Zucker。

自 1984 年以来，伍兹霍尔计算神经科学研讨会每年夏天都会举行一次，其中有一小部分核心成员和新的参与者在早上和晚上会进行深入讨论，下午是留给大家做户外活动的自由时间——多么完美的安排。这个研讨会的成员都拥有了杰出的职业生涯。伍兹霍尔研讨会一直持续到今天，但于 1999 年转移到特柳赖德，和年度神经形态工程研讨会一起举办。我感谢过去三十年来参加这些研讨会的所有人，特别是 John Allman，Dana Ballard，Robert Desimone，John Doyle，Katalin Gothard，Christof Koch，John Maunsell，William Newsome，Barry Richmond，Michael Stryker，和 Steven Zucker。

我在索尔克生物研究所和加州大学圣迭戈分校的同事们，都是杰出的有创业和合作精神的研究人员，他们正在创造生物医学科学的未来。加州大学圣迭戈分校神经计算研究所的教师和学生，在我 1990 年创所以来，以我从未想象过的方式整合了神经科学和计算。

索尔克研究所的计算神经生物学实验室在过去的三十年里一直是我的家，我的许多学术弟子已经离开，在全世界继续着蓬勃发展的职业生涯。一个实验室就像一个家庭，几代热情的研究生和博士后大大丰富了我的生活。我的实验室管理员罗丝玛丽·米勒（Rosemary Miller）和玛丽·艾伦·佩里（Mary Ellen Perry）精心地照顾着实验室。玛丽·艾伦在过去的十年中一直担任 NIPS 的常务董事，李·坎贝尔（Lee Campbell）开发了一个计算机平台，使我们能够将会议规模扩大十倍。

我很感谢麻省理工学院出版社，四十年来它一直是我可靠的合作伙伴，出版了我和托马索·波吉奥编辑的一套关于计算神经科学的丛书；我于 1989 年创立的期刊《神经计算》（*Neural Computation*）；我于 1992 年出版的书《计算大脑》（*The Computational Brain*）；以及其他人写的一些关于机器学习的基础书籍，比如理查德·萨顿和安德鲁·巴托的《强化学习导论》（*Reinforcement Learning：An*

Introduction），伊恩·古德费洛、约书亚·本吉奥和亚伦·库维尔（Aaron Courville）联合撰写的该领域最重要的教科书《深度学习》。麻省理工学院出版社的罗伯特·普赖尔（Robert Prior）在本书漫长的出版过程中，也对本书的写作提供了指导。

我还要感谢 NIPS 社区，没有他们，我就无法写出这本《深度学习》，虽然本书远没有涵盖这个领域的全面历史，只关注了几个主题和参与神经网络研究的一些人。国际神经网络协会的期刊《神经网络》一直是拓展神经网络受众面的中坚力量。该协会与 IEEE 合作，每年举办一次神经网络国际联合会议。机器学习也催生了许多优秀的会议，包括国际机器学习会议（ICML），这是 NIPS 的姊妹会议。这个领域极大地受惠于来自所有这些组织，以及对其做出贡献的研究人员。

在 2018 年长滩 NIPS 的开幕式上，我对 NIPS 的发展表达了惊叹："我参加第一届 NIPS 会议时，根本没想到，像今天这样，站在这里面对 8000 名与会者发表演讲，会花 30 年的时间，当时我以为只需要 10 年。"我于 2016 年 4 月探访了现居加州山景城（Mountain View）的杰弗里·辛顿。"谷歌大脑"（Google Brain）团队占据了一栋大楼的一整个楼层。我和杰弗里一起回顾过去的日子，得出了我们已经赢得胜利的结论，但花费的时间比我们预期的要长得多。在这个过程中，杰弗里入选了英格兰和加拿大皇家学会。我也被选为美国国家科学院、国家医学院、国家工程院、国家发明家科学院和国家艺术与科学学院院士，这些都是难得的荣誉。我非常感谢杰弗里·辛顿多年来和我分享他对网络计算的见解。

作为普林斯顿大学的博士生，我曾经致力于研究爱因斯坦的引力理论，广义相对论中的黑洞和引力波。然而，在获得我的物理学博士学位之后，我的研究领域转向了神经生物学，大脑自那时起就引起了我的兴趣。我还不知道我的第三次转变可能是什么。所罗门·哥伦布曾经告诉我，所谓事业，只能用来追溯，我在写这本书时也确认了这一点。回顾过去，我发现了那些让我走到今天这一步的事件和决定，当然，当时的我对这一切还一无所知。

自适应信号处理（adaptive signal processing）：提高信号质量的方法，例如自动粒度控制，或可自动降低噪声的可调节滤波器。

算法（algorithm）：一个列出了具体操作步骤的说明，你可以按步骤来实现一个目标，就像对照菜谱烘焙蛋糕一样。

反传（或误差反向传播）[backprop（backpropagation of errors）]：通过梯度下降来优化神经网络的学习算法，以最小化代价函数的值并提高网络性能。

贝叶斯规则（Bayes's rule）：基于新数据和与事件相关条件的先验知识，对事件概率进行更新的规则。更一般地说，贝叶斯概率是对当前和先验数据产生结果的信念。

玻尔兹曼机（Boltzmann machine）：一种神经网络模型，由相互作用的二进制单元组成，其中单元处于活跃状态的概率取决于其整合的突触输入。该模型以19世纪物理学家路德维希·玻尔兹曼命名，他是统计力学的奠基人。

约束条件（constraints）：让最优化问题的解决方案必须满足的保证其值为正的条件。

卷积（convolution）：通过计算一个函数与另一个函数相对移位的重叠量，将两个函数进行混合。

代价函数（cost function）：用来指定网络目的并衡量其性能表现的函数。学习算法的目的是降低代价函数的值。

数字助理（digital assistant）：用以辅助完成任务的虚拟助理，比如亚马逊智能音箱 Echo 中的语音助理 Alexa。

周期（epoch）：学习过程中，从指定数量的样本中计算出平均梯度后神经网络中权重的更新。

平衡（equilibrium）：热力学状态，其中没有物质或能量的净宏观流动。在玻尔兹曼机中，神经单元状态是概率性的，当输入保持不变时，系统会最终稳定在平衡状态。

反馈（feedback）：神经网络中由高 / 后层流向低 / 前层神经元的连接，这种连接使信号在网络中形成了环流。

前馈网络（feedforward network）：一种多层神经元网络，其中各层神经元之间的连接是单向的，从输入层开始，到输出层结束。

梯度下降（gradient descent）：一种以降低代价函数为目的的优化方法，在每个周期中都会对参数进行调整，代价函数用来衡量网络模型的性能。

霍普菲尔德网络（Hopfield net）：由约翰·霍普菲尔德发明的全连接神经网络模型，根据不同的输入状态，该模型都能保证收敛成固定的吸引子形态，可以用来存储和提取信息。对该网络进行过探讨的文章有上千篇。

学习算法（learning algorithm）：基于样本来调整函数参数的算法。同时提供了输入和目标输出样本的是监督算法，仅提供输入样本的是无监督算法。强化学习是监督学习算法的一种，仅对好的表现进行奖励。

逻辑（logic）：基于结果仅为真或假的假设的数学推断。数学家用逻辑来证明定理。

机器学习（machine learning）：计算机科学的一个分支学科，让计算机从数据中学习如何完成任务，而不对其提供明确的程序设定。

毫秒（millisecond）：一秒的千分之一（0.001 秒），即一千赫兹音调的一个周期。

大规模开放式在线课程（massive open online course, MOOC）：互联网

上各色主题的免费课程。第一门 MOOC 诞生于 2006 年，到 2018 年 1 月，网上大约有 9400 门不同的 MOOC，拥有约 9100 万学习者。

神经元（neuron）：一种特异化的大脑细胞，整合其他神经元的输出作为输入，并将输出信号传递给其他神经元。

归一化（normalization）：将信号的振幅稳定在固定范围内。一种将随时间变化的正值信号进行标准化的方式，即用该信号除以其自身的最大值，使归一化的信号被限定在 0 和 1 之间。

优化（optimization）：从提供的输入集合中系统地选取输入值的过程，以找到函数的最大或最小输出值。

过度拟合（overfitting）：当一个网络模型中可调整参数的数量远大于训练数据的数量，并且该算法使用了过多参数来匹配这些样本时，经过训练的学习算法所达到的状态。虽然过度拟合大大降低了网络适应新样本的能力，但可以通过正则化来降低这种负面影响。

感知器（perceptron）：一个简单的神经网络模型，由一个神经元和一系列带有可变权重的输入组成，可以通过训练来对输入进行分类。

可塑性（plasticity）：神经元对其功能的改变，如连接强度的改变（"突触可塑性"），或对其输入的响应［"本征可塑性"（intrinsic plasticity）］。

概率分布（probability distribution）：指定了实验中系统或结果的所有可能状态发生的概率的函数。

循环网络（recurrent network）：拥有反馈连接，允许信号在其中循环流动的神经网络。

正则化（regularization）：在训练数据有限的情况下，防止具有许多参数的网络模型发生过度拟合的方法。例如权重衰减，即网络中所有的权值在训练的每个周期都会减小，只有具有较大正梯度的权值被保留。

缩放性（scaling）：对算法的复杂程度如何随着问题的大小而变化的判断标准。例如，n 个数相加的复杂度缩放性为 n，但是 n 个数所有两数配对相乘

的复杂度缩放性为 n^2。

臭鼬工厂（skunk works）：一个小组在某个组织内以高度自治的方式从事高级别或秘密项目。借鉴了漫画作品《丛林小子》（*Li'l Abner*）中月光工厂的名称。

稀疏原理（sparsity principle）：对信号的稀疏表征，如脑电图（EEG）和功能磁共振成像（fMRI），用少量固定基函数的加权和来近似信号。这些基函数在独立分量分析（independent component analysis）中被称为信源。在一组神经元中，对一个输入的稀疏表征是指只有少数神经元高度活跃的情况。这可以减少来自表示其他输入的活动模式的干扰。

树突棘（spine）：神经元树突上的刺棘状膜突，充当突触的突触后部位。

突触（synapse）：两个神经元之间的特异化连接部位，信号从突触前神经元传递到突触后神经元。

训练和测试集（training and test sets）：基于训练集的表现并不能很好地评估神经网络在新输入上执行的效果，但训练期间未使用的测试集则可以对网络性能进行评估。当数据集合很小时，可以使用训练集之外的单个样本，对使用其余样本进行训练的网络进行性能测试，并且对每个样本重复该过程以获得平均测试性能。这是 $n = 1$ 时的交叉验证的特例，其中 n 个子样本被保留作为测试集而非训练集。

图灵机（Turing machine）：由阿兰·图灵于 1937 年发明的一种假想的，可以用来做数学计算的简单计算机模型。图灵机包括一个可以前后移动的"磁带"，磁带被划分为一个接一个的单元，一个具有"状态"的"磁头"，可以改变其下活动单元的属性，以及一套关于磁头如何修改活动单元格并移动磁带的指令。在每个步骤中，机器可以修改活动单元格的属性并更改磁头的状态，之后再将磁带移动一个单元。

前　言

1. 严格地说，神经网络是一个生物实体，机器学习中使用的模型是人工神经网络 —— ANNies。但若无另行说明，本书中的"神经网络"默认代指人工神经网络。

2. Conor Dougherty, "Astro Teller, Google's 'Captain of Moonshots,' on Making Profits at Google X," *New York Times*, February 6, 2015, https://bits.blogs.nytimes.com/2015/02/16/googles-captain-of-moonshots-on-making-profits-at-google-x. 深度学习将运行数据中心的电力成本降低了15%，每年可以节省数亿美元。

3. 尽管沃森在1943做出的估计从未得到过确认，但它反映了当时的人们普遍无法想象电脑的未来。

第1章

1. "啊，美丽的新世界，有这么美的人在里头！"（"O brave new world that has such people in't!"）来自莎士比亚的剧作《暴风雨》中米兰达的台词（5.1.182–183 [Oxford Standard Authors Shakespeare]）。

2. Bill Vlasic, "G.M. Wants to Drive the Future of Cars That Drive Themselves," *New York Times*, June 4, 2017, https://www.nytimes.com/2017/06/04/business/general-motors-self-driving-cars-mary-barra.html.

3. "Full Tilt: When 100% of Cars Are Autonomous," *New York Times Magazine*,

November 8, 2017, https://www.nytimes.com/interactive/2017/11/08/magazine/tech-design-autonomous-future-cars-100-percent-augmented-reality-policing.html?hp&action=click&pgtype=Homepage&clickSource=story-heading&module=second-column-region&region=top-news&WT.nav=top-news/.

4. Christopher Ingraham, "The Astonishing Human Potential Wasted on Commutes," *Washington Post*, February 24, 2016, https://www.washingtonpost.com/news/wonk/wp/2016/02/25/how-much-of-your-life-youre-wasting-on-your-commute/?utm_term=.497dfd1b5d9c.

5. "Full Tilt: When 100% of Cars Are Autonomous," *New York Times Magazine*, November 8, 2017, https://www.nytimes.com/interactive/2017/11/08/magazine/tech-design-autonomous-future-cars-100-percent-augmented-reality-policing.html ?hp&action=click&pgtype=Homepage&clickSource=story-heading&module=second-column-region&region=top-news&WT.nav=top-news/.

6. "Google's Waymo Passes Milestone in Driverless Car Race," *Financial Times*, December 10, 2017, https://www.ft.com/content/dc281ed2-c425-11e7-b2bb-322b2cb39656/.

7. B. A. Golomb, "Will We Recognize It When It Happens?" in Brockman, J., (ed.), *What to Think About Machines That Think* (New York: Harper Perennial, 2015), 533–535.

8. Pierre Delforge, "America's Data Centers Consuming and Wasting Growing Amounts of Energy," Natural Resources Defense Council Issue Paper, February 6, 2015, https://www.nrdc.org/resources/americas-data-centers-consuming-and-wasting-growing-amounts-energy/.

9. W. Brian Arthur, "Where Is Technology Taking the Economy?" *McKinsey Quarterly*, October, 2017, https://www.mckinsey.com/business-functions/mckinsey-analytics/our-insights/Where-is-technology-taking-the-economy/.

10. Gideon Lewis-Kraus, "The Great A. I. Awakening," *New York Times Magazine*, December 14, 2016, https://www.nytimes.com/2016/12/14/magazine/the-great-ai-awakening.html.

11. Aleksandr Sergeevich Pushkin, *Eugene Onegin: A Novel in Verse*, 2 nd ed., trans. Vladimir Nabokov (Princeton: Princeton University Press, 1991).

12. 关于这一做法的早期尝试，请参阅 Andrej Karpathy, "The Unreasonable Effecti-veness of Recurrent Neural Networks," *Andrej Karpathy Blog*, posted May 21, 2015, http://karpathy.github.io/2015/05/21/rnn-effectiveness/.

13. G. Hinton, L. Deng, G. E. Dahl, A. Mohamed, N. Jaitly, A. Senior, et al., "Deep Neural Networks for Acoustic Modeling in Speech Recognition," *IEEE Signal Processing Magazine* 29, no. 6 (2012): 82–97.

14. W. Xiong, J. Droppo, X. Huang, F. Seide, M. Seltzer, A. Stolcke, et al., "Achiev-ing Human Parity in Conversational Speech Recognition," Microsoft Research Technical Report MSR-TR-2016-71, revised February 2017, https://arxiv.org/pdf/1610.05256.pdf.

15. A. Esteva, B. Kuprel, R. A. Novoa, J. Ko J, S. M. Swetter, H. M. Blau, and S. Thrun, "Dermatologist-Level Classification of Skin Cancer with Deep Neural Networks," *Nature* 542, no. 7639 (2017): 115–118.

16. Siddhartha Mukherjee, "A.I. versus M.D.: What Happens When Diagnosis Is Automated?" *New Yorker*, April 3, 2017, http://www.newyorker.com/magazine/2017/04/03/ai-versus-md/.

17. Dayong Wang, Aditya Khosla, Rishab Gargeya, Humayun Irshad, Andrew H. Beck, *Deep Learning for Identifying Metastatic Breast Cancer*, arXiv:1606.05718. 他们使用的测量方法在信号检测理论里被称为"曲线下面积"，它对假阴性和假阳性都很敏感。https://arxiv.org/abs/1606.05718/.

18. Anthony Rechtschaffen and Alan Kales, eds., *A Manual of Standardized Terminology, Techniques and Scoring System for Sleep Stages of Human Subjects*, National Institutes of Health publication no. 204 (Bethesda, MD: U.S. National Institute of Neurological Diseases and Blindness, Neurological Information Network, 1968).

19. 参阅 Ian Allison, "Former Nuclear Physicist Henri Waelbroeck Explains How Machine Learning Mitigates High Frequency Trading," *International Business*

Times, March 23, 2016, http://www.ibtimes.co.uk/former-nuclear-physicist-henri-waelbroeck-explains-how-machine-learning-mitigates-high-frequency-1551097/; Bailey McCann, "The Artificial-Intelligent Investor: AI Funds Beckon," *Wall Street Journal*, November 5, 2017, https://www.wsj.com/articles/the-artificial-intelligent-investor-ai-funds-beckon-1509937622/.

20. Sei Chong, "Morning Agenda: Big Pay for Hedge Fund Chiefs despite a Rough Year," *New York Times*, May 16, 2017, https://www.nytimes.com/2017/05/16/business/dealbook/hedge-funds-amazon-bezos.html.

21. 除了雇用了数千名数学家的美国国家安全局。 Alfred W. Hales, personal communication, May 4, 2016.

22. Sarfaz Manzoor, "Quants: The Maths Geniuses Running Wall Street," *Telegraph,* July 23, 2013, http://telegraph.co.uk/finance/10188335/Quants-the-maths-geniuses-running-Wall-Street.html.

23. D. E. Shaw, J. C. Chao, M. P. Eastwood, J. Gagliardo, J. P. Grossman, C. Ho, et al., "Anton: A Special-Purpose Machine for Molecular Dynamics Simulation," *Communications of the ACM* 51, no. 7 (2008): 91–97.

24. D. T. Max, Jim Simons, "The Numbers King," *New Yorker*, December 18 & 25, 2017, https://www.newyorker.com/magazine/2017/12/18/jim-simons-the-numbers-king/.

25. 很快就会被拍成电影。

26. 约翰·冯·诺依曼，引自根据雅各布·布罗诺夫斯基（Jacob Bronowski）的著作改编的电视纪录片《人类的攀升》(*The Ascent of Man*)，第13集（1973年）。

27. 参阅 M. Moravík, M. Schmid, N. Burch, V. Lisý, D. Morrill, N. Bard, et al., "Deep-Stack: Expert-Level Artificial Intelligence in Heads-Up No-Limit Poker," *Science* 356, no. 6337 (2017): 508–513。标准偏差是钟形曲线的半峰宽。只有 16% 的样本落入平均值的一个标准偏差之外的区域。只有万分之三的样本在平均值的四个标准偏差以外。

28. 脑海中浮现出了 1983 年科幻电影《战争游戏》(*War Game*s) 中的场景。参阅 https://en.wikipedia.org/wiki/WarGames。

29. 参阅 D. Silver, A. Huang, C. J. Maddison, A. Guez, L. Sifre, G. v. d. Driessche, et al., "Mastering the Game of Go with Deep Neural Networks and Tree Search," *Nature* 529, no. 7587 (2016): 484–489.

30. "我不知道今天该说些什么,"李世石告诉媒体记者,"但我想我必须先表示歉意。我应该能表现得更好,在比赛中占据更多的主动。我也很抱歉,让很多人失望了。我觉得很无助。如果回顾三场比赛,即使第一场比赛能够重赛,我也不认为自己会取胜,因为那时我误判了 AlphaGo 的能力。"Jordan Novet, "Go Board Game Champion Lee Sedol Apologizes for Losing to Google's AI," *VentureBeat*, March, 12, 2016, https://venturebeat.com/2016/03/12/go-board-game-champion-lee-sedol-apologizes-for-losing-to-googles-ai/。

31. "勘测者 1 号"于 1966 年 6 月 2 日,国际标准时间 6 点 17 分 36 秒(美国东部时间凌晨 1 点 17 分 36 秒)登陆月球表面。着陆点位于弗拉姆斯蒂德火山口(Flamsteed Crater)以北一个直径为 100 公里的陨坑内。

32. Ke Jie, as quoted in Selina Cheng, "The Awful Frustration of a Teenage Go Champion Playing Google's AlphaGo," *Quartz*, May 27, 2017, https://qz.com/993147/the-awful-frustration-of-a-teenage-go-champion-playing-googles-alphago/.

33. Ke Jie, as quoted in Paul Mozur, "Google's A.I. Program Rattles Chinese Go Master As It Wins Match," *New York Times*, May 25, 2017, https://www.nytimes.com/2017/05/25/business/google-alphago-defeats-go-ke-jie-again.html.

34. Paul Mozur, "Beijing Wants A.I. to Be Made in China by 2030," *New York Times*, July 20, 2017, https://www.nytimes.com/2017/07/20/business/china-artificial-intelligence.html.

35. Silver D., J. Schrittwieser, K. Simonyan, I. Antonoglou, A. Huang, A. Guez, T. Hubert, L. Baker, M. Lai, A. Bolton, Y. Chen, T. Lillicrap, F. Hui, L. Sifre, G. van den Driessche, T. Graepel, and D. Hassabis, "Mastering the Game of Go Without Human Knowledge," *Nature* 550 (2017): 354–359.

36. David Silver, Thomas Hubert, Julian Schrittwieser, Ioannis Antonoglou, Matthew Lai, Arthur Guez, Marc Lanctot, Laurent Sifre, Dharshan Kumaran, Thore Graepel,

Timothy Lillicrap, Karen Simonyan, Demis Hassabis, *Mastering Chess and Shogi by Self-Play with a General Reinforcement Learning Algorithm*, arXiv: 1712.01815 (2017).

37. Harold Gardner, *Frames of Mind: The Theory of Multiple Intelligences*, 3rd ed. (New York: Basic Books, 2011).

38. J. R. Flynn, "Massive IQ Gains in 14 Nations: What IQ Tests Really Measure," *Psychological Bulletin* 101, no. 2 (1987): 171–191.

39. S. Quartz and T. J. Sejnowski, *Liars, Lovers and Heroes: What the New Brain Science Has Revealed About How We Become Who We Are* (New York: Harper-Collins, 2002).

40. Douglas C. Engelbart, *Augmented Intelligence: Smart Systems and the Future of Work and Learning*, SRI Summary Report AFOSR-3223 (Washington, DC: Doug Engelbart Institute, October 1962), http://www.dougengelbart.org/pubs/augment-3906.html.

41. M. Young, "Machine Learning Astronomy," *Sky and Telescope*, December (2017): 20–27.

42. "Are ATMs Stealing Jobs?" *The Economist*, June 15, 2011, https://www.economist.com/blogs/democracyinamerica/2011/06/technology-and-unemployment/.

43. John Taggart and Kevin Granville, "From 'Zombie Malls' to Bonobos: What America's Retail Transformation Looks Like," *New York Times*, April 15, 2017.

44. E. Brynjolfsson and T. Mitchell, "What Can Machine Learning Do? Workforce Implications," *Science* (2017): 358: 1530–1534. doi: 10.1126/science.aap8062.

45. "Technology Is Transforming What Happens When a Child Goes to School: Reformers Are Using New Software to 'Personalise' Learning," *Economist*, July 22, 2017, https://www.economist.com/news/briefing/21725285-reformers-are-using-new-software-personalise-learning-technology-transforming-what-happens/.

46. 教育市场的估值超过 1.2 万亿美元，主要包含三个领域：早期儿童教育（700 亿美元），K–12（即从幼儿园到高中三年级的基础教育，6 700 亿美元），以及高等教育（4 750 亿美元）。参阅 Arpin Gajjar, "How Big Is the Education

Market in the US: Report from the White House," *Students for the Future*, October 10, 2008, https://medium.com/students-for-the-future/how-big-is-the-education-market-in-the-us-report-from-white-house-91dc313257c5。

47. "Algorithmic Retailing: Automatic for the People," *Economist*, April 15, 2017,

48. T. J. Sejnowski, "AI Will Make You Smarter," in Brockman, J. (ed.), *What to Think About Machines That Think* (New York: Harper Perennial, 2015), 118–120.

第 2 章

1. 虽然直到 1970 年才正式成立，麻省理工学院人工智能实验室（MIT AI Lab）于 1959 年就开始了相关的研究项目，并于 2003 年跟麻省理工学院计算机科学实验室（LCS）合并，组建了麻省理工学院计算机科学与人工智能实验室（CSAIL）。为了保持简洁和一致性，我把该机构统称为 "MIT AI Lab"。

2. 参阅 Seymour A. Papert, "The Summer Vision Project," AI Memo AIM-100, July 1, 1966, DSpace@MIT, https://dspace.mit.edu/handle/1721.1/6125。根据麻省理工学院 2016 级毕业生 Michaela Ennis 的说法："有关麻省理工学院本科生被安排将'计算机视觉'作为暑期研究项目的故事，帕特里克·温斯顿（Patrick Winston）教授每年都会拿到课堂上讲，他还说过这个本科生就是杰拉德·苏斯曼（Gerald Sussman）。"

3. 参阅 Roger Peterson, Guy Mountfort, and P. A. D. Hollom, *Field Guide to the Birds of Britain and Europe*, 5th ed. (Boston: Houghton Mifflin Harcourt, 2001).

4. Bruce G. Buchanan and Edward H. Shortliffe, *Rule Based Expert Systems: The MYCIN Experiments of the Stanford Heuristic Programming Project* (Reading, MA: Addison-Wesley, 1984).

5. S. Mukherjee, "A.I. versus M.D.: What Happens When Diagnosis Is Automated?" *New Yorker*, April 3, 2017.

6. Pedro Domingos, *The Master Algorithm: How the Quest for the Ultimate Learning Machine Will Remake Our World* (New York: Basic Books, 2015), 35. 甚至没有人知道如何量化所有常识，我们把拥有常识当成理所当然的事。

7. 猫比人的体重要轻，即使背朝下掉落，也可以在空中翻转过来四肢着地。J. A. Sechzera, S. E. Folsteina, E. H. Geigera, R. F. and S. M. Mervisa, "Development and Maturation of Postural Reflexes in Normal Kittens," *Experimental Neurology* 86, no. 3 (1984): 493–505.

8. B. Katz, *Nerve, Muscle, and Synapse* (New York: McGraw-Hill, 1996); A. Hodgkin, *Chance and Design: Reminiscences of Science in Peace and War* (Cambridge: Cambridge University Press, 1992).

9. M. Stefik, "Strategic Computing at DARPA: Overview and Assessment," *Communications of the ACM* 28, no. 7 (1985): 690–704.

10. G. Tesauro and T. J. Sejnowski, "A Parallel Network That Learns to Play Back-gammon," *Artificial Intelligence* 39 (1989): 357–390.

第 3 章

1. 在空间上，人们发现细胞特性和连接性在皮层不同部分之间存在差异，这可能反映了不同感官系统的特异化和其结构的层次性。

2. P. C. Wason, "Self-Contradictions," in P. N. Johnson-Laird and P. C. Wason, eds., *Thinking: Readings in Cognitive Science* (Cambridge: Cambridge University Press, 1977).

3. Norbert Wiener, *Cybernetics, or Control and Communication in the Animal and the Machine* (Cambridge, MA: MIT Press, 1948).

4. O. G. Selfridge, "Pandemonium: A Paradigm for Learning," in D. V. Blake and A. M. Uttley, eds., *Proceedings of the Symposium on Mechanisation of Thought Processes* (1959): 511–529.

5. 参阅 Bernard Widrow and Samuel D. Stearns, *Adaptive Signal Processing* (Englewood Cliffs, NJ: Prentice-Hall, 1985)。

6. 参阅 Frank Rosenblatt, *Principles of Neurodynamics: Perceptrons and the Theory of Brain Mechanisms* (Washington, DC: Spartan Books, 1962)。

7. 罗森布拉特虽然是位喜欢在康奈尔大学校园内开跑车的腼腆单身汉，但同时还是一位有着广泛兴趣的博学之人。他的兴趣之一，就是在凌日现象发生时，研究如何通过测量远处恒星表面亮度的略微下降，来寻找围绕其运转的行星。这种方法现在常用于检测银河系中绕着恒星运转的太阳系外行星。

8. M. S. Gray, D. T. Lawrence, B. A. Golomb, and T. A. Sejnowski, "A Perceptron Reveals the Face of Sex," *Neural Computation* 7, no. 6 (1995): 1160–1164.

9. B. A. Golomb, D. T. Lawrence, and T. J. Sejnowski, "SEXNET: A Neural Network Identifies Sex from Human Faces," in R. Lippmann, and D. S. Touretzky, eds., *Advances in Neural Information Processing Systems* 3 (1991): 572–577.

10. 波斯纳一语双关，暗示了一部流行的电视剧《法网》(*Dragnet*)，取材于 20 世纪 50 年代来自洛杉矶警察局的罪犯克星。

11. M. Olazaran. "A Sociological Study of the Official History of the Perceptrons Controversy," *Social Studies of Science* 26, no. 3 (1996): 611–659.

12. Vladimir Vapnik, *The Nature of Statistical Learning Theory* (New York: Springer 1995), 138.

13. Weifeng Liu, José C. Principe, and Simon Haykin, *Kernel Adaptive Filtering: A Comprehensive Introduction* (Hoboken, NJ: Wiley, 2010).

14. Marvin Minsky and Seymour Papert, *Perceptrons* (Cambridge, MA: MIT Press, 1969). 也可参阅 Marvin Lee Minsky and Seymour Papert, *Perceptrons: An Introduction to Computational Geometry*, expanded ed. (Cambridge, MA: MIT Press, 1988)。

15. 据加州大学圣迭戈分校的同事 Harvey Karten 称，罗森布拉特是一位经验丰富的水手。他曾带领一群学生驾船出游。船好像撞到了什么，他从船上落入水中，但当时没有一个学生能救得了他。(个人对话，2017 年 11 月 8 日。)

第 4 章

1. Christoph von der Malsburg, "The Correlation Theory of Brain Function," Internal Report 81–2 (Göttingen: Max-Planck Institute for Biophysical Chemistry, 1981), https://fias.uni-frankfurt.de/fileadmin/fias/malsburg/publications/vdM

correlation. pdf.

2. P. Wolfrum, C. Wolff, J. Lücke, and C. von der Malsburg. "A Recurrent Dynamic Model for Correspondence-Based Face Recognition," *Journal of Vision* 8, no. 34 (2008): 1–18.

3. K. Fukushima, "Neocognitron: A Self-Organizing Neural Network Model for a Mechanism of Pattern Recognition Unaffected by Shift in Position." *Biological Cybernetics* 36, no. 4 (1980): 93–202.

4. T. Kohonen, "Self-Organized Formation of Topologically Correct Feature Maps," *Biological Cybernetics* 43, no. 1 (1982): 59–69.

5. Judea Pearl, *Probabilistic Reasoning in Intelligent Systems: Networks of Plausible Inference* (San Mateo, CA: Morgan Kaufmann, 1988).

6. 他们的论文集也由此而来：Geoffrey E. Hinton and James A. Anderson, eds., *Parallel Models of Associative Memory* (Hillsdale, NJ: Erlbaum, 1981)。

7. Terrence J. Sejnowski, "David Marr: A Pioneer in Computational Neuroscience," in Lucia M. Vaina, ed., *From the Retina to the Neocortex: Selected Papers of David Marr* (Boston: Birkhäuser, 1991), 297–301; 参阅 D. Marr, "A Theory of Cerebellar Cortex," *Journal of Physiology* 202 (1969): 437–470; D. Marr, "A Theory for Cerebral Neocortex," *Proceedings of the Royal Society of London: B Biological Sciences* 176 (1970): 161–234; D. Marr, "Simple Memory: A Theory for Archicortex," *Philosophical Transactions of the Royal Society of London: B Biological Sciences* 262 (1971): 23–81。

8. D. Marr and T. Poggio, "Cooperative Computation of Stereo Disparity," *Science* 194, no. 4262 (1976): 283–287; 关于随机点立体图（random-dot stereograms）的描述，也可以参考 Béla Julesz, *Foundations of Cyclopean Perception* (Chicago: University of Chicago Press, 1971)。

9. 魔眼图像（Magic Eye images）是一种立体图，在图案中有一个隐藏的三维结构，可以通过偏移你的双眼视线看到。1979 年，克里斯托弗·泰勒（Christopher Tyler）创造了第一个黑白立体图。参阅 http://www.magiceye.com/。

10. David Marr, *Vision: A Computational Investigation into the Human Representation*

and Processing of Visual Information (New York: W. H. Freeman, 1982).

11. Terrence Joseph Sejnowski, "A Stochastic Model of Nonlinearly Interacting Neurons" (Ph.D. diss., Princeton University, 1978).

12. T. J. Sejnowski, "Vernon Mountcastle: Father of Neuroscience," *Proceedings of the National Academy of Sciences of the United States of America* 112, no. 4262 (2015): 6523–6524.

13. 约翰·霍普金斯大学有三个生物物理学系，分别在医学、公共卫生和艺术与科学学院。（我当时在位于 Homewood 校区艺术与科学学院的托马斯·詹金斯生物物理系。）

14. T. J. Sejnowski and M. I. Yodlowski, "A Freeze-Fracture Study of the Skate Electroreceptor," *Journal of Neurocytology* 11, no. 6 (1982): 897–912.

15. T. J. Sejnowski, S. C. Reingold, D. B. Kelley, and A. Gelperin, "Localization of [3 H]-2 -Deoxyglucose in Single Molluscan Neurones," *Nature* 287, no. 5781 (1980): 449–451.

16. 这句话的灵感来自遗传学家和进化生物学家西奥多西厄斯·多布赞斯基（Theodosius Dobzhansky）的名言："没有进化论支持，生物学中的任何东西都讲不通。"（Nothing in biology makes any sense except in the light of evolution.）这个版本来自比尔·纽瑟（Bill Newsome），可以在"大脑 2025"这一美国国家卫生研究院（NIH）的"BRAIN 计划"发展蓝图中找到。https://www.braininitiative.nih.gov/2025/.

17. S. W. Kuffler and T. J. Sejnowski, "Peptidergic and Muscarinic Excitation at Amphibian Sympathetic Synapses," *Journal of Physiology* 341 (1983): 257–278.

18. 系统开发公司（The System Development Corporation）是位于加州圣莫尼卡（Santa Monica）市的一家非营利性软件公司，为美国军方提供合约服务。当公司解散时，他们清算了公司的建筑资产，并从中获得了高额利润，这在非营利机构中是不允许的。1969 年，他们在加州帕洛阿尔托成立了系统开发基金会（The System Development Foundation），目的是通过 1980 年到 1988 年间的赠款计划，来分配从建筑物销售中获得的收益。

19. 由 Symbolis 公司制造的 Lisp 机，是为能够编写符号处理的 AI 程序而设计的，但它们并不擅长进行大规模数字运算，而后者正是模拟神经网络所需要的。

20. 1984 年，作为美国国家科学基金会（NSF）总统青年研究员奖（Presidential Young Investigator Award）的获得者，我得到了新成立的计算机公司 Ridge 提供的巨大购买折扣，我买的这台计算机拥有匹敌 VAX 780 的计算能力，后者是当时学术计算领域的骨干机型。

第 5 章

1. 由克里克、拉马钱德兰（V. S. Ramachandran）和戈登·肖（Gordon Shaw）在 20 世纪 80 年代建立的亥姆霍兹俱乐部持续活跃了 20 多年。关于它的历史，可以参阅 C. Aicardi, "Of the Helmholtz Club, South-Californian Seedbed for Visual and Cognitive Neuroscience, and Its Patron Francis Crick," *Studies in History and Philosophy of Biological and Biomedical Sciences* 45, no. 100 (2014): 1–11。

2. 用一位满意的与会者的话来说："我从遇到的每个人身上都学到了很多。我对采纳别人的想法一点也不觉得难为情。……对我来说，最有收获的学习经历就是这个亥姆霍兹俱乐部。我不知道你是否听说过这个团体。……他们大概有 20 个人。我从来没有错过一次他们的例会。我还得找人替我上课，这个会比我的课还重要，我绝对不能错过。" Carver Mead, in James A. Anderson and Edward Rosenfeld, eds., *Talking Nets: An Oral History of Neural Networks* (Cambridge, MA: MIT Press, 2000), 138。

3. R. Desimone, T. D. Albright, C. G. Gross, and C. Bruce, "Stimulus-Selective Properties of Inferior Temporal Neurons in the Macaque," *Journal of Neuroscience* 4, no. 8 (1984): 2051–2062. 查尔斯·格罗斯实验室的许多研究人员都留了胡子，因此，对马桶刷做出反应的视觉皮层中的神经元可能是胡须细胞。

4. David Hubel, *Eye, Brain, and Vision* (New York: W. H. Freeman, 1988), 191–216.

5. 猫的关键时期从 3 周到几个月不等，而人类是从几个月到七八岁不等。关键期的结束可能不会像以前认为的那样突然，在经过高强度的练习后，接受过斜视矫正的成人仍然可以获得立体视觉的能力。参阅 Susan R. Barry, *Fixing*

My Gaze: A Scientist's *Journey into Seeing in Three Dimensions* (New York: Basic Books, 2009)。当我还是普林斯顿大学的研究生时，就认识了 Barry，她现在在被叫作"立体苏"（Stereo Sue）。

6. 这条规则也存在一些例外的情况：海马体中齿状回的颗粒细胞和嗅球中的神经元在我们的一生当中都会不断更新。参阅 Michael Specter, "Rethinking the Brain: How the Songs of Canaries Upset a Fundamental Principle of Science," *New Yorker*, July 23, 2001, http://www. michaelspecter.com/2001/07/rethinking-the-brain/。

7. Terrence Sejnowski, "How Do We Remember the Past?" in John Brockman, ed., *What We Believe but Cannot Prove: Today*'s *Leading Thinkers on Science in the Age of Certainty* (London: Free Press, 2005), 97–99; and R. Y. Tsien, "Very Long-Term Memories May Be Stored in the Pattern of Holes in the Perineuronal Net," *Proceedings of the National Academy of Sciences of the United States of America* 110, no. 30 (2013): 12456–12461.

8. 在阿尔兹海默症中，细胞外基质的完整性受到损害，这可能导致了长期记忆的丧失。John Allman, private communication, July, 2017.

9. 关于盖里演讲的概述，可以参阅 Shelley Batts, "SFN Special Lecture: Architecture Frank Gehry and Neuro-Architecture," *ScienceBlogs*, posted October 15, 2006, http://scienceblogs.com/retrospectacle/2006/10/15/sfn-special-lecture-architect-1/。

10. B. S. Kunsberg and S.W. Zucker, "Critical Contours: An Invariant Linking Image Flow with Salient Surface Organization," May 20, 2017, https://arxiv.org/pdf/1705.07329.pdf.

11. 在山脉的等高线图上看到的表面的三维轮廓，和图像上的等照轮廓之间的联系，可以用表面上的临界点和梯度流的几何形状来解释，后者被叫作"Morse-Smale 复形"。

12. S. R. Lehky and T. J. Sejnowski, "Network Model of Shape-from-Shading: Neural Function Arises from Both Receptive and Projective Fields," *Nature* 333, no. 6172 (1988): 452–454.

13. Terrence J. Sejnowski, "What Are the Projective Fields of Cortical Neurons?" in J. Leo van Hemmen and Terrence J. Sejnowski, eds. *23 Problems in Systems Neuroscience* (New York: Oxford University Press, 2005), 394–405.

14. C. N. Woolsey, "Cortical Localization as Defined by Evoked Potential and Electrical Stimulation Methods," in G. Schaltenbrand and C. N. Woolsey (eds.), *Cerebral Localization and Organization* (Madison: University of Wisconsin Press, 1964), 17–26; J. M. Allman and J. H. Kaas, "A Representation of the Visual Field in the Caudal Third of the Middle Temporal Gyms of the Owl Monkey (*Aotus trivirgatus*)," *Brain Research* 31 (1971): 85–105.

15. L. Geddes, "Human Brain Mapped in Unprecedented Detail: Nearly 100 Previously Unidentified Brain Areas Revealed by Examination of the Cerebral Cortex," *Nature*, July 20, 2016. doi:10.1038/nature.2016.20285.

16. 其中一种技术——弥散张量成像（diffusion tensor imaging，DTI），能够追踪构成大脑皮层中白质的轴突的方向。

17. Elizabeth Penisi, "Two Foundations Collaborate on Cognitive Neuroscience," *Scientist*, October 1989, http://www.the-scientist.com/?articles.view/articleNo/10719/title/Two-Foundations-Collaborate-On-Cognitive-Neuroscience/.

18. U. Hasson, E. Yang, I. Vallines, D. J. Heeger, and N. Rubin, "A Hierarchy of Temporal Receptive Windows in Human Cortex," *Journal of Neuroscience* 28, no. 10 (2008): 2539–2550.

第6章

1. J. Herault and C. Jutten, "Space or Time Adaptive Signal Processing by Neural Network Models," in J. S. Denker, ed., *Neural Networks for Computing, AIP Conference Proceedings* 151, no. 1 (1986): 206–211.

2. A. J. Bell and T. J. Sejnowski, "An Information-Maximization Approach to Blind Separation and Blind Deconvolution," *Neural Computation* 7, no. 6 (1995): 1129–1159.

3. 早些时候，IBM 的拉夫·林斯克（Ralph Linsker）引入了一种名为"infomax"的算法，以解释在发育过程中视觉系统是如何彼此连接起来的。R. Linsker, "Self-Organization in a Perceptual Network," *Computer* 21, no. 3 (1988): 105–117.

4. A. J. Bell and T. J. Sejnowski, "An Information-Maximization Approach to Blind Separation and Blind Deconvolution."

5. 对 ICA 的发展做出了重要贡献的人还包括：Pierre Comon, Jean-François Cardoso, Apo Hyvarinen, Erkki Oja, Andrzej Cichocki, Shunichi Amari, Te-Won Lee, Michael Lewicki, and many others。

6. A. J. Bell and T. J. Sejnowski, "The 'Independent Components' of Natural Scenes Are Edge Filters," *Vision Research* 37, no. 23 (1997): 3327–3338.

7. 布鲁诺·奥尔斯豪森（Bruno Olshausen）和大卫·菲尔德（David Field）也用另一种基于稀疏性的学习算法得出了同样的结论。B. A. Olshausen and D. J. Field, "Emergence of Simple-Cell Receptive Field Properties by Learning a Sparse Code for Natural Images," *Nature* 38, no. 6583 (1996): 607–609.

8. Horace Barlow, "Possible Principles Underlying the Transformation of Sensory Messages," in Walter A. Rosenblith, ed., *Sensory Communication* (Cambridge, MA: MIT Press, 1961), 217–234.

9. A. J. Bell and T. J. Sejnowski, "Learning the Higher-Order Structure of a Natural Sound," *Network: Computation in Neural Systems* 7, no. 2 (1996): 261–267.

10. A. Hyvarinen and P. Hoyer, "Emergence of Phase- and Shift Invariant Features by Decomposition of Natural Images into Independent Feature Subspaces." *Neural Computation* 12, no. 7 (2000): 1705–1720.

11. M. J. McKeown, T.-P. Jung, S. Makeig, G. D. Brown, S. S. Kindermann, T.-W. Lee, and T. J. Sejnowski, "Spatially Independent Activity Patterns in Functional MRI Data during the Stroop Color-Naming Task," *Proceedings of the National Academy of Sciences of the United States of America* 95, no. 3 (1998): 803–810.

12. D. Mantini, M. G. Perrucci, C. Del Gratta, G. L. Romani, and M. Corbetta, "Electrophysiological Signatures of Resting State Networks in the Human Brain,"

Proceedings of the National Academy of Sciences of the United States of America 104, no. 32 (2007): 13170–13175. 13; D. L. Donoho, "Compressed Sensing," *IEEE Transactions on Information Theory* 52, no. 4 (2006): 1289–1306; Sanjoy Dasgupta, Charles F. Stevens, and Saket Navlakha, "A Neural Algorithm for a Fundamental Computing Problem," *Science* 358 (2017): 793–796. doi: 10.1126/science.aam9868.

14. 小脑可能在苔藓纤维输入汇聚到颗粒细胞树突的层面上进行了独立分量分析。参阅 D. M. Eagleman, O. J.-M. D. Coenen, V. Mitsner, T. M. Bartol, A. J. Bell, and T. J. Sejnowski, "Cerebellar Glomeruli: Does Limited Extracellular Calcium Implement a Sparse Encoding Strategy?" in *Proceedings of the 8th Joint Symposium on Neural Computation* (La Jolla, CA: Salk Institute, 2001).

15. 托尼·贝尔 (Tony Bell) 正在使用独立分量分析和近红外光谱来研究水的结构。他试图证明，在当今仪器看不见的尺度上，水形成了可通过光线进行沟通的连贯结构，并形成了生物分子生命的基底。这个想法是，当 "神经机制" (nerual schemes) 放松到足够的程度时，体内广泛分布的原子网络会出现连贯的信息，决定就是这样产生的。

第 7 章

1. 大多数神经元可以做出决定的最快速度大约为 10 毫秒，并且在 1 秒内做出决定所需要的时间不超过 100 时步。

2. 涉及电磁学时，法拉第 (Michael Faraday) 的物理学是邋遢型的，而麦克斯韦 (James Clerk Maxwell) 的是整洁型的。

3. Theodore Holmes Bullock and G. Adrian Horridge, *Structure and Function in the Nervous Systems of Invertebrates* (San Francisco: W. H. Freeman, 1965).

4. E. Chen, K. M. Stiefel, T. J. Sejnowski, and T. H. Bullock, "Model of Traveling Waves in a Coral Nerve Network," *Journal of Comparative Physiology* A 194, no. 2 (2008): 195–200.

5. D. S. Levine and S. Grossberg, "Visual Illusions in Neural Networks: Line

Neutralization, Tilt after Effect, and Angle Expansion," *Journal of Theoretical Biology* 61, no. 2 (1976): 477–504.

6. G. B. Ermentrout and J. D. Cowan, "A Mathematical Theory of Visual Hallucination Patterns," *Biological Cybernetics* 34, no. 3 (1979): 137–150.

7. J. J. Hopfield, "Neural Networks and Physical Systems with Emergent Collective Computational Abilities," *Proceedings of the National Academy of Sciences of the United States of America* 79, no. 8 (1982): 2554–2558.

8. 尽管 1976 年的马尔 – 波吉奥立体视觉模型（第 4 章提到）的神经网络是对称的（因为马尔和波吉奥对所有单元进行了同步更新），但其网络的动态状况比使用异步更新的霍普菲尔德网络要复杂得多。D. Marr, G. Palm, and T. Poggio T, "Analysis of a Cooperative Stereo Algorithm," *Biological Cybernetics* 28, no. 4 (1978): 223–239.

9. L. L. Colgin, S. Leutgeb, K. Jezek, J. K. Leutgeb, E. I. Moser, B. L. McNaughton, and M. B Moser, "Attractor-Map versus Autoassociation Based Attractor Dynamics in the Hippocampal Network," *Journal of Neurophysiology* 104, no. 1 (2010): 35–50.

10. J. J. Hopfield and D. W. Tank, "'Neural' Computation of Decisions in Optimization Problems," *Biological Cybernetics* 52, no. 3 (1985): 141–152. 旅行商问题在计算机科学界很出名，它是解决问题所需的时间随着问题规模的增大而迅速增加的典型代表。

11. Dana H. Ballard and Christopher M. Brown, *Computer Vision* (Englewood Cliffs, NJ: Prentice Hall, 1982).

12. D. H. Ballard, G. E. Hinton, and T. J. Sejnowski, "Parallel Visual Computation," *Nature* 306, no. 5938 (1983): 21–26; R. A. Hummel and S. W. Zucker, "On the Foundations of Relaxation Labeling Processes," *IEEE Transactions on Pattern Analysis and Machine Intelligence* 5, no. 3 (1983): 267–287.

13. S. Kirkpatrick, C. D. Gelatt Jr., and M. P. Vecchi, "Optimization by Simulated Annealing," *Science* 220, no. 4598 (1983): 671–680.

14. P. K. Kienker, T. J. Sejnowski, G. E. Hinton, and L. E. Schumacher, "Separating

Figure from Ground with a Parallel Network," *Perception* 15 (1986): 197–216.

15. H. Zhou, H. S. Friedman, and R. von der Heydt, "Coding of Border Ownership in Monkey Visual Cortex," *Journal of Neuroscience* 20, no. 17 (2000): 6594–6611.

16. Donald O. Hebb, *The Organization of Behavior: A Neuropsychological Theory* (New York: Wiley & Sons., 1949), 62.

17. T. J. Sejnowski, P. K. Kienker, and G. E. Hinton, "Learning Symmetry Groups with Hidden Units: Beyond the Perceptron," *Physica* 22 D (1986): 260–275.

18. N. J. Cohen, I. Abrams, W. S. Harley, L. Tabor, and T. J. Sejnowski, "Skill Learning and Repetition Priming in Symmetry Detection: Parallel Studies of Human Subjects and Connectionist Models," in *Proceedings of the 8th Annual Conference of the Cognitive Science Society* (Hillsdale, NJ: Erlbaum, 1986), 23–44.

19. B. P. Yuhas, M. H. Goldstein Jr., T. J. Sejnowski, and R. E. Jenkins, "Neural Net- work Models of Sensory Integration for Improved Vowel Recognition," *Proceedings of the IEEE* 78, no. 10 (1990): 1658–1668.

20. G. E. Hinton, S. Osindero, and Y. Teh, "A Fast Learning Algorithm for Deep Belief Nets," *Neural Computation* 18, no. 7 (2006): 1527–1554.

21. J. Y. Lettvin, H. R. Maturana, W. S. McCulloch, and W. H. Pitts, "What the Frog's Eye Tells the Frog's Brain," *Proceedings of the Institute of Radio Engineers* 47, no. 11 (1959): 1940–1951. http://hearingbrain.org/docs/letvin_ieee_1959.pdf.

22. R. R. Salakhutdinov and G. E. Hinton, "Deep Boltzmann Machines," in *Proceedings of the 12th International Conference on Artificial Intelligence and Statistics, Journal of Machine Learning Research* 5 (2009): 448–455. 保罗·斯莫伦斯基（Paul Smolensky）介绍了玻尔兹曼机的一种特殊情况，他称之为 Harmonium: P. Smolensky, "Information Processing in Dynamical Systems: Foundations of Harmony Theory," in David E. Rumelhart and James L. McLelland (eds.), *Parallel Distributed Processing:* Explorations in the Microstructure of Cognition, Volume 1: *Foundations* (Cambridge, MA: MIT Press, 1986), 194–281.

23. B. Poole, S. Lahiri, M. Raghu, J. Sohl-Dickstein, and S. Ganguli, "Exponential Expressivity in Deep Neural Networks through Transient Chaos," in *Advances in*

Neural Information Processing Systems 29（2016）: 3360−3368.

24. Jeffrey L. Elman, Elizabeth A. Bates, Mark H. Johnson, Annette Karmiloff-Smith, Domenico Parisi, and Kim Plunkett, *Rethinking Innateness: A Connectionist Perspective on Development* (Cambridge, MA: MIT Press, 1996).

25. Steven R. Quartz and Terrence J. Sejnowski, *Liars, Lovers and Heroes: What the New Brain Science Has Revealed about How We Become Who We Are* (New York: Harper-Collins, 2002).

26. S. Quartz and T. J. Sejnowski, "The Neural Basis of Cognitive Development: A Constructivist Manifesto," *Behavioral and Brain Sciences* 20, no. 4 (1997): 537− 596.

27. 这被称为"非 CG 甲基化"（non-CG methylation）。参阅 R. Lister, E. A. Mukamel, J. R. Nery, M. Urich, C. A. Puddifoot, N. D. Johnson, J. Lucero, Y. Huang A. J. Dwork, M. D. Schultz, M. Yu, J. Tonti-Filippini, H. Heyn, S. Hu, J. C. Wu, A. Rao, M. Esteller, C. He, F. G. Haghighi, T. J. Sejnowski, M. M. Behrens, J. R. Ecker, "Global Epigenomic Reconfiguration during Mammalian Brain Development," *Science* 341, no. 6146 (2013): 629.

第8章

1. 加州大学圣迭戈分校的认知科学系，由人类和人体工程学专家唐·诺曼（Don Norman）创立，拥有一支不拘一格的教师队伍。

2. 反向传播学习算法中使用的数学已经存在了一段时间，可以追溯到 20 世纪 60 年代的控制理论文献，但是其最大的影响体现于在多层感知器中的应用。 参阅 Arthur E. Bryson and Yu-Chi Ho, *Applied Optimal Control: Optimization, Estimation, and Control* (University of Michigan, Blaisdell, 1969).

3. 参阅迈克尔·I. 乔丹（Michael I. Jordan）具有权威性的关于现代随机梯度下降的演讲："On Gradient-Based Optimization: Accelerated, Distributed, Asynchronous, and Stochastic," May 2, 2017, Simons Institute for the Theory of Computing, UC, Berkeley. https://simons.berkeley.edu/talks/michael-

jordan-2017-5-2/.

4. D. E. Rumelhart, G. E. Hinton, and R. J. Williams, "Learning Representations by Back-Propagating Errors," *Nature* 323, no. 6088 (1986), 533–536.

5. 有一个在人群中被广泛传播的故事。伯特兰·罗素曾经就天文学发表过公开演讲。在讲座结束时，房间后面的一位老妇人起身说道："你讲的那些都是胡说八道。这个世界就是在一只巨大的乌龟背上。"罗素微笑着问："那乌龟站在什么地方呢？""你非常聪明，年轻人，非常聪明，"老妇人说，"但我知道答案。一路向下，都是乌龟！"这位老太太用递归解决了她的问题，尽管是以无限回归为代价。不过在实践中，循环总是会终止的。

6. C. R. Rosenberg And T. J. Sejnowski, "Parallel Networks That Learn to Pronounce English Text," *Complex Systems* 1 (1987): 145–168.

7. W. Nelson Francis and Henry Kucera, "A Standard Corpus of Present-Day Edited American English, for Use with Digital Computers," Brown University, 1964; revised and amplified, 1979, http://clu.uni.no/icame/manuals/BROWN/INDEX.HTM.

8. 神经网络在不同学习阶段的声音记录可以从这里下载：http://papers.cnl.salk.edu/~terry/NETtalk/nettalk.mp3。

9. M. S. Seidenberg and J. L. McClelland, "A Distributed Developmental Model of Word Recognition and Naming," *Psychological Review* 96, no. 4 (1989), 523–568.

10. N. Qian and T. J. Sejnowski, "Predicting the Secondary Structure of Globular Proteins Using Neural Network Models," *Journal of Molecular Biology*, 202 (1988): 865–884.

11. David E. Rumelhart and James L. McClelland, "On Learning the Past Tense of English Verbs," in Rumelhart and McClelland, eds., *Parallel Distributed Processing: Explorations in the Microstructure of Cognition* (Cambridge, MA: MIT Press, 1986), 2:216–271; J. L. McClelland and K. Patterson, "Rules or Connections in Past- Tense inflections: What Does the Evidence Rule Out?" *Trends in Cognitive Sciences* 6, no. 11 (2002): 465–472; and S. Pinker and M. T. Ulman, "The Past and Future of the Past Tense," *Trends in Cognitive Sciences* 6, no. 11

(2002): 456–463.

12. M. S. Seidenberg and D. C. Plaut, "Quasiregularity and Its Discontents: The Legacy of the Past Tense Debate," *Cognitive Science* 38, no. 6 (2014): 1190–1228.

13. D. Zipser and R. A. Andersen, "A Back-Propagation Programmed Network That Simulates Response Properties of a Subset of Posterior Parietal Neurons," *Nature* 331, no. 6158 (1988): 679–684. 该网络将视网膜上目标的位置从"视网膜坐标"转换为"头中心坐标"，同时考虑到了眼睛的位置。

14. G. E. Hinton, D. C. Plaut, and T. Shallice, "Simulating Brain Damage," *Scientific American* 269, no. 4 (1993): 76–82. "脑部受损的成年人在阅读单词时，会出现一些奇怪的错误。如果一个有着模拟神经元的网络在经过阅读训练后发生了损坏，它会表现出惊人的相似行为" (76)。

15. N. Srivastava, G. Hinton, A. Krizhevsky, I. Sutskever, and R. Salakhutdinov, "Dropout: A Simple Way to Prevent Neural Networks from Overfitting," *Journal of Machine Learning Research* 15 (2014): 1929–1958.

16. "Netflix Prize," *Wikipedia*, last modified, August 23, 2017, https://en.wikipedia .org/wiki/Netflix_Prize.

17. Carlos A. Gomez-Uribe, Neil Hunt, "The Netflix Recommender System: Algorithms," *ACM Transactions on Management Information Systems* 6, no. 4 (2016), article no. 13.

18. T. M. Bartol Jr., C. Bromer, J. Kinney, M. A. Chirillo, J. N. Bourne, K. M. Harris, and T. J. Sejnowski, "Nanoconnectomic Upper Bound on the Variability of Synaptic Plasticity," *eLife*, 4: e10778, 2015, doi: 10.7554/eLife.10778.

19. 这来自概率论中的"大数定律"(law of large numbers)。这就是为什么赌场总是赢，尽管他们可能会在短期内亏损。

20. Bartol Jr. et al., "Nanoconnectomic Upper Bound on the Variability of Synaptic Plasticity."

21. J. Collins, J. Sohl-Dickstein, and D. Sussillo, "Capacity and Trainability in Recurrent Neural Networks," 2016, https://arxiv.org/pdf/1611.09913.pdf. 给予巧

合的现象过多的权重是有风险的:"一天有 24 小时,一箱啤酒有 24 瓶。这些都是巧合吗?我认为不是。"每年的 4 月 24 日,人们都会在普林斯顿大学的保罗·纽曼日上庆祝这一巧合。

22. 对突触维度的粗略估计,可以通过对突触数量的下限和上限乘积取平方根来得到。Lawrence Weinstein and John A. Adam, Guesstimation: Solving the World's Problems on the Back of a Cocktail Napkin (Princeton: Princeton University Press, 2009), 3. 以皮层突触总数,100 万亿,为上限,并以单个神经元上突触的数量,1 万,为下限,表示复杂对象所需的突触数量的粗略估计约为 10 亿。对所需的神经元数量应用相同的经验法则:皮层中的神经元数量上限为 100 亿,下限为一个神经元,因此表示复杂对象所需的神经元数量为 10 万个,大约相当于一平方毫米皮层下的神经元数量。但这些神经元可能广泛分布在皮层的不同部位。我们可以估计出必须相互连接才能代表一个概念的皮层区域的数量:皮层区域总数的上限为 100,下限为 1,因此估计值为 10 个皮层区域,每个区域包含 1 万个神经元。"BRAIN 计划"正在开发的新技术将通过实验来确定这些数字。

23. Ali Rahimi and Benjamin Recht, "Random Features for Large-Scale Kernel Machines," *Advances in Neural Information Processing Systems* 20 (2007).

24. https://www.Facebook.com/yann.lecun/posts/10154938130592143/.

25. Mukherjee, "A.I. versus M.D." *New Yorker*, April 3, 2017. http://www.newyorker.com/magazine/2017/04/03/ai-versus-md/.

26. Daniel Kahneman, *Thinking, Fast and Slow* (New York: Farrar, Straus & Giroux, 2011).

27. Clare Garvie and Jonathan Frankle, "Facial-Recognition Software Might Have a Racial Bias Problem," *The Atlantic*, Apr 7, 2016. https://www.theatlantic.com/technology/archive/2016/04/the-underlying-bias-of-facial-recognition-systems/476991/.

28. Kate Crawford, "Artificial Intelligence's White Guy Problem," *New York Times*, June 25, 2016. https://www.nytimes.com/2016/06/26/opinion/sunday/artificial-intelligences-white-guy-problem.html.

29. Barbara Oakley, Ariel Knafo, Guruprasad Madhavan, and David Sloan Wilson (eds.), *Pathological Altruism* (Oxford: Oxford University Press, 2011).

30. https://futureoflife.org/open-letter-autonomous-weapons/.

31. http://www.cnn.com/2017/09/01/world/putin-artificial-intelligence-will-rule-world/index.html.

32. Andrew Burtjan, "Leave A.I. Alone," *New York Times*, January 4, 2018. https://www.nytimes.com/2018/01/04/opinion/leave-artificial-intelligence.html.

第 9 章

1. Thomas S. Kuhn, *The Structure of Scientific Revolutions*, 2nd ed. (Chicago: University of Chicago Press, 1970), 23

2. M. Riesenhuber and T. Poggio, "Hierarchical Models of Object Recognition In Cortex." Nat Neurosci. 2: 1019-1025, 1999; T. Serre, A. Oliva, and T. Poggio, "A Feedforward Architecture Accounts for Rapid Categorization." *Proceedings of the National Academy of Sciences of the United States of America* 104, no. 15 (2007): 6424 – 6429.

3. Pearl, *Probabilistic Reasoning in Intelligent Systems*. Morgan Kaufmann; 1988.

4. Yoshua Bengio, Pascal Lamblin, Dan Popovici, and Hugo Larochelle, "Greedy Layer-Wise Training of Deep Networks," in Bernhard Schölkopf, John Platt, and Thomas Hoffman, eds., *Advances in Neural Information Processing Systems 19: Proceedings of the 2006 Conference* (Cambridge, MA: MIT Press), 153 – 160.

5. Sepp Hochreiter, Yoshua Bengio, Paolo Frasconi, and Jürgen Schmidhuber, "Gradient Flow in Recurrent Nets: The Difficulty of Learning Long-Term Dependencies," In John F. Kolen and Stefan C. Kremer, eds., *A Field Guide to Dynamical Recurrent Neural Networks* (New York: IEEE Press, 2001), 237 – 243.

6. D. C. Ciresan, U. Meier, L. M. Gambardella, and J. Schmidhuber, "Deep Big Simple Neural Nets for Handwritten Digit Recognition," *Neural Computation* 22, no. 12 (2010): 3207 – 3220.

7. A. Krizhevsky, I. Sutskever, and G. E. Hinton, "ImageNet Classification with Deep Convolutional Neural Networks," *Advances in Neural Information Processing Systems* 25 (NIPS 2012). https://papers.nips.cc/paper/4824-imagenet-classification-with-deep-convolutional-neural-networks.

8. 同上。

9. K. He, X. Zhang, S. Ren, and J. Sun, "Deep Residual Learning for Image Recognition," 2015. https://www.cv-foundation.org/openaccess/content_cvpr_2016/papers/He_Deep_Residual_Learning_CVPR_2016_paper.pdf.

10. Yann LeCun, "Modèles connexionistes de l' apprentissage (Connectionist learning models)" (Ph.D. diss., Université Pierre et Marie Curie, Paris, 1987).

11. Krizhevsky, Sutskever, and Hinton, "ImageNet Classification with Deep Convolutional Neural Networks."

12. M. D. Zeiler and R. Fergus, "Visualizing and Understanding Convolutional Networks," 2013. https://www.cs.nyu.edu/~fergus/papers/zeilerECCV2014.pdf.

13. Patricia Smith Churchland, *Neurophilosophy: Toward a Unified Science of the Mind-Brain* (Cambridge, MA: MIT Press, 1989).

14. Patricia Smith Churchland and Terrence J. Sejnowski, *The Computational Brain*, 2nd ed. (Cambridge, MA: MIT Press 2016).

15. D. L. Yamins and J. J. DiCarlo, "Using Goal-Driven Deep Learning Models to Understand Sensory Cortex," *Nature Neuroscience* 19, no. 3 (2016): 356–365.

16. S. Funahashi, C. J. Bruce, and P. S. Goldman-Rakic, "Visuospatial Coding in Primate Prefrontal Neurons Revealed by Oculomotor Paradigms," *Journal of Neurophysiology* 63, no. 4 (1990): 814–831.

17. J. L. Elman, "Finding Structure in Time," *Cognitive Science* 14 (1990): 179–211; M. I. Jordan, "Serial Order: A Parallel Distributed Processing Approach," *Advances in Psychology* 121 (1997): 471–495; G. Hinton, L. Deng, G. E. Dahl, A. Mohamed, N. Jaitly, A. Senior, et al., "Deep Neural Networks for Acoustic Modeling in Speech Recognition," *IEEE Signal Processing Magazine*, 29, no. 6 (2012): 82–97.

18. S. Hochreiter and J. Schmidhuber, "Long Short-Term Memory," *Neural Computation* 9, no. 8 (1997): 1735–1780.

19. John Markoff, "When A.I. Matures, It May Call Jürgen Schmidhuber 'Dad.'" *New York Times,* November 27, 2016, https://www.nytimes.com/2016/11/27/technology/artificial-intelligence-pioneer-jurgen-schmidhuber-overlooked.html.

20. K. Xu, J. L. Ba, K. Kiror, K. Cho, A. Courville, R. Slakhutdinov, R. Zemel, Y Bengio, "Show, Attend and Tell: Neural Image Captions Generation with Visual Attention," 2015, rev. 2016. https://arxiv.org/pdf/1502.03044.pdf.

21. I. J. Goodfellow, J. Pouget-Abadie, M. Mirza, B. Xu, D. Warde-Farley, S. Ozair, A. Courville, Y. Bengio, "Generative Adversarial Nets," *Advances in Neural Information Processing Systems,* 2014. https://arxiv.org/pdf/1406.2661.pdf.

22. 参阅 A. Radford, L. Metz, and S. Chintala, "Unsupervised Representation Learning with Deep Convolutional Generative Adversarial Networks," 2016, https://arxiv.org/pdf/1511.06434.pdf ; Cade Metz and Keith Collins, "How an A.I. 'Cat-and- Mouse Game' Generates Believable Fake Photos," New York Times, January 2, 2018. https://www.nytimes.com/interactive/2018/01/02/technology/ai-generated-photos.html.

23. K. Schawinski, C. Zhang, H. Zhang, L. Fowler, and G. K. Santhanam, "Generative Adversarial Networks Recover Features in Astrophysical Images of Galaxies beyond the Deconvolution Limit," 2017. https://arxiv.org/pdf/1702.00403.pdf.

24. J. Chang and S. Scherer, "Learning Representations of Emotional Speech with Deep Convolutional Generative Adversarial Networks," 2017. https://arxiv.org/pdf/1705.02394.pdf.

25. A. Nguyen, J. Yosinski, Y. Bengio, A. Dosovitskiy, and J. Clune, "Plug & Play Generative Networks: Conditional Iterative Generation of Images in Latent Space," 2016, https://arxiv.org/pdf/1612.00005.pdf; Radford, Metz, and Chintala, "Unsupervised Representation Learning with Deep Convolutional Generative Adversarial Networks," 2016. https://arxiv.org/pdf/1511.06434.pdf.

26. Guy Trebay, "Miuccia Prada and Sylvia Fendi Grapple with the New World," *New*

York Times, June 19, 2017. https://www.nytimes.com/2017/06/19/fashion/mens-style/prada-fendi-milan-mens-fashion.html.

27. T. R. Poggio, S. Rifkin, Mukherjee and P. Niyogi. "General Conditions for Predictivity in Learning Theory," *Nature* 428, no. 6981 (2004): 419–422.

28. 本吉奥也是包括微软在内的多家公司的顾问，他联合创建了 Element AI 公司，但他的重心是在学术界，并致力于科学和公共事业的进步。

29. 参见前言部分：Churchland and Sejnowski, The Computational Brain, 2nd ed., ix–xv。

第 10 章

1. 虽然我们这位传奇发明家命运未卜，但是一旦国王意识到自己被欺耍了，他很可能会因为自己的无礼而被发落。

2. Tesauro and Sejnowski, "A Parallel Network That Learns to Play Backgammon."

3. R. Sutton, "Learning to Predict by the Methods of Temporal Differences," *Machine Learning* 3, no. 1 (1988): 9–44.

4. 参阅 Richard Bellman *Adaptive Control Processes: A Guided Tour* (Princeton: Princeton University Press. 1961), 51–59.

5. G. Tesauro, "Temporal Difference Learning and TD-Gammon." *Communications of the ACM* 38, no. 3 (1995): 58–68.

6. J. Garcia, D. J. Kimeldorf, and R. A. Koelling, "Conditioned Aversion to Saccharin Resulting from Exposure to Gamma Radiation," *Science* 122. no. 3160 (1955): 157–158.

7. P. R. Montague, P. Dayan, and T. J. Sejnowski, "A Framework for Mesencephalic Dopamine Systems Based on Predictive Hebbian Learning," *Journal of Neuroscience* 16, no. 5 (1996): 1936–1947.

8. W. Schultz, P. Dayan, and P. R. Montague, "A Neural Substrate of Prediction and Reward," *Science* 275, no. 5306 (1997): 1593–1599.

9. P. N. Tobler, J. P. O'Doherty, R. J. Dolan, and W. Schultz, "Human Neural Learning Depends on Reward Prediction Errors in the Blocking Paradigm," *Journal of*

Neurophysiology 95, no. 1 (2006): 301–310.

10. M. Hammer and R. Menzel, "Learning and Memory in the Honeybee," *Journal of Neuroscience* 15, no. 3 (1995): 1617–1630.

11. L. A. Real, "Animal Choice Behavior and the Evolution of Cognitive Architecture," *Science* 253, no. 5023 (1991): 980–986.

12. P. R. Montague, P. Dayan, C. Person, and T. J. Sejnowski, "Bee Foraging in Uncertain Environments Using Predictive Hebbian Learning," *Nature* 377, no. 6551 (1995): 725–728.

13. Y. Aso and G. M. Rubin, "Dopaminergic Neurons Write And Update Memories With Cell-Type-Specific Rules," in L. Luo (ed.), *eLife.* 5 (2016): e16135. doi: 10.7554/eLife.16135.

14. W. Mischel and E. B. Ebbesen, "Attention in Delay of Gratification," *Journal of Personality and Social Psychology* 16, no. 2 (1970): 329–337.

15. V. Mnih, K. Kavukcuoglu, D. Silver, A. A. Rusu, J. Veness, M. G. Bellemare, et al., "Human-Level Control through Deep Reinforcement Learning," *Nature* 518, no. 7540 (2015): 529–533.

16. Simon Haykin, *Cognitive Dynamic System: Perception-Action Cycle, Radar, and Radio* (New York: Cambridge University Press, 2012).

17. S. Haykin, J. M. Fuster, D. Findlay, and S. Feng, "Cognitive Risk Control for Physical Systems," *IEEE Access* 5 (2017): 14664–14679.

18. G. Reddy, A. Celani, T. J. Sejnowski, and M. Vergassola, "Learning to Soar in Turbulent Environments," *Proceedings of the National Academy of Sciences of the United States of America* 113, no. 33 (2016): E4877–E4884.

19. G. Reddy, J. W. Ng, A. Celani, T. J. Sejnowski, and M. Vergassola, "Soaring Like a Bird via Reinforcement Learning in the Field," submitted for publication.

20. Kenji Doya and Terrence J. Sejnowski, "A Novel Reinforcement Model of Bird-song Vocalization Learning," in Gerald Tesauro, David S. Touretzky, and Todd K. Leen, eds., *Advances in Neural Information Processing Systems 7* (Cambridge, MA: MIT Press, 1995), 101–108.

21. A. J. Doupe and P. K. Kuhl, "Birdsong and Human Speech: Common Themes and Mechanisms," *Annual Review of Neuroscience* 22 (1999): 567–631.

22. G. Turrigiano, "Too Many Cooks? Intrinsic and Synaptic Homeostatic Mechanisms in Cortical Circuit Refinement," *Annual Review of Neuroscience* 34 (2011): 89–103.

23. L. Wiskott and T. J. Sejnowski, "Constrained Optimization for Neural Map Formation: A Unifying Framework for Weight Growth and Normalization," *Neural Computation* 10, no. 3 (1998): 671–716.

24. A. J. Bell, "Self-Organization in Real Neurons: Anti-Hebb in 'Channel Space'?" *Advances in Neural Information Processing Systems* 4 (1991): 59–66; M. Siegel, E. Marder, and L. F. Abbott, "Activity-Dependent Current Distributions in Model Neurons," *Proceedings of the National Academy of Sciences of the United States of America* 91, no. 24 (1994): 11308–11312.

25. *H. T. Siegelmann, "Computation Beyond the Turing Limit," Science* 238 (1995): 632–637.

第 11 章

1. NIPS 会议中的所有文章都可以在网络上获取：https://nips.cc/。

2. 为了体验生物学家的行话，请参考从最近的一篇科学综述中随机抽取的这句话："少突胶质细胞包含多种抑制轴突再生的蛋白质，包括髓磷脂相关糖蛋白，神经突生长抑制剂'Nogo'，少突胶质细胞髓鞘糖蛋白和信号素"。（"Oligodendrocytes present a variety of proteins inhibitory to axon regrowth, including myelin-associated glycoprotein, the neurite-outgrowth inhibitor 'Nogo,' oligodendrocyte-myelin glycoprotein, and semaphorins."）B. Laha, B. K. Stafford, and A. D. Huberman, "Regenerating Optic Pathways from the Eye to the Brain," Science 356, no. 6342 (2017): 1032.

3. 这位神经学家是霍华德·瓦克特尔（Howard Wachtel），他当时正在科罗拉多大学波尔德分校研究海兔的神经系统。

4. Krizhevsky, Sutskever, and Hinton, "ImageNet Classification with Deep Convolutional Neural Networks."

5. George Orwell, *Nineteen Eighty-Four* (London: Secker & Warburg, 1949). 这本书最近有了新的含义。

6. "机器学习中的女性"（Women in Machine Learning）这一组织成立于 2006 年，为机器学习领域的女性创造了机会，并推动了她们的研究。请参阅 http://wimlworkshop.org。

第 12 章

1. Kaggle 网站拥有数百万名数据科学家，他们互相竞争，凭借最佳表现赢得奖项。Cade Metz, "Uncle Sam Wants Your Deep Neural Networks," New York Times, June 22, 2017, https://www.nytimes.com/2017/06/22/technology/homeland-security-artificial-intelligence-neural-network.html.

2. 我的演讲视频 "Cognitive Computing: Past and Present" 可以在网上找到：https://www.youtube.com/watch?v=0BDMQuphd-Q。

3. 参阅 Jen Clark, "The Countdown to IBM's IoT, Munich," IBM Internet of Things (blog), posted February 8, 2017. https://www.ibm.com/blogs/internet-of-things/countdown-ibms-iot-hq-munich/。

4. BRAIN 的报告提出了建议，并为创新型技术确定了优先事项，以协助推动我们对神经回路和行为的理解：BRAIN Working Group, BRAIN 2025: A Scientific Vision, Report to the Advisory Committee to the Director, NIH (Bethesda, MD: National Institutes of Health, June 5, 2014), https://www.braininitiative.nih.gov/pdf/BRAIN2025_508C.pdf。

5. 参阅 K. S. Kosik, T. J. Sejnowski, M. E. Raichle, A. Ciechanover, and D. A. Baltimore, "A Path toward Understanding Neurodegeneration," *Science* 353, no. 6302 (2016): 872–873。

6. 在 2002 年的科幻电影《少数派报告》中，由汤姆·克鲁斯饰演的男主角通过非法的眼移植避免了政府的追踪。

7. 参阅Nandan Nilekani and Viral Shah, Rebooting India: Realizing a Billion Aspirations. (Gurgaon: Penguin Books India. 2015)。

8. Nandan Nilekani, as quoted in Andrew Hill, "Nandan Nilekani, Infosys, on Rebooting India," *Financial Times*, January 22, 2017, https://www.ft.com/content/058c4b48-d43c-11e6-9341-7393bb2e1b51?mhq5j=e1.

9. 参阅 M. Gymrek, A. I. McGuire, D. Golan, E. Halperin, and Y. Erlich, "Identifying Personal Genomes by Surname Inference," *Science*. 339, no. 6117 (2013): 321–324。

10. 参阅M. Wilson, "Six Views of Embodied Cognition," *Psychonomic Bulletin & Review* 9, no. 4 (2002): 625–636。

11. P. Ruvolo, D. Messinger, and J. Movellan, "Infants Time Their Smiles to Make Their Moms Smile," *PLoS One* 10, no. 9 (2015): e0136492.

12. Abigail Tucker, "Robot Babies," *Smithsonian Magazine*, July 2009, https://www.smithsonianmag.com/science-nature/robot-babies-30075698/; Tiffany Fox, "Machine Perception Lab Seeks to Improve Robot Teacher with Intelligent Tutoring Systems," UCSanDiego News Center, July 30, 2008, http://ucsdnews.ucsd.edu/newsrel/general/07-08RobotTeachers.asp. 还可参阅 F. Tanaka, A. Cicourel, and J. R. Movellan, "Socialization between Toddlers and Robots at an Early Childhood Education Center," *Proceedings of the National Academy of Sciences of the United States of America* 104, no. 46 (2008): 17954–17958。

13. "Conserve Elephants. They Hold a Scientific Mirror Up to Humans," *Economist*, June 17, 2017, 72–74. http://www.economist.com/news/science-and-technology/21723394-biology-and-conservation-elephants-conserve-elephants-they-hold.

14. 参阅 R. A. Brooks, "Elephants Don't Play Chess," Robotics and Autonomous Systems 6, no. 1 (1990): 3–15。

15. Diego San 由 Kokoro Co. 在日本打造，后缀 "san"（先生）在日语中是一个尊称。

16. 参考 YouTube 视频 "Diego Installed," https://www.youtube.com/watch?v= knRy

DcnUc4U。机器人的脸部由大卫·汉森和 Hanson Robotics 公司打造。

17. 参阅 Paul Ekman, Thomas S. Huang, and Terrence J. Sejnowski, eds., Final Report to NSF of the Planning Workshop on Facial Expression Understanding July 30–August 1, 1992, http://papers.cnl.salk.edu/PDFs/Final%20Report%20To%20NSF%20of%20the%20Planning%20Workshop%20on%20Facial%20Expression%20Understanding%201992-4182.pdf。

18. 参阅 J. Gottman, R. Levenson, and E. Woodin, "Facial Expressions during Marital Conflict," Journal of Family Communication 1, no. 1 (2001): 37–57.

19. 参阅 F. Donato, M. Stewart Bartlett, J. C. Hager, P. Ekman, and T. J. Sejnowski, "Classifying Facial Actions," *IEEE Transactions on Pattern Analysis and Machine Intelligence* 21, no. 10 (1999): 974–989。

20. 参阅 G. Littlewort, J. Whitehill, T. Wu, I. Fasel, M. Frank, J. Movellan, and M. Bartlett, "The Computer Expression Recognition Toolbox (CERT)," 2011 IEEE International Conference on Automatic Face and Gesture Recognition, Santa Barbara, California. http://mplab.ucsd.edu/wp-content/uploads/2011-LittlewortEtAl-FG-CERT.pdf。

21. 参阅 A. N. Meltzoff, P. K. Kuhl, J. Movellan, and T. J. Sejnowski, "Foundations for a New Science of Learning," Science 325, no. 5938 (2009): 284–288。

22. 参阅 A. A. Benasich, N. A. Choudhury, T. Realpe-Bonilla, and C. P. Roesler, "Plasticity in Developing Brain: Active Auditory Exposure Impacts Prelinguistic Acoustic Mapping," Journal of Neuroscience 34, no. 40 (2014): 13349–13363。

23. 参阅 J. Whitehill, Z. Serpell, Y. Lin, A. Foster, and J. R. Movellan, "The Faces of Engagement: Automatic Recognition of Student Engagement from Facial Expressions," *IEEE Transactions on Affective Computing* 5, no. 1 (2014): 86–98。使用机器学习来自动记录学生面部表情的工作离不开团队的努力，该团队成员还包括 Gwen Littlewort、Linda Salamanca、Aysha Foster 和 Judy Reilly。

24. 参阅 R. V. Lindsey, J. D. Shroyer, H. Pashler, and M. C. Mozer, "Improving Students' Long-Term Knowledge Retention through Personalized Review," *Psychological Science 25, no. 3 (2014): 630–647*。

25. B. A. Rogowsky, B. M. Calhoun, and P. Tallal, "Matching Learning Style to Instructional Method: Effects on Comprehension," *Journal of Educational Psychology* 107, no. 1 (2015): 64–78. 关于这一主题的研讨会视频：https://www.youtube.com/watch?v=p-WEcSFdoMw。

26. International Convention on the Science of Learning (Science of Learning: How can it make a difference? Connecting Interdisciplinary Research on Learning to Practice and Policy in Education) Shanghai, 1-6 March 2014 Summary Report. https://www.oecd.org/edu/ceri/International-Convention-on-the-Science-of-Learning-1-6-March-2014-Summary-Report.pdf.

27. 参阅 B. Bloom, "The 2 Sigma Problem: The Search for Methods of Group Instruction as Effective as One-to-One Tutoring," *Educational Researcher* 13, no. 6 (1984): 4–16。

28. John Markoff, "Virtual and Artificial, but 58,000 Want Course," *New York Times,* August 15, 2011, http://www.nytimes.com/2011/08/16/science/16stanford.html.

29. 我最喜欢的一封信，来自一个五年级的学生：

2015 年 2 月 2 日

　　亲爱的教授们，我参加了期末考试，考得很好。我在读五年级。我妈妈正在浏览 Coursera 上的课程，我恳求她让我加入。她为我选择了这门课程，我对此很感激。我从来不知道教授们如此机智，整个课程都很有趣。当然，我必须借助词典来查询课程中使用的科学术语，但这是一个很好的学习体验。通过使用呼吸法，我学会了克服进入考场时的胃部不适。真的很管用！现在我已经学会了将考试看作了解我学到并记住了多少东西的工具。我喜欢番茄工作法。我的妈妈在整个过程中都在扮演反面角色。她的大脑里塞满了视频讲座（她只顾着狂热地看视频），没有进行适度的休息，甚至在我参加期末考试的前一天晚上都没有睡觉。虽然她比我聪明，但她做得不好。我很惊讶，简单的技巧就能帮助我得到更高的分数，而且没有任何考试的压力。非常感谢，教授们。我希望你能推出本课程的第二部分。

周一快乐。

苏珊

30. Barbara Oakley and Terrence Sejnowski, *Learning How to Learn: How to Succeed in School Without Spending All Your Time Studying; A Guide for Kids and Teens* (New York: TarcherPerigee, Penguin Books, August 7, 2018).

31. "Udacity's Sebastian Thrun: 'Silicon Valley has an obligation to reach out to all of the world,'" Financial Times, November 15, 2017. https://www.ft.com/content/51c47f88-b278-11e7-8007-554f9eaa90ba/.

32. Barbara Oakley, *Mindshift: Break through Obstacles to Learning and Discover Your Hidden Potential* (New York: Penguin Random House, 2017).

33. 参阅 D. Bavelier and C. S. Green, "The Brain-Boosting Power of Video Games," *Scientific American* 315, no 1 (2016): 26–31。

34. G. L. West, K. Konishi, and V. D. Bohbot, "Video Games and Hippocampus-Dependent Learning," *Current Directions in Psychological Science* 26. no. 2 (2017): 152–158.

35. J. A. Anguera, J. Boccanfuso, J. L. Rintoul, O. Al-Hashimi, F. Faraji, J. Janowich, et al., "Video Game Training Enhances Cognitive Control in Older Adults," *Nature* 501, no. 7465 (2013): 97–101.

36. 同上。

37. 参 阅 IES: What Works Clearinghouse, *Beginning Reading Intervention Report: Fast ForWord* (Washington, DC: U.S. Department of Education, Institute of Education Sciences, 2013). https://ies.ed.gov/ncee/wwc/Docs/InterventionReports/wwc_ffw_031913.pdf。

38. 参阅 J. Deveau, D. J. Ozer, and A. R. Seitz "Improved Vision and On-Field Performance in Baseball through Perceptual Learning," *Current Biology* 24, no. 4 (2014): R146–147。

39. 参阅 Federal Trade Commission press release "FTC Charges Marketers of 'Vision Improvement' App with Deceptive Claims," September 17, 2015, https://www.ftc.gov/news-events/press-releases/2015/09/ftc-charges-marketers-vision-improvement-app-deceptive-claims/。赛茨（Seitz）的科学研究质量很高，已经发表在同行评审的心理学期刊上，但联邦贸易委员会（FTC）希望他能进行

随机对照试验，类似用于测试药物疗效的试验。这是一项昂贵的工作，对于一个小型的创业公司来说不太现实。

40. Johana Bhuiyan, "Ex-Google Sebastian Thrun Says That the Going Rate for Self-Driving Talent Is $10 Million per Person," *Recode*, September 17, 2016. https://www.recode.net/2016/9/17/12943214/sebastian-thrun-self-driving-talent-pool.

41. 杰弗里·辛顿是 Vector Institute 的首席科学指导。参阅 http://vectorinstitute.ai/。

42. Paul Mozur and John Markoff, "Is China Outsmarting America in A.I.?" *New York Times*, May 27, 2017, https://www.nytimes.com/2017/05/27/technology/china-us-ai-artificial-intelligence.html.

43. Paul Mozur, "Beijing Wants A.I. to Be Made in China by 2030," *New York Times*, July 20, 2017. https://www.nytimes.com/2017/07/20/business/china-artificial-intelligence.html.

44. 参阅 Mike Wall, "JFK's 'Moon Speech' Still Resonates 50 Years Later," *Space.com* (blog), posted September 12, 2012, https://www.space.com/17547-jfk-moon-speech-50years-anniversary.html. 1962 年 9 月 12 日，美国总统约翰·肯尼迪在休斯敦的莱斯大学发表了演讲"我们选择飞向月球"。50 多年后，该演讲仍然令人心潮澎湃，让我们不由得回忆起他领导的年代。参看 https://www.youtube.com/watch?v=WZyRbnpGyzQ/. 1969 年 7 月 20 日，当宇航员尼尔·阿姆斯特朗登上月球时，美国国家航空航天局（NASA）工程师的平均年龄为 26 岁；1962 年，这些工程师还在学校的时候受到了肯尼迪这番讲话的鼓舞。

45. J.Haskel and S. Westlake, Capitalism without Capital: The Rise of the Intangible Economy (Princeton, NJ: Princeton University Press, 2017), 4.

46. W. Brian Arthur, "The second economy?" *McKinsey Quarterly* October, 2011. https://www.mckinsey.com/business-functions/strategy-and-corporate-finance/our-insights/the-second-economy/.

47. "Hello, world!"是一个样例程序的测试信息，来自 Brain Kernighan 和 Dennis Ritchie 的经典教材 *The C Programming Language* (Englewood Cliffs, NJ: Prentice Hall, 1978)。

第 13 章

1. "21 世纪科学挑战大会"上讨论者的演讲视频可以在这里找到：https://www.youtube.com/results?search_query=Grand+Challenges++for+Science+in+the+21st+Century。

2. 参阅 W. Brian Arthur, *The Nature of Technology: What It Is and How It Evolves* (New York: Free Press, 2009)。

3. George A. Cowan, *Manhattan Project to the Santa Fe Institute: The Memoirs of George A. Cowan* (Albuquerque: University of New Mexico Press, 2010)。

4. 谷歌的 PageRank 算法是谷歌创始人拉里·佩奇（Larry Page）和谢尔盖·布林（Sergey Brin）发明的，它使用连接到网页的链接数目，依据其在互联网上的重要性来对网页进行排序。该算法已经被演化成了许多算法层来应对搜索偏见。

5. A. D. I. Kramer, J. E. Guillory, and J. T. Hancock, "Experimental Evidence of Massive-Scale Emotional Contagion through Social Networks," *Proceedings of the National Academy of Sciences of the United States of America* 111, no. 24 (2014): 8788–8790.

6. Stuart Kauffman, *The Origins of Order: Self Organization and Selection in Evolution* (New York: Oxford University Press, 1993).

7. Christopher G. Langton, ed., *Artificial Life: An Overview* (Cambridge, MA: MIT Press, 1995).

8. Stephen Wolfram, *A New Kind of Science* (Champaign, IL: Wolfram Media, 2002).

9. National Research Council, *The Limits of Organic Life in Planetary Systems* (Washington, DC: National Academies Press, 2007), chap. 5, "Origin of Life," 53–68. https://www.nap.edu/read/11919/chapter/7.

10. Von Neumann, J. and A. W. Burks, *Theory of Self-Reproducing Automata*. (Urbana, IL: University of Illinois Press, 1966). 也可参阅维基百科：Von "Neumann universal constructor."

11. W. S. McCulloch, and W. H. Pitts, "A Logical Calculus of the Ideas Immanent in

Nervous Activity," *Bulletin of Mathematical Biophysics* 5 (1943): 115–133.

12. 这台电脑被命名为 "JOHNNIAC"，以呼应另一台名叫 "ENIAC" 的早期数字计算机。

13. 他为这些讲座准备的材料后来催生了冯·诺依曼的著作《计算机与大脑》(*The Computer and the Brain*)(New Haven: Yale University Press, 1958).

14. Stephen Jay Gould and Niles Eldredge, "Punctuated Equilibria: The Tempo And Mode Of Evolution Reconsidered." *Paleobiology* 3, no. 2 (1977): 115–151, 145; John Lyne and Henry Howe, "Punctuated Equilibria': Rhetorical Dynamics of a Scientific Controversy," *Quarterly Journal of Speech*, 72, no. 2 (1986): 132–147. doi: 10.1080/00335638609383764.

15. John H. Holland, *Adaptation in Natural and Artificial Systems: An Introductory Analysis with Applications to Biology, Control, and Artificial Intelligence* (Cambridge, MA: MIT Press, 1992).

16. K. M. Stiefel and T. J. Sejnowski, "Mapping Function onto Neuronal Morphology," *Journal of Neurophysiology* 98, no. 1 (2007): 513–526.

17. 参阅 Wolfram Alpha computational knowledge engine website, https://www.wolframalpha.com/。

18. Stephen Wolfram, *A New Kind of Science* (Champaign, IL: Wolfram Media, 2002).

19. 有一篇关于沃尔夫勒姆思想演变的文章很有趣，可以参阅 Stephen Wolfram, "A New Kind of Science: A 15-Year View," *Stephen Wolfram Blog*, posted May 16, 2017. http://blog.stephenwolfram.com/2017/05/a-new-kind-of-science-a-15-year-view/。

20. 参阅 Stephen Wolfram, "Wolfram Language Artificial Intelligence: The Image Identification Project," Stephen Wolfram Blog, posted May 13, 2015. http://blog.stephenwolfram.com/2015/05/wolfram-language-artificial-intelligence-the-image-identification-project/。

第 14 章

1. R. Blandford, M. Roukes, L. Abbott, and T. Sejnowski, "Report on the Third Kavli Futures Symposium: Growing High Performance Computing in a Green Environment," September 9–11, 2010, Tromsø, Norway, http://cnl.salk.edu/Media/Kavli-Futures.Final-Report.11.pdf.

2. Carver A. Mead and George Lewicki, "Silicon compilers and foundries will usher in user-designed VLSI," *Electronics* August 11, 55, no. 16 (1982): 107–111. ISSN 0883-4989.

3. Carver Mead, *Analog VLSI and Neural Systems* (Boston: Addison-Wesley, 1989).

4. M. A. Mahowald and C. Mead, "The Silicon Retina," *Scientific American* 264, no. 5 (1991): 76–82; Tribute from Rodney Douglas: https://www.quora.com/What-was-the-cause-of-Michelle-Misha-Mahowald-death/; Misha Mahowald, "Silicon Vision" (video), http://www.dailymotion.com/video/x28ktma_silicon-vision-misha-mahowald_tech/.

5. M. Mahowald and R. Douglas, "A Silicon Neuron," *Nature* 354, no. 6354 (1991): 515–518.

6. 参阅 Carver Mead, *Collective Electrodynamics: Quantum Foundations of Electromagnetism* (Cambridge, MA: MIT Press, 2002)。

7. 托比的父亲马克斯·德尔布吕克（Max Delbrück）是 20 世纪 50 年代的物理学家，也是分子生物学的创始人，他（与 Alfred Hershey 和 Salvador Luna 一起）于 1969 年获得了诺贝尔生理学或医学奖（揭示了微电子学与分子生物学的另一层关系，将在第 18 章探讨）。

8. C. Posch, T. Serrano-Gotarredona, B. Linares-Barranco, and T. Delbruck, "Retinomorphic Event-Based Vision Sensors: Bioinspired Cameras with Spiking Output," *Proceedings of the IEEE* 102, no. 10 (2014): 1470–1484; T. J. Sejnowski and T. Delbruck, "The Language of the Brain," *Scientific American* 307 (2012): 54–59. https://www.youtube.com/watch?v=FQYroCcwkS0.

9. H. Markram, J. Lübke., M. Frotscher, and B. Sakmann., "Regulation of Synaptic

Efficacy by Coincidence of Postsynaptic APs and EPSPs," *Science* 275, no. 5297 (1997): 213–215.

10. 参阅 T. J. Sejnowski, "The Book of Hebb," *Neuron* 24. no. 4 (1999): 773–776.

11. Heb b, *The Organization of Behavior* (*New York: Wiley & Sons*), 62。

12. 参阅 R. F. Service, "The Brain Chip," *Science* 345, no. 6197 (2014): 614–616. http://science.sciencemag.org/content/345/6197/614.full。

13. D. Huh and T. J. Sejnowski, "Gradient Descent for Spiking Neural Networks," 2017. https://arxiv.org/pdf/1706.04698.pdf.

14. K. A. Boahen, "Neuromorph's Prospectus," *IEEE Xplore: Computing in Science and Engineering* 19, no. 2 (2017): 14–28.

第 15 章

1. Jimmy Soni and Rob Goodman, *A Mind at Play: How Claude Shannon Invented the Information Age* (New York: Simon & Schuster: New York, 2017).

2. Solomon Wolf Golomb, *Shift Register Sequences: Secure and Limited-Access Code Generators, Efficiency Code Generators, Prescribed Property Generators, Mathematical Models*, 3rd rev. ed. (Singapore: World Scientific, 2017).

3. 参阅 Stephen Wolfram, "Solomon Golomb (1932–2016)," *Stephen Wolfram Blog*, posted May 25, 2016. http://blog.stephenwolfram.com/2016/05/solomon-golomb-19322016/。

4. Richard Rhodes, *Hedy's Folly: The Life and Breakthrough Inventions of Hedy Lamarr, the Most Beautiful Woman in the World* (New York: Doubleday, 2012).

5. G. H. Hardy, *A Mathematician's Apology* (Cambridge: Cambridge University Press, 1940).

6. Solomon W. Golomb, *Polyominoes* (New York: Scribner, 1965).

7. L. A. Riggs, F. Ratliff, J. C. Cornsweet, and T. N. Cornsweet. "The Disappearance of Steadily Fixated Visual Test Objects," *Journal of the Optical Society of America* 43, no. 6 (1953): 495–501.

8. Rajesh P. N. Rao and Dana H. Ballard, "Predictive Coding in the Visual Cortex: A Functional Interpretation of Some Extra-Classical Receptive-Field Effects," *Nature Neuroscience* 2, no. 1 (1999): 79–87.

9. 这一观点是米德建立神经形态系统的动机，希望该系统像大脑一样，也能实时运行。C. Mead, "Neuromorphic Electronic Systems," *Proceedings of the IEEE* 78, no. 10 (1990): 1629–1636.

10. Hermann von Helmholtz, *Helmholtz's Treatise on Physiological Optics*, vol. 3: *The Perception of Vision*, trans. James P. C. Southall (Rochester, NY: Optical Society of America, 1925), 25. Originally published as *Handbuch der physiologische Optik*. 3. *Die Lehre von den Gesichtswahrnehmungen* (Leipzig: Leopold Voss, 1867).

11. J. L. McClelland and D. E. Rumelhart, "An Interactive Activation Model of Context Effects in Letter Perception: Part 1. An Account of Basic Findings." *Psychological Review* 88, no. 5 (1981): 401–436; "Part 2. The Contextual Enhancement Effect and Some Tests and Extensions of the Model," *Psychological Review* 89, no. 1 (1982): 60–94,

12. L. Muller, G. Piantoni, D. Koller, S. S. Cash, E. Halgren, and T. J. Sejnowski, "Rotating Waves during Human Sleep Spindles Organize Global Patterns of Activity during the Night," *eLife* 5 (2016): e17267.

13. 在所谓的"克拉克的第三定律"中，阿瑟·克拉克（Arthur C. Clarke）说过这样一句名言："任何足够先进的技术几乎都与魔法无异。"（Any sufficiently advanced technology is indistinguishable from magic.）

第 16 章

1. 本章引自 T. J. Sejnowski, "Consciousness," *Daedalus* 144, no. 1 (2015): 123–132. 参阅 Francis H. C. Crick, *What Mad Pursuit: A Personal View of Scientific Discovery* (New York: Basic Books, 1988); Bob Hicks, "Kindra Crick's Mad Pursuit," *Oregon ArtWatch*, December 3, 2015. http://www.orartswatch.org/kindra-cricks-mad-pursuit/.

2. 现在还没有统一的关于"意识"(consciousness)的科学定义，意识被用来指代许多不同的现象。对这个术语广义上的理解，包括保持清醒的状态，对自己周围环境的认知，对事物的认知或感知，以及大脑对自身和外界的认知。

3. F. Crick, "The Function of the Thalamic Reticular Complex: The Searchlight Hypothesis," *Proceedings of the National Academy of Science of the United States of America* 81, no. 14 (1984): 4586–4590.

4. F. Crick and C. Koch, "The Problem of Consciousness," *Scientific American* 267, no. 3 (1992): 10–17; F. Crick and C. Koch, "Constraints on Cortical and Thalamic Projections: The No-Strong-Loops Hypothesis," *Nature* 391, no. 6664 (1998): 245–250; F. Crick and C. Koch, "A Framework for Consciousness," *Nature Neuroscience* 6, no. 2 (2003): 119–126; and F. Crick, C. Koch, G. Kreiman, and I. Fried, "Consciousness and Neurosurgery," *Neurosurgery* 55, no. 2 (2004): 273–281.

5. F. Crick and C. Koch, "Are We Aware of Neural Activity in Primary Visual Cortex?" *Nature* 375, no. 6527 (1995): 121–123; C. Koch, M. Massimini, M. Boly, and G. Tononi, "The Neural Correlates of Consciousness: Progress and Problems," *Nature Reviews Neuroscience* 17 (2016): 307–321.

6. R. Q. Quiroga, L. Reddy, G. Kreiman, C. Koch, and I. Fried, "Invariant Visual Representation by Single Neurons in the Human Brain," *Nature* 435, no. 7045 (2005): 1102–1107.

7. K. Deisseroth and M. J. Schnitzer, "Engineering Approaches to Illuminating Brain Structure and Dynamics," *Neuron* 80, no. 3 (2013): 568–577.

8. V. Mante, D. Sussillo, K. V. Shenoy, and W. T. Newsome, "Context-Dependent Computation by Recurrent Dynamics in Prefrontal Cortex," *Nature* 503, no. 7474 (2013): 78–84.

9. BRAIN Working Group, *BRAIN 2025: A Scientiific Vision,* Report to the Advisory Committee to the Director, NIH (Bethesda, MD: National Institutes of Health, June 5, 2014), 36. https://www.braininitiative.nih.gov/pdf/BRAIN2025_508C.pdf.

10. Patricia Smith Churchland and Terrence J. Sejnowski, *The Computational Brain,* 2nd ed. (Cambridge, MA: MIT Press, 2016), 183, 221.

11. L. Chang and D. Y. Tsao. "The Code for Facial Identity in the Primate Brain," *Cell* 169, no. 6 (2017): 1013–1028.e14.

12. D. A. Bulkin and J. M. Groh, "Seeing Sounds: Visual and Auditory Interactions in the Brain," *Current Opinion in Neurobiology* 16 (2006): 415–419.

13. D. M. Eagleman and T. J. Sejnowski, "Motion Integration and Postdiction in Visual Awareness," *Science* 287, no. 5460 (2000): 2036–2038.

14. 参阅 Stephen L. Macknik, Susana Martinez-Conde, and Sandra Blakeslee, *Sleights of Mind: What the Neuroscience of Magic Reveals about Our Everyday Deceptions* (New York: Henry Holt, 2010)。

15. S. Dehaene and J.-P. Changeux, "Experimental and Theoretical Approaches to Conscious Processing," *Neuron* 70, no. 2 (2011): 200–227.

16. S. Moeller, T. Crapse, L. Chang, and D. Y. Tsao, "The Effect of Face Patch Micro-stimulation on Perception of Faces and Objects," *Nature Neuroscience* 20, no. 6 (2017): 743–752.

17. J. Parvizi, C. Jacques, B. L. Foster, N. Withoft, V. Rangarajan, K. S. Weiner, and K. Grill-Spector, "Electrical Stimulation of Human Fusiform Face-Selective Regions Distorts Face Perception," *Journal of Neuroscience* 32, no. 43 (2012): 14915–14920.

18. BRAIN Working Group, *BRAIN 2025: A Scientific Vision*, pp. 6, 35, 48.

19. Sejnowski, "What Are the Projective Fields of Cortical Neurons?"

20. L. Chukoskie, J. Snider, M. C. Mozer, R. J. Krauzlis, and T. J. Sejnowski, "Learning Where to Look for a Hidden Target," *Proceedings of the National Academy of Sciences of the United States of America* 110, supp. 2 (2013): 10438–10445.

21. T. J. Sejnowski, H. Poizner, G. Lynch, S. Gepshtein, and R. J. Greenspan, "Prospective Optimization," *Proceedings of the IEEE* 102, no. 5 (2014): 799–811.

22. 在他去世后，他的同事克里斯托弗·科赫（Christof Koch）继续完成了这项工作。F. C. Crick and C. Koch, "What Is the Function of the Claustrum?" Philosophical Transactions of the Royal Society of London B 360, no. 1458 (2005),

1271 – 1279.

23. 参阅 Lewis Carroll, *Alice's Adventures in Wonderland* (London: Macmillan, 1865), chap. 6.

第 17 章

1. T. A. Lincoln and G. F. Joyce, "Self-Sustained Replication of an RNA Enzyme," *Science* 323, no. 5918 (2009): 1229 – 1232.

2. T. R. Cech, "The RNA Worlds in Context," *Cold Spring Harbor Perspectives in Biology* 4, no. 7 (2012), http://cshperspectives.cshlp.org/content/4/7/a006742.full. pdf+ html.

3. J. A. Feldman, "Mysteries of Visual Experience" (2016; rev. 2017), https://arxiv. org/ftp/arxiv/papers/1604/1604.08612.pdf.

4. Patricia S. Churchland, V. S. Ramachandran, and Terrence J. Sejnowski, "A Critique of Pure Vision," in Christof Koch and Joel D. Davis, eds., *Large-Scale Neuronal Theories of the Brain* (Cambridge, MA: MIT Press, 1994), 23 – 60.

5. John Allman, *Evolving Brains* (New York: Scientific American Library, 1999).

6. B. F. Skinner, *Beyond Freedom and Dignity* (Indianapolis: Hackett, 1971).

7. Noam Chomsky, "The Case against B. F. Skinner," *New York Review of Books*, 17, no. 11 (1971): 18 – 24. http://www.nybooks.com/articles/1971/12/30/the-case-against-bf-skinner/。

8. 同上，第 27 段。有关语言基于规则和统计分析的更详细的对比，请参阅 Peter Norvig, "On Chomsky and the Two Cultures of Statistical Learning" http://norvig. com/chomsky.html。

9. Noam Chomsky, *Rules and Representations* (Oxford: Basil Blackwell, 1980).

10. A. Gopnik, A. Meltzoff, and P. Kuhl, *The Scientist in the Crib*: *What Early Learning Tells Us about the Mind* (New York: William Morrow, 1999).

11. T. Mikolov, I. Sutskever, K. Chen, G. Corrado, and J. Dean, "Distributed Representations of Words and Phrases and Their Compositionality," *Advances in Neural Information Processing Systems* 26 (2013): 3111 – 3119.

12. 这是在麻省理工学院麦戈文学院（McGovern Institute）的一次演讲，提议该学院致力于对理解有关语言和语言障碍的生物学基础的研究。

13. "愿原力与你同在"，引自《星球大战》中绝地大师欧比旺·肯诺比的流行台词。

14. J. A. Fodor, "The Mind/Body Problem," *Scientific American* 244, no. 1 (1981): 114–123.

15. D. Hassabis, D. Kumaran, C. Summerfield, and M. Botvinick, "Neuroscience-Inspired Artificial Intelligence," *Neuron* 95, no. 2 (2017): 245–258.

16. Paul W. Glimcher and Ernst Fehr, *Neuroeconomics: Decision Making and the Brain*, 2nd ed. (Boston: Academic Press, 2013).

17. Colin Camerer, *Behavior Game Theory: Experiments in Strategic Interaction* (Princeton: Princeton University Press, 2003).

18. Minsky and Papert,《感知器》(1969), 231. 这本书于 1988 年发表的增订版中，包含这段节选的 13.2 节内容被删掉了，同时加入了一个新章节，"Epilogue: The new connectionism"。 这是长达 40 页的对多层感知器学习早期成果的评估，从后续的发展情况来看，这本书值得一读。

19. 参阅 https://www.dartmouth.edu/~ai50/homepage.html。也可参阅 https://en.wikipe dia.org/wiki/AI@50/。

20. Marvin Minsky, *The Society of Mind* (New York: Simon & Schuster, 1985).

21. 参阅 "Society of Mind," *Wikipedia*, last edited August 22, 2017。https://en.wikipedia.org/wiki/Society_of_Mind。

22. 麻省理工学院的辛西娅·布雷齐尔（Cynthia Breazeal）和哈维尔·莫维兰开发了能够与人类互动，并会使用面部表情进行交流的社交机器人，这很可能预示着向情感计算理论迈出的第一步。

23. Marvin Minsky, "Theory of Neural-Analog Reinforcement Systems and Its Application to the Brain Model Problem" (Ph.D. diss., Princeton University, 1954).

24. Stephen Wolfram, "Farewell, Marvin Minsky (1927–2016)," *Stephen Wolfram Blog*, posted January 26, 2016, http://blog.stephenwolfram.com/2016/01/

farewell-marvin-minsky-19272016/.

25. A. Graves, G. Wayne, M. Reynolds, T. Harley, I. Danihelka, A. Grabska-Barwiska, et al., "Hybrid Computing Using a Neural Network with Dynamic External Memory," *Nature* 538, no. 7626 (2016): 471–476.

第 18 章

1. Sydney Brenner, "Nature's Gift to Science," Nobel Lecture, December 8, 2002, video, https://www.nobelprize.org/mediaplayer/index.php?id=523/.

2. Sydney Brenner, "Reading the Human Genome": 1. "Much Ado about Nothing: Systems Biology and Inverse Problems," January 26, 2009; 2. "Measure for Measure: The GC Shift and the Problem of Isochores," January 29, 2009; 3. "All's Well That Ends Well: The History of the Retina," January 30, 2009, videos. http://thesciencenetwork.org/search?program=Reading+the+Human+Genome+with+Sydney+Brenner.

3. 成虫盘是苍蝇腿和触须的发育原基。

4. 西德尼·布伦纳的原创故事发表于 S. Brenner "Francisco Crick in Paradiso", Current Biology. 6, no.9 (1996): 1202: "我在剑桥与弗朗西斯·克里克共事了二十年。有一段时间，他对胚胎学很感兴趣，花了很多时间思考果蝇的成虫盘。有一天，他突然把手上的书猛地摔到桌上，火冒三丈地吼道：'只有上帝才知道这些成虫盘是怎么工作的！'一瞬间，我仿佛看到了弗朗西斯升入天堂后发生的所有事情。门徒彼得欢迎他说：'哦，克里克博士，你经过漫长的旅程后一定很累。先坐下来，喝一杯，放松一下吧。''不，'弗朗西斯说，'我必须见到上帝，我要问他一个问题。'经过一番劝说，天使同意将弗朗西斯带到上帝面前。他们穿过了天堂的中部，到达了位于后方的铁轨处，穿过铁轨，他们来到一个有着瓦楞铁屋顶的棚屋，周围都是垃圾。在屋子后面，有一个穿着工作服的小个子，他的后兜里揣着一个大扳手。'上帝，'天使说，'这位是克里克博士；克里克博士，这位就是上帝。''很高兴见到您，'弗朗西斯说：'我必须问您这个问题。成虫盘到底是如何工作的？''这个嘛，'上帝答道，'我们用了一点点这个东西，又添加了一些东西，然后……其实，我们也不清楚，但我可以告诉你，我们已经在这里创造了 2 亿年的苍蝇，还从来没收到过任何抱怨呢。'"

5. T. Dobzhansky, "Nothing in Biology Makes Sense Except in the Light of Evolution," *American Biology Teacher* 35, no. 3 (1973): 125–129, http://biologie-lernprogramme.de/daten/programme/js/homologer/daten/lit/Dobzhansky.pdf.

6. Sydney Brenner, "Why We Need to Talk about Evolution," in "10-on-10: The Chronicle of Evolution" lecture series, Nanyang Technological University, Singapore, February 21, 2017. http://www.paralimes.ntu.edu.sg/NewsnEvents/10-on-10%20The%20Chronicle%20of%20Evolution/Pages/Home.aspx. Video. https://www.youtube.com/watch?v=C9M5h_tVlc8.

7. Terrence Sejnowski, "Evolving Brains," in "10-on-10: The Chronicle of Evolution" lecture series, Nanyang Technological University, Singapore, July 14, 2017. https://www.youtube.com/watch?v=L9ITpz4OeOo.

8. T. Nagel, "What Is It Like to Be a Bat?" *Philosophical Review* 83, no. 4 (1974): 435–450.

9. "人类起源论"（Anthropogeny）是研究人类起源的理论。参阅 Center of Academic Research and Training in Anthropology (CARTA) website, https://carta.anthropogeny.org/.

10. 拉荷亚小组和 CARTA 是在加州大学圣迭戈分校医师科学家阿吉特·瓦尔基（Ajit Varki）的领导下成立的，热衷于对进化理论的研究。

11. 在 DNA 中，约有 1% 是编码蛋白质的序列，8% 是结合蛋白质的调控序列。

12. Howard C. Berg, *E. coli in Motion* (New York: Springer, 2004).

13. S. Navlakha and Z. Bar-Joseph, "Algorithms in Nature: The Convergence of Systems Biology and Computational Thinking," *Molecular Systems Biology* 7 (2011): 546.

附录一　致谢

1. 参阅 Sarah Williams Goldhagen, *Louis Kahn*'s *Situated Modernism* (New Haven: Yale University Press, 2001)。

2. Francis Crick, *The Astonishing Hypothesis: The Scientific Search for the Soul.* (New York: Scribner's Sons, 1994), 267.

3. 在我和比阿特丽斯相识这件事上，克里克同样功不可没。